数字经济创新驱动与技术赋能丛书

# 企业级 DevOps 应用实战：
## 基于GitLab CI/CD和云原生技术

温红化　编著

机械工业出版社

本书展示了以 GitLab CI/CD 流水线为基础，结合时下十分火热的云原生技术，打造企业级 DevOps 应用体系的全流程。

全书共分为 3 篇，第 1 篇为第 1～3 章，主要介绍云计算、云原生、微服务、敏捷开发、持续集成、DevOps、docker 容器技术以及 Kubernetes（简称 K8s）核心技术等。第 2 篇为第 4～9 章，主要介绍了 GitLab 安装部署与基础使用、GitLab CI/CD 中 Runner 的类型以及部署、GitLab CI/CD 流水线模型、GitLab CI/CD 变量、GitLab CI/CD 流水线的触发方式以及 GitLab CI/CD 流水线中的缓存和附件等。第 3 篇为第 10～13 章，主要介绍了前后端项目的创建、GitLab CI/CD 中基于 SonarQube 的静态代码检查，以及 GitLab CI/CD 中的编译、构建、发布、部署、测试和上线等流程。

全书以搭建企业级 DevOps 应用平台为目标，从云原生技术基础容器以及 Kubernetes 技术入手；然后介绍了 GitLab CI/CD 的常见功能应用；最后从零开始，以经典的前后端项目为例，以解决企业内研发流程的困境为思路，一步一步地将整个项目的 DevOps 流水线创建起来。此外，还结合 Kubernetes 技术进行可动态伸缩的弹性部署上线。

本书适合对 docker 技术、K8s 技术、GitLab 技术及 DevOps 技术感兴趣的读者和相关工作人员。随书配备了案例源代码、授课用 PPT 及教学视频（扫码观看），可以帮助读者更好地学习这些知识。

通过本书的学习，读者既可以掌握以 docker 容器技术和 Kubernetes 技术为代表的云原生技术，又可以掌握 GitLab CI/CD 中丰富的流水线功能，最重要的是可以更容易地搭建起企业级应用的 DevOps 平台。

**图书在版编目（CIP）数据**

企业级 DevOps 应用实战：基于 GitLab CI/CD 和云原生技术/温红化编著．—北京：机械工业出版社，2024.3
（数字经济创新驱动与技术赋能丛书）
ISBN 978-7-111-74461-0

Ⅰ.①企…　Ⅱ.①温…　Ⅲ.①软件工程　Ⅳ.①TP311.5

中国国家版本馆 CIP 数据核字（2024）第 001685 号

机械工业出版社（北京市百万庄大街 22 号　邮政编码 100037）
策划编辑：丁　伦　　　　责任编辑：丁　伦　李晓波
责任校对：肖　琳　李　婷　　责任印制：邓　博
北京盛通数码印刷有限公司印刷
2024 年 3 月第 1 版第 1 次印刷
185mm×260mm · 18 印张 · 443 千字
标准书号：ISBN 978-7-111-74461-0
定价：99.90 元

电话服务　　　　　　　　网络服务
客服电话：010-88361066　机　工　官　网：www.cmpbook.com
　　　　　010-88379833　机　工　官　博：weibo.com/cmp1952
　　　　　010-68326294　金　　书　　网：www.golden-book.com
封底无防伪标均为盗版　　机工教育服务网：www.cmpedu.com

# 前言

# PREFACE

随着云原生技术的飞速发展以及敏捷开发的广泛应用，DevOps 系统变得越来越重要。如今，我们很难想象一个研发团队，如果没有 DevOps 体系的支撑可以持续地健康发展。尤其随着微服务架构的深入人心，研发团队往往拥有多个微服务应用，传统的部署方式早已无法满足实际需求。在虚拟化技术和云原生技术飞速发展的背景下，当今互联网时代的绝大多数微服务部署要基于云原生技术，或者是虚拟化技术。

在 DevOps 体系中，Jenkins 曾经充当了重要角色。但是随着业务的不断扩张和规模的不断扩大，以 Jenkins 为基础的 DevOps 流水线弊端日趋明显。因此，基于 GitLab CI/CD 技术和云原生技术相结合的 DevOps 自动化体系越来越受欢迎，导致越来越多的企业更喜欢使用 GitLab CI/CD。

市面上关于 GitLab CI/CD 方面的书籍资料相对较少，有些也是仅仅停留在文档介绍层面，很少有书籍基于实战角度的介绍。因此，本书致力于从企业级实战应用的角度，介绍基于 GitLab CI/CD 和云原生技术相结合的 DevOps 体系建设。

本书共分为 3 篇。第 1 篇为 DevOps 技术基础，包含第 1~3 章：第 1 章介绍了云计算、云原生、微服务、敏捷开发、持续集成、DevOps 等相关的技术；第 2 章详细介绍了 docker 容器技术；第 3 章详细介绍了 Kubernetes 技术。第 2 篇为 GitLab CI/CD 功能应用，包含第 4~9章：第 4 章介绍了如何安装部署 GitLab 以及 GitLab 的基本应用；第 5 章介绍了 GitLab CI/CD 中的 Runner 类型及其部署方式；第 6 章介绍了 GitLab CI/CD 中流水线模型的类型选择与应用；第 7 章介绍了 GitLab CI/CD 中的变量类型与使用技巧；第 8 章介绍了 GitLab CI/CD 流水线的各种触发方式；第 9 章介绍了 GitLab CI/CD 中的缓存技术以及附件等。第 3 篇为企业级 DevOps 实战，包含第 10~13 章：第 10 章为环境准备，介绍了如何创建后端 SpringBoot 项目、前端 Vue 项目以及基于 pytest 框架的自动化测试体系；第 11 章介绍了静态代码检查步骤，包含如何搭建 SonarQube 平台、配置静态检查流水线和 SpringBoot 项目的单元测试流水线；第 12 章介绍了 SpringBoot 项目编译 Jar 包以及构建 docker 镜像的流水线，同时搭建私有化 dockerhub，并构建前端项目的 docker 镜像；第 13 章结合 Kubernetes 环境，对前后端项目进行弹性扩缩容方式的部署，并从实际应用的角度设置了 CI、测试、生产三套环境的部署以及自动化测试等。

本书从基础入手，层层递进。首先讲解了 DevOps 体系的基础，即云原生技术，以

docker容器技术和Kubernetes技术为代表。然后从实际应用的角度介绍GitLab CI/CD功能的使用，比如第6章介绍流水线模型时，详细介绍了如何根据业务场景选择适合自己的流水线模型，而非简单地介绍GitLab CI/CD中的某几个关键字的使用方法。最后通过比较典型的前后端项目组合的例子，从企业实际需求出发，一步一步建立DevOps体系。本书特别强调灵活性，要因时因势地做出最符合自身的选择而非教条思维。坚持DevOps流水线是为了服务产品研发而非阻碍产品研发，这也是DevOps工作的出发点和落脚点。

本书涉及docker容器技术、Kubernetes技术、GitLab CI/CD技术以及综合实战。对docker技术感兴趣的读者可以重点阅读第2章，对Kubernetes技术感兴趣的读者可以重点阅读第3章，对GitLab CI/CD技术感兴趣的读者可以重点关注第4~9章。当然，对DevOps感兴趣的读者，既可以从头开始阅读，也可以根据自己的技术基础，选择性地阅读。此外，本书还可以作为众多DevOps工作者和爱好者手边查阅的工具书。总体来说，对于从事测试开发（尤其是从事研发质量平台建设）、测试（向测试开发转型）、运维（向自动化运维转型）及开发等岗位的读者，均可从本书获得提升自身价值的知识。

由于编者水平有限，书中难免有不足之处，恳请读者批评指正。

# 目录

# CONTENTS

## 第 3 章 Kubernetes 核心技术 / 66

# 第 2 篇　GitLab CI/CD 功能应用

## 第 4 章　GitLab 基础　/　144



## 第 5 章　GitLab CI/CD 配置 Runners　/　176



## 第 6 章　GitLab CI/CD 流水线模型　/　185



## 第 7 章　GitLab CI/CD 变量　/　202



## 第 8 章　GitLab CI/CD 流水线的触发方式　/　209

# 第 3 篇 企业级 DevOps 实战

# 第 1 篇
## DevOps 技术基础

在研究 DevOps 技术之前，我们首先需要具备一些基础技能，要了解云计算、云原生、微服务、敏捷开发、持续集成等概念。此外，还需要掌握一些基本的技术，比如 Linux、docker 以及 Kubernetes 等。本篇将主要围绕这些 DevOps 的基础概念以及基础技术详细展开。

# 第1章 DevOps 技术背景

随着云计算技术的不断成熟、云原生技术的持续火热、微服务架构的深入人心和敏捷开发的广泛实践，DevOps 也随之变得越来越重要。本章将对云计算、云原生、微服务、敏捷开发、CI/CD 和 DevOps 等技术进行详细介绍。

## 1.1 云计算简介

云计算可以简单理解为将物理硬件资源通过虚拟化技术转变为虚拟资源，从而通过网络的方式让用户使用。在介绍云计算之前，首先需要了解虚拟化技术。

### 1.1.1 什么是虚拟化技术

虚拟化技术是一种将物理计算资源（如服务器、存储设备和网络）抽象为虚拟形式的技术。虚拟化技术允许在一台物理计算机上同时运行多个虚拟机，每个虚拟机都具有自己的操作系统和应用程序。虚拟化技术通过软件层（也称为虚拟机监视器）在物理硬件和虚拟机之间创建一个抽象层，使每个虚拟机都认为自己在独立的硬件环境中运行。

虚拟化技术的主要优势包括资源共享、灵活性和可靠性、硬件隔离、快速部署和管理等，下面分别介绍。

- 资源共享：是指虚拟化技术可以将物理计算资源有效地划分和共享给多个虚拟机，提高资源利用率。
- 灵活性和可靠性：虚拟机可以在不同的物理计算机之间迁移，实现负载均衡和故障恢复，提高系统的灵活性和可靠性。
- 硬件隔离：是指每个虚拟机都在独立的虚拟环境中运行，相互之间互不干扰，提高了系统的安全性和稳定性。
- 快速部署和管理：虚拟机可以通过快速复制和部署来快速创建新的计算环境，简化了系统的部署和管理过程。

常见的虚拟化技术包括全虚拟化和容器化。全虚拟化技术模拟完整的硬件环境，每个虚拟机都运行自己的操作系统，如 VMware 和 KVM。容器化技术则共享宿主操作系统，通过隔离和命名空间实现应用程序的隔离，如 docker 和 Kubernetes。

虚拟化技术的发展经历了以下几个阶段。

- 主机虚拟化（1950 年—1970 年）：早期的虚拟化技术主要集中在大型机上，通过将物理计算机划分为多个逻辑分区，实现多个虚拟机同时运行。这种虚拟化技术主要用于提高硬件资源的利用率。

- 指令集虚拟化（1970 年—2000 年）：在这个阶段，虚拟化技术开始应用于基于 x86 架构的个人计算机。通过在虚拟机监视器中模拟处理器的指令集，使得多个虚拟机可以在同一台物理计算机上运行不同的操作系统。这种虚拟化技术的代表有 VMware Workstation 和 VirtualBox。
- 硬件辅助虚拟化（2000 年—现在）：随着硬件技术的发展，处理器厂商开始将虚拟化支持功能集成到处理器中，以提供更高效的虚拟化性能。这种硬件辅助虚拟化技术使得虚拟机的性能接近于物理机，大大提高了虚拟化的可行性和性能。
- 容器化虚拟化（2010 年—现在）：容器化虚拟化技术是近年来快速发展的一种虚拟化技术。与传统的虚拟机不同，容器化虚拟化技术利用操作系统级别的虚拟化来实现应用程序的隔离。容器化虚拟化技术的代表是 docker 和 Kubernetes，它们提供了轻量级、快速部署和可扩展的应用程序容器化解决方案。

总体而言，从最早的大型机虚拟化到现在的容器化虚拟化，虚拟化技术在过去几十年取得了巨大的发展，不断提升了计算资源的利用效率和系统的灵活性。

### 1.1.2　什么是云计算

云计算是一种通过网络提供计算资源和服务的模型。它允许用户通过互联网访问虚拟化的计算资源，如计算机、存储和网络，而不用在本地拥有物理设备。

云计算提供的优势和功能如下。

- 弹性伸缩：云计算允许根据需求动态扩展或缩减计算资源。这意味着用户可以根据业务需求快速增加或减少服务器、存储和网络资源，以适应流量峰值或变化的工作负载。
- 资源共享：云计算平台可以同时为多个用户提供计算资源。这意味着资源可以被有效地共享和利用，从而提高资源利用率和成本效益。
- 灵活性和可靠性：云计算提供了高度可靠的基础设施和服务，以确保数据的安全性和可用性。云计算还提供了灵活的部署选项，使用户可以根据需要选择公有云、私有云或混合云解决方案。
- 虚拟化技术：云计算基于虚拟化技术，可以将物理资源（如服务器、存储和网络）抽象为虚拟资源，使资源的管理和分配更加灵活和高效。
- 付费模型：云计算通常采用按需付费的模型，用户只需支付实际使用的资源量，不用提前投资大量资金购买硬件设备。这种灵活的付费模型使得云计算对于中小型企业和创业公司更具有吸引力。

总体而言，云计算为用户提供了灵活、可靠和经济高效的计算资源和服务，使用户能够专注于核心业务而不用担心基础设施的管理和维护。

云计算的概念可以追溯到 20 世纪 60 年代，当时计算机科学家和研究人员已经开始探索将计算资源通过网络进行共享和访问的想法。然而，真正的云计算发展始于 2000 年初。以下是云计算发展的主要里程碑。

- 虚拟化技术的发展：虚拟化技术的出现为实现云计算打下了基础。虚拟化技术可以将物理资源（如服务器、存储和网络）抽象为虚拟资源，使其能够被多个用户共享和管理。

- 亚马逊 AWS 的推出（2006 年）：亚马逊推出的亚马逊网络服务（AWS）被认为是云计算的里程碑事件。AWS 提供了一系列基础设施即服务（IaaS）和平台即服务（PaaS）的云计算服务，包括弹性计算云（EC2）和简单存储服务（S3）等。
- 谷歌应用引擎的推出（2008 年）：谷歌推出的谷歌应用引擎（Google App Engine）是一个平台即服务（PaaS）的云计算平台，为开发人员提供了构建和托管 Web 应用程序的工具和环境。
- 微软 Azure 的推出（2010 年）：微软推出的 Azure 是一个综合性的云计算平台，提供了基础设施即服务（IaaS）、平台即服务（PaaS）和软件即服务（SaaS）等多种云计算服务。

随着云计算技术的不断发展和成熟，越来越多的企业和组织开始采用该技术来提供和管理它们的应用程序和服务。云计算已经成为企业和个人日常工作中不可或缺的一部分。

为了支持云计算的需求，各大科技公司纷纷建设大规模的数据中心，以提供高性能、高可用性的云计算服务。这些数据中心通常由成千上万台服务器组成，通过高速网络连接在一起。

云计算经历了多年的发展和演进，从最初的概念到现在的成熟应用，为用户提供了弹性、灵活和可靠的计算资源和服务。随着技术的进一步发展，云计算在未来还将继续发挥重要作用，并不断推动数字化转型和创新。

### 1.1.3 云计算的类型与应用

云计算可以分为以下几种类型。

- 基础设施即服务（Infrastructure as a Service，IaaS）：提供基础的计算资源，如虚拟机、存储和网络等，用户可以根据需要进行配置和管理。
- 平台即服务（Platform as a Service，PaaS）：在 IaaS 的基础上，提供了更高级别的服务，如操作系统、数据库和开发工具等，用户可以基于这些平台开发、测试和部署应用程序。
- 软件即服务（Software as a Service，SaaS）：在 PaaS 的基础上，提供了完整的应用程序，用户可以通过互联网直接访问和使用这些应用程序，而不用关心底层的基础设施和平台。

云计算的应用非常广泛，包括但不限于以下几个方面。

- 数据存储和备份：云存储服务可以帮助用户将数据安全地存储在云端，并提供灵活的备份和恢复机制。
- 虚拟化和弹性伸缩：云计算平台可以通过虚拟化技术将物理资源划分为多个虚拟资源，实现资源的弹性伸缩，根据实际需求动态调整计算能力和存储容量。
- 应用程序开发和部署：PaaS 提供了开发工具和平台，使开发人员可以快速构建、测试和部署应用程序，减少了基础设施的管理和维护工作。
- 大数据分析：云计算提供了强大的计算和存储能力，可以帮助用户处理和分析大规模的数据，从中获取有价值的信息和洞察。
- 人工智能和机器学习：云计算平台可以提供高性能的计算资源和专门的工具，用于训练和部署人工智能模型，加速机器学习算法的研究和应用。

概括地说，云计算在各个领域都有广泛的应用，可以提供灵活、可靠、高效的计算和存储服务，帮助用户降低成本、提高效率，并实现创新和业务增长。

## 1.2　云原生简介

云原生（Cloud Native）是一种软件开发和部署的方法论，旨在充分发挥云计算的优势并满足现代应用程序的需求。云原生应用程序是专门为云环境设计和构建的，具有以下几个核心特征。

- 容器化：云原生应用程序通常使用容器技术（如 docker）进行打包和部署。容器化可以提供隔离性、可移植性和可扩展性，使应用程序更易于部署和管理。
- 微服务架构：云原生应用程序采用微服务架构，将应用程序拆分为一组小型、独立的服务。其中的每个服务都可以独立开发、部署和扩展，从而提高了灵活性和可维护性。
- 弹性伸缩：云原生应用程序可以根据需求自动进行水平扩展和收缩。通过动态调整容器实例的数量，可以根据负载的变化来分配和释放资源，提高了应用程序的性能和可用性。
- 自动化管理：云原生应用程序借助自动化工具和平台，实现了自动化的部署、监控、扩展和恢复等管理任务。这些自动化能力可以减少人工干预，提高效率和可靠性。
- 基于服务的架构：云原生应用程序通常使用云服务（如数据库、消息队列、缓存等）来实现共享和复用。这样可以减少开发工作量，提高开发效率，并充分利用云计算环境提供的各种服务。

云原生的目标是实现敏捷开发、快速部署、弹性伸缩和可靠运行的应用程序。通过采用云原生的方法，开发人员和运维团队可以更好地利用云计算的优势，提高开发效率、降低成本，并满足快速变化的业务需求。

下面是云原生发展的主要里程碑。

- 虚拟化技术：虚拟化技术是云原生发展的基础。通过虚拟化技术，物理服务器可以被划分为多个虚拟机，每个虚拟机可以独立运行不同的应用程序。这种虚拟化技术为云计算提供了资源隔离和灵活性。
- 容器技术的兴起：容器技术是云原生的重要组成部分。容器可以将应用程序及其依赖项打包成一个独立的可移植单元，具有轻量级、快速启动和资源利用率高等特点。docker 是最流行的容器技术之一，它的出现极大地简化了应用程序的部署和管理。
- 云原生应用架构的提出：云原生应用架构强调将应用程序设计为由多个微服务组成的分布式系统。每个微服务都可以独立开发、部署和扩展，通过使用容器和服务网格等技术实现松耦合和弹性伸缩。
- 云原生基础设施的发展：随着云计算技术的不断发展，云原生基础设施也得到了完善。云服务提供商提供了各种云原生基础设施服务，如容器服务、服务器 less 计算、云原生数据库等，为开发者提供了更便捷的云原生开发环境。
- 云原生生态系统的形成：云原生生态系统包括各种开源工具、框架和平台，用于支持云原生应用的开发和管理。例如，Kubernetes 成为云原生应用编排和管理的事实标准，Prometheus 和 Grafana 等工具用于监控和日志管理，Istio 和 Envoy 等服务网格技术用于实现微服务间的通信和流量管理。

云原生的发展是一个逐步演进的过程，从虚拟化技术到容器技术，再到云原生应用架构和基础设施的发展，形成了一个完整的云原生生态系统。云原生的目标是提供高效、弹性和可靠的应用程序交付和管理方式，以适应现代云计算环境的需求。

## 1.3 微服务简介

微服务是一种软件架构风格，是将一个大型的应用程序拆分为一组小型、独立的服务，每个服务都可以独立开发、部署和扩展。这些服务之间通过轻量级的通信机制进行交互，通常使用 HTTP 或消息队列。

微服务架构的核心思想是将复杂的应用程序拆分为多个小型的、自治的服务，每个服务专注于完成特定的业务功能。每个服务都可以独立开发、测试、部署和扩展，因此可以实现更高的灵活性和可伸缩性。微服务架构有以下几个主要特点。

- 拆分：将应用程序拆分为多个小型服务，每个服务关注单一的业务功能。
- 独立性：每个服务都可以独立开发、部署和运行，它们之间没有强依赖关系。
- 通信机制：不同的服务之间通过轻量级的通信机制进行交互，如 HTTP API、消息队列等。
- 可伸缩性：由于每个服务都是独立的，用户可以根据需求独立地扩展某个特定的服务，而不需要整体扩展整个应用程序。
- 技术多样性：每个服务可以使用不同的技术栈和编程语言，根据具体的需求选择适合的工具和技术。

微服务架构可以带来许多优势，包括更灵活的开发和部署、更好的可伸缩性和可维护性、更好的团队协作和独立部署等。然而，微服务架构也带来了一些挑战，如服务间通信的复杂性、分布式系统的管理和监控等。因此，在采用微服务架构时需要仔细考虑和权衡。

微服务设计原则是指在构建和设计微服务架构时应遵循的一些指导原则。以下是一些常见的微服务设计原则。

- 单一职责（Single Responsibility Principle）原则：每个微服务应该只负责一个特定的业务功能，实现单一职责。
- 松耦合（Loose Coupling）原则：微服务之间应该尽量减少依赖和耦合，通过明确定义接口和使用轻量级通信机制来实现松耦合。
- 高内聚（High Cohesion）原则：每个微服务内部的组件应该紧密相关，实现高内聚，以便独立开发、测试和部署。
- 自治性（Autonomy）原则：每个微服务应该具有自治性，可以独立部署、扩展和管理，不会对其他微服务产生影响。
- 弹性设计（Resilience）原则：微服务应该具备容错和弹性设计，能够在面对故障和异常情况时保持稳定运行。
- 可伸缩性（Scalability）原则：微服务架构应该支持水平扩展，能够根据需求快速增加或减少微服务实例。

- 高可用性（High Availability）原则：微服务架构应该具备高可用性，能够通过冗余和负载均衡来保证系统的可用性。
- 服务发现（Service Discovery）原则：微服务应该能够自动注册和发现其他微服务，以便于实现服务之间的通信和协作。
- 容错设计（Fault Tolerance）原则：微服务应该具备容错能力，能够在面对故障时进行自我修复和恢复。
- 监控和日志（Monitoring and Logging）原则：微服务应该具备监控和日志功能，能够实时监控和记录系统的运行状态和异常情况。

以上原则可以帮助开发团队在设计和实现微服务架构时考虑到关键的设计因素，从而提高系统的可维护性、可扩展性和可靠性。

## 1.4　敏捷开发简介

敏捷宣言（Agile Manifesto）是一份由敏捷软件开发领域的专家于 2001 年制定的宣言，旨在定义敏捷开发方法的核心价值观和原则。它强调个体和互动、工作的软件、客户合作和响应变化。以下是敏捷宣言的 4 个核心价值观。

- 个体和互动胜过流程和工具（Individuals and interactions over processes and tools）：强调团队成员之间的有效沟通、合作和相互支持的重要性，而不仅仅是依赖工具和流程。
- 工作的软件胜过详尽的文档（Working software over comprehensive documentation）：强调通过交付可工作的软件来验证和沟通需求，而不是过度依赖详细的文档。
- 客户合作胜过合同谈判（Customer collaboration over contract negotiation）：强调与客户的密切合作和持续反馈，以便更好地理解和满足客户的需求，而不是过度依赖合同和谈判。
- 响应变化胜过遵循计划（Responding to change over following a plan）：强调对变化的积极响应和灵活性，以便能够适应不断变化的需求和环境，而不是过度依赖固定的计划。

敏捷宣言的核心价值观强调了个体、工作的软件、客户合作和响应变化的重要性，旨在帮助团队更好地应对不确定性和变化，提高交付价值的效率和质量。敏捷宣言成为敏捷开发方法的基石，并在软件开发领域产生了广泛和深刻的影响。

敏捷开发是一种以迭代、增量和协作为核心的软件开发方法论，强调快速响应变化、持续交付价值和团队合作。敏捷开发的目标是通过频繁的交付可工作的软件版本来满足客户需求，并在开发过程中不断优化和改进。敏捷开发的特点如下。

- 迭代开发：将开发过程划分为多个迭代周期，每个迭代周期通常为 2 到 4 周，每个迭代周期都会交付一个可工作的软件版本。
- 增量交付：每个迭代周期都会交付一个增量版本，不断地将新功能添加到软件中，以便及时获取用户反馈和验证。
- 用户参与：敏捷开发强调与用户的密切合作和沟通，以确保开发团队准确理解用户需求，并及时调整开发方向。

- 自组织团队：敏捷开发鼓励团队成员之间的合作和自组织，团队成员可以根据实际情况自行决策和调整工作方式。
- 持续改进：敏捷开发注重在开发过程中不断反思和改进，通过团队的反馈和回顾来提高开发效率和质量。
- 快速响应变化：敏捷开发能够快速适应需求变化和市场变化，通过频繁的迭代和交付，及时调整开发计划和优先级。

敏捷开发方法有多种实践框架，包括 Scrum、Kanban、XP（极限编程）等。这些框架均提供了一套明确的规则和实践，帮助团队更好地组织和管理敏捷开发过程。

因为敏捷开发能够提供更快速、灵活和高质量的软件交付，并能够适应不断变化的需求和市场环境，所以它已经成为许多软件开发团队的首选方法。

Scrum 是一种敏捷软件开发方法论，旨在提高团队在快速变化的环境中交付高质量软件的能力。Scrum 强调团队合作、自组织和迭代开发。以下是 Scrum 的一些关键概念。

- 产品负责人（Product Owner）：负责定义产品需求、优先级和发布计划，并与团队合作以确保产品的成功交付。
- Scrum 团队（Scrum Team）：由开发人员、产品负责人和 Scrum 主管组成的团队，负责实施开发工作并交付可用的增量。
- Scrum 主管（Scrum Master）：负责促进团队的自组织和高效工作。他们通过移除障碍、提供支持和教练团队来确保 Scrum 过程的顺利进行。
- 冲刺（Sprint）：团队在固定时间框架内完成一系列工作的迭代周期。每个冲刺通常持续 2 到 4 周。
- 产品待办事项（Product Backlog）：包含所有产品需求的有序列表。产品负责人负责管理和优化产品待办事项。
- 冲刺待办事项（Sprint Backlog）：在每个冲刺开始时，团队从产品待办事项中选择一部分工作，创建冲刺待办事项。
- 每日站会（Daily Scrum）：每天团队成员在 15 分钟内进行短暂会议，分享进展、讨论问题和协调工作。
- 冲刺评审会（Sprint Review）：在每个冲刺结束时，团队向利益相关者展示已完成的工作，并接收反馈和建议。
- 冲刺回顾会（Sprint Retrospective）：在每个冲刺结束时，团队回顾过去的工作，识别改进机会，并制定下一个冲刺的改进计划。

Scrum 的目标是通过迭代、增量的方式交付高价值的软件，并通过持续反馈和改进来提高团队的效率和产品质量。Scrum 适用于快速变化的项目以及需要灵活性和适应性均较强的团队。

敏捷工具链是指在敏捷开发过程中使用的各种工具和软件，用于支持团队的协作、项目管理和交付过程。以下是一些常见的敏捷工具链。

- 项目管理工具：用于创建和管理任务、追踪进度、分配工作和协调团队成员，例如 Jira、Trello、Asana、禅道等。
- 团队协作工具：用于团队成员之间的实时沟通、协作和共享文档，例如 Slack、Microsoft Teams、Zoom 等。

- 版本控制工具：用于管理代码的版本、协同开发、解决冲突和追踪变更，例如 Git、SVN 等。
- 自动化构建工具：用于自动化构建、测试和部署软件，例如 Jenkins、Travis CI、GitLab CI/CD 等。
- 用户故事管理工具：用于编写、组织和跟踪用户故事和需求，例如 Rally、Pivotal Tracker 等。
- 可视化工具：用于可视化项目进展、任务分配和团队协作，例如白板、墙贴、思维导图等。

这些工具和软件可以根据团队的需求和偏好进行选择和组合，以提高团队的效率和协作能力。

## 1.5　CI/CD 简介

CI/CD 是持续集成（Continuous Integration）和持续交付（Continuous Delivery）的英文缩写，是一种软件开发实践和流程。它的目标是通过自动化和频繁地将代码集成到共享存储库中，以及自动化地构建、测试和部署软件，从而实现快速、可靠和高质量的软件交付。

具体来说，CI/CD 包括以下两个主要概念。

- 持续集成（Continuous Integration）：指将开发人员的代码变更频繁地集成到共享存储库中，并通过自动化的构建和测试过程进行验证。这样可以及早地发现和解决代码集成问题，确保团队成员的代码能够顺利地合并到主干代码中。
- 持续交付（Continuous Delivery）：指通过自动化的构建、测试和部署流程，将经过验证的代码交付给生产环境。这样可以确保软件在每个阶段都处于可部署状态，减少人工操作和减轻人为错误的风险，从而实现快速、可靠和可重复的软件交付。

CI/CD 的优点如下。

- 提高开发团队的协作和沟通效率。
- 减少代码集成问题和冲突。
- 提高软件质量和稳定性。
- 缩短软件交付周期。
- 降低软件发布的风险。

为了实现 CI/CD，我们通常会使用自动化构建工具、测试工具、部署工具和持续集成/交付平台等工具和技术，来创建一个可靠、可重复和可扩展的交付流水线，支持团队快速、频繁地交付高质量的软件。下面是 CI/CD 的主要流程。

（1）持续集成（Continuous Integration）

1）开发人员将代码集成到共享代码仓库中。

2）自动触发构建过程，编译代码并生成可执行文件或软件包。

3）运行单元测试和集成测试，以确保代码的质量和稳定性。

4）如果测试失败或构建出现问题，通知团队并回滚代码。

（2）持续交付（Continuous Delivery）

1）构建成功后，将生成的软件包部署到一个类似于生产环境的测试环境。

2）运行自动化测试，包括功能测试、性能测试、安全测试等。

3）如果测试通过，将软件包标记为可交付状态，准备进行部署到生产环境。

（3）持续部署（Continuous Deployment）

1）构建成功后，自动将生成的软件包部署到生产环境。

2）运行自动化测试，确保部署后的软件在生产环境中运行正常。

3）如果测试通过，自动发布软件，使其对用户可见。

CI/CD 的目标是通过频繁的集成、测试和交付，减少手动操作和人为错误，提高软件交付的速度和质量，同时增强团队的协作和反馈循环。这个流程可以根据团队和项目的需求进行定制和扩展。

## 1.6 DevOps 简介

DevOps 是一种将软件开发和 IT 运维进行整合的文化和实践方法。它结合了开发（Development）和运维（Operations）两个领域，旨在通过加强协作、自动化和持续交付来提高软件开发和运维的效率和质量。

DevOps 强调开发团队和运维团队之间的紧密合作和沟通。传统上，开发和运维是两个独立的部门，彼此之间的合作和沟通往往不够密切，导致问题和延迟。而 DevOps 打破了这种壁垒，使开发和运维团队能够共同参与软件开发的全过程，从而更好地理解彼此的需求和挑战。

在 DevOps 中，自动化起着重要的作用。通过自动化构建、测试、部署和运维等过程，可以减少人工操作的错误和延迟，提高效率和一致性。持续交付（Continuous Delivery）指的是将软件的变更快速、可靠地交付给用户，以满足不断变化的需求，是 DevOps 的核心概念之一。

DevOps 的核心原则如下。

1）协作和沟通：开发团队和运维团队之间建立紧密的合作和沟通，共同解决问题和实现共同目标。

2）自动化：通过自动化工具和流程，减少手动操作和人为错误，提高效率和质量。

3）持续集成和持续交付：频繁地集成、构建、测试和交付软件，以快速响应需求和减少发布周期。

4）基础设施即代码：使用代码和自动化工具来管理和配置基础设施，实现可伸缩性和可重复性。

5）监控和反馈：通过实时监控和反馈机制，及时发现和解决问题，提高系统的可靠性和稳定性。

DevOps 的目标是实现快速、可靠和高质量的软件交付，强调团队协作、自动化和持续改进，通过减少手动操作、提高反馈速度和加强质量控制，帮助组织更好地应对快速变化的市场需求和竞争压力。

DevOps 工具链是一组用于支持 DevOps 实践的工具和软件。这些工具和软件旨在帮助团队实现持续集成、持续交付和持续部署，加快软件交付的速度和质量。下面是一些常见的 DevOps 工具链的组成部分。

- 版本控制系统（Version Control System）：用于管理和跟踪代码的变更，支持团队协作和版本控制，例如 Git。
- 持续集成（Continuous Integration）工具：用于自动化构建、测试和集成代码，确保团队成员的代码能够快速集成并检测潜在问题，例如 Jenkins、Travis CI、GitLab CI/CD 等。
- 自动化测试（Automated Testing）工具：用于自动化执行各种测试，包括单元测试、集成测试和端到端测试，以确保代码的质量和稳定性，例如 pytest、Selenium、JUnit 等。
- 配置管理（Configuration Management）工具：用于自动化管理和配置服务器和基础设施，确保环境的一致性和可重复性，例如 Ansible、Chef、Puppet 等。
- 容器化（Containerization）平台：用于打包应用程序和其依赖项，实现跨平台和可移植性，提供弹性和扩展性，例如 docker、Kubernetes 等。
- 部署（Deployment）工具：用于自动化部署应用程序到目标环境，包括开发、测试和生产环境，例如 Capistrano、AWS CodeDeploy 等。
- 监控和日志（Monitoring and Logging）工具：用于监控应用程序的性能和健康状况，收集和分析日志数据，及时发现和解决问题，例如 Prometheus、ELK Stack 等。

这些工具和软件相互配合，构成了一个完整的 DevOps 工具链，帮助团队实现持续交付和持续改进的目标。根据具体的需求和技术栈，团队可以选择适合自己的工具和软件来搭建和定制自己的 DevOps 工具链。

## 1.7　GitLab CI/CD 简介

GitLab CI/CD 是 GitLab 平台上的持续集成和持续交付（CI/CD）工具。它提供了一个集成的工作流程，使开发团队能够自动化构建、测试和部署他们的应用程序。GitLab CI/CD 的核心概念是通过配置文件定义一系列的任务（Job），并将这些任务组织成一个或多个阶段（Stage）。每个任务可以包括构建、测试、部署等操作。

使用 GitLab CI/CD，可以在代码提交到 GitLab 仓库后自动触发构建和测试流程；可以定义各种任务和阶段，例如编译代码、运行单元测试、进行集成测试和部署到生产环境等。用户可以根据需要设置任务的依赖关系和并行执行，以加快整个流程的执行速度。

GitLab CI/CD 还提供了丰富的功能和工具，例如集成了 docker 容器技术，可以轻松地构建和部署容器化的应用程序。它还支持在不同的环境（例如开发、测试、生产）之间进行部署，并提供了可视化的界面和报告，方便用户查看构建和部署的状态和结果。

GitLab CI/CD 具有以下几个优势。

- 集成性：GitLab CI/CD 是与 GitLab 平台紧密集成的工具，可以无缝地与代码仓库和项目管理工具交互。这意味着用户可以在同一个平台上管理代码、问题、合并请求和 CI/CD 流程，提高团队的协作效率。
- 自动化：GitLab CI/CD 提供了自动化的构建、测试和部署流程。用户可以通过配置文件定义任务和阶段，设置依赖关系和并行执行，使整个流程自动化运行。这减少了手动操作的错误和重复工作，提高了开发效率。

- 可扩展性：GitLab CI/CD 基于容器技术（例如 docker），可以轻松地构建和部署容器化的应用程序。用户可以根据需要快速扩展和部署应用程序，使应用程序产生更好的可伸缩性和灵活性。
- 可视化界面：GitLab CI/CD 提供了可视化的界面和报告，方便用户查看构建和部署的状态和结果。可视化界面可以轻松地监控整个流程，查找和解决问题，提高软件交付的可靠性和质量。
- 多环境支持：GitLab CI/CD 支持在不同的环境之间进行部署，例如开发、测试和生产环境。用户可以根据需要配置不同的部署目标，确保应用程序在不同环境中的一致性和正确性。

综上所述，GitLab CI/CD 具有集成性、自动化、可扩展性、可视化界面和多环境支持等优势，使团队能够更高效地实现持续集成和持续交付，提高软件交付的速度和质量。

# 第2章 容器技术基础

现如今，云原生技术发展得如火如荼，而作为云原生技术的基础，容器技术或者说docker技术又是为了解决什么呢？学习docker容器技术需要注意哪些问题？本章将围绕docker容器技术娓娓道来，为读者解答这些问题。

## 2.1 容器概述

什么是容器？什么是docker？容器和docker之间有什么关系？本节将对这些问题展开详细的解答。

### 2.1.1 容器技术简介

容器技术是一种沙盒技术，主要是为了将应用运行在容器中从而做到与外界隔离，同时可以方便地将此沙盒转移到其他机器中。从本质上讲，容器是一个特殊的进程，通过命名空间（Namespace）、控制组（Control Groups）和Chroot技术，将文件、设备、状态和配置划分到一个独立的空间中。简单来说，容器像是一个箱子，箱子里面有软件运行所需要的依赖和配置，开发运维人员可以将此箱子搬到任何一台机器上，而不会影响内部的程序运行。

那么，容器技术是为了解决什么问题呢？在实际的软件开发过程中，比如开发人员在Windows平台上开发、调试代码，当到了部署环节，一般情况下都要部署到Linux系统上，此时可能存在操作系统之间不兼容的问题。再比如，开发人员在开发代码时，在引入依赖库的时候，各种开发语言一般都有自己的依赖管理工具，而依赖管理工具则是根据当前的操纵系统以及开发语言的版本对依赖包进行下载安装，这就带来一个问题：部署环境的时候，很可能下载的依赖包版本号与开发人员使用的不一致，从而带来一些兼容性的问题。此类问题在开发测试部署环节是非常常见的，比如开发人员常常抱怨软件在自己的测试环境上是好的，为什么到对方的测试环境就不行了？容器技术的出现，可以从很大程度上解决这个问题。开发人员在完成代码开发后，在容器中部署调试测试。开发人员在自己的容器中测试完成，直接将容器打包成镜像，将镜像交付给测试人员，测试人员通过镜像启动容器，则可以保证测试的环境跟开发调测的环境是完全一样的。测试人员测试完成后，同样将通过测试的镜像交付给运维人员，运维人员在部署上线的时候，同样不会有之前的各种环境相关的问题。

其实在使用容器技术之前，开发人员已经可以从一个操作系统中通过虚拟化技术虚拟出若干个虚拟机，容器化与虚拟机的区别如图2-1所示。虚拟化技术是在一个物理机的操作系统中虚拟出多个虚拟机，在每个虚拟机中又安装了操作系统。换言之，图2-1的虚拟化技术存在4个操作系统，即一个宿主机（Host Operating System）和3个客户机（Guest OS）。在容器技术中只有 1 个操作系统（Operating System），而一个个容器都是在操作系统中的一个进程（App1、App2、App3）。虚拟机无论是安装过程还是启动过程，都是比较耗时的，一般都是分钟级别的，而容器启动则是秒级的。因此，容器显然是更加轻量级的，拥有更快的启停速度、更小的资源占用、更便捷的创建与销毁操作。

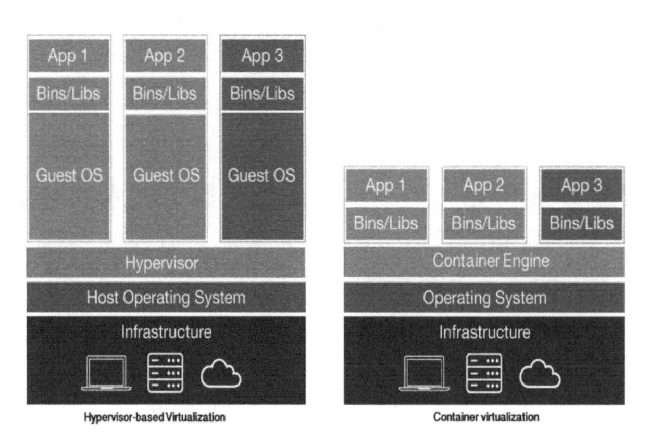


图 2-1 虚拟化技术与容器技术

提到容器，现在大家首先想到的就是 docker。其实容器的具体实现是有许多技术的，比如 docker、containerd、podman、lxd、cri-o、runc、kata-containers、gVisor、rkt 等。在这些容器技术中，当前最为流行的是 docker，因此大家在平时的交流中，多数情况下提到的容器就是指 docker。

### 2.1.2 docker 技术简介

docker 是一个开源的应用容器引擎，让开发者可以打包其依赖包及应用程序到一个可移植的镜像中，即可在支持 docker 容器的机器上通过镜像启动容器，从而做到部署应用和具体环境解耦。

一个完整的 docker 由 docker client、docker daemon、docker images、docker containers、docker registries 几个部分组成。

图 2-2 为 docker 的架构图，下面结合 docker 的架构图简要介绍 docker 运行容器的工作流程。

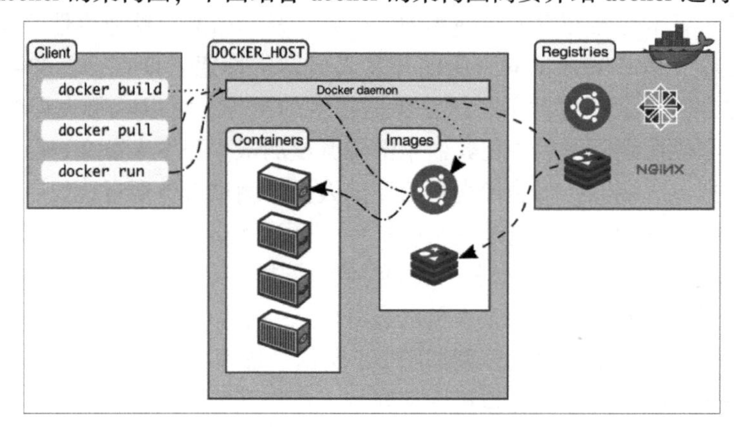


图 2-2 docker 架构图

docker 架构中各个组件的作用介绍如下。

### 1. docker daemon

docker daemon 是 docker 的服务端守护进程（dockerd），它监听 docker api 请求，并且可以对 docker 对象进行操作，比如镜像、容器、网络和存储等。我们平常使用的 docker 命令，实际就是 docker client 向 docker daemon 发送的 rest api 请求的过程。此外，docker daemon 还可以通过与其他的 docker daemon 进程通信，进而去管理 docker 对象资源。

### 2. docker client

docker client 就是平时使用的 docker 命令。当我们执行 docker 命令时，实际上就是 docker client 向 docker daemon 服务发送 docker api 请求的过程。当然 docker client 也是可以向多个 docker daemon 服务进程发送请求的。

### 3. docker registries

docker registries 是一个镜像存储服务，目前公共的公开 docker 镜像存储服务为 docker hub。执行 docker pull、docker push 等操作时，就是从 docker hub 上拉取镜像或者将本地镜像推送到 docker hub 服务。当然，在企业内部也可以通过一些开源工具进行私有 hub 服务的搭建，常见的 Harbor 就是用于搭建私有部署的 docker hub。

### 4. docker images

docker images 是用来启动 docker 容器使用的模板文件。通常情况下，docker 镜像都是基于其他基础镜像制作的，通过在 dockerfile 文件中增加自定义的内容，比如安装自定义软件和构建自定义应用程序等。因为 docker 镜像是根据 dockerfile 中自定义语句进行分层的，每次会根据 dockerfile 的变更情况进行重新编译。只对 dockerfile 中有变更的层进行重新编译，而对于没有变化的层，不需要重新编译。这也是 docker 轻量级且快速的一个重要原因。

### 5. docker containers

docker containers 容器可以理解为 docker image 的一个实例，通过 docker 命令行或者 docker api 可以对 docker 容器进行创建、启动、停止、迁移或者删除等操作。容器与容器之间以及与宿主机之间都是隔离的。通过设置 docker 网络可以做到同一个网络下的容器互通，而不同网络下的容器是不通的。此外，还可以通过存储挂载技术将容器中的目录挂载到宿主机上，这样当容器被删除，挂载的目录存储在宿主机上的数据不会丢失。对于数据库、存储文件等，一般都是需要进行存储目录挂载的。

## 2.2　虚拟机及 docker 环境安装

安装 VMware 虚拟机以及 CentOS 等 Linux 操作系统，虽然是比较基础的操作，但是考虑到部分用户没有安装或者使用过，倘若没有掌握这部分环境的安装部署方法，将无法继续学习后面的知识内容。因此，这里将虚拟机的安装步骤详细地介绍一遍。

### 2.2.1 VMware 虚拟机的安装

安装 VMware 虚拟机的具体操作步骤如下。

1）打开 VMware 下载地址，在图 2-3 的界面中单击“下载试用版”链接。

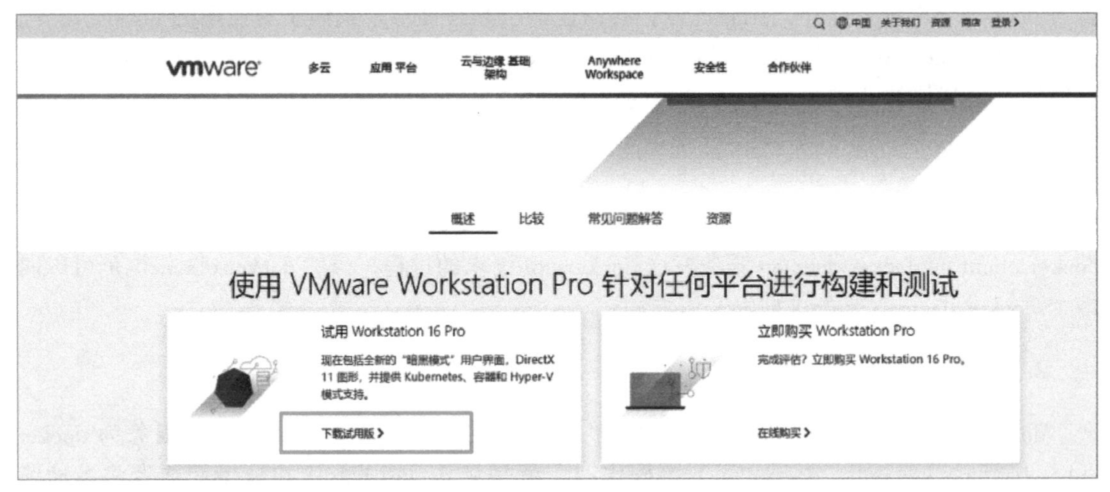


图 2-3 下载 VMware 界面

2）以 Windows 10 平台为例，单击 DOWNLOAD NOW 按钮，如图 2-4 所示。

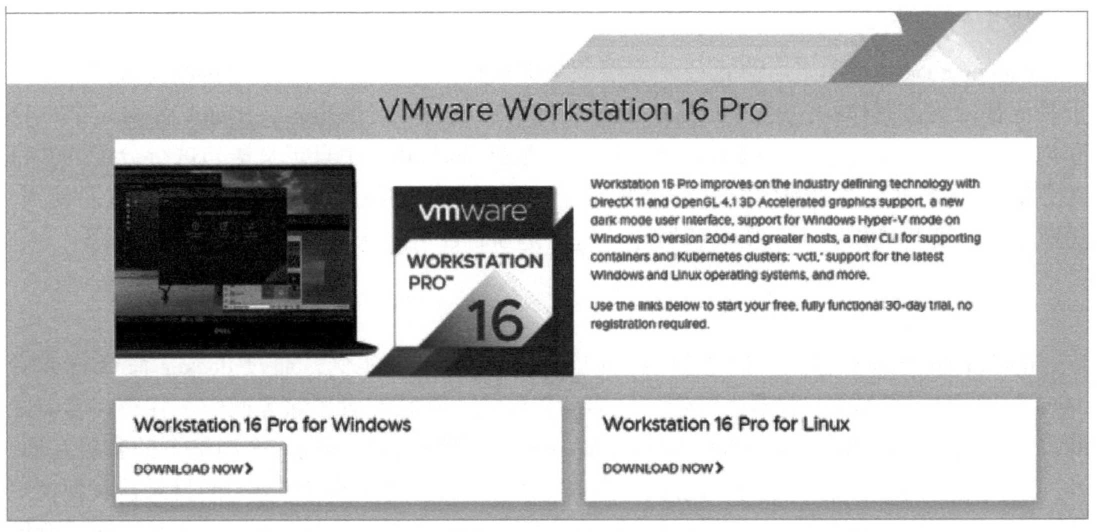


图 2-4 单击 DOWNLOAD NOW 按钮

3）下载完成并选中安装包，然后单击鼠标右键，在弹出的快捷菜单中选择“以管理员权限运行”命令开始安装。在弹出的“VMware Workstation Pro 安装”对话框中单击“下一步”按钮继续安装，如图 2-5 所示。

4）安装位置默认在 C 盘，用户可以根据需要选择安装到 D 盘等位置。勾选“增强型键盘驱动程序”复选框，可以更好地处理国际键盘和带有额外按键的键盘，然后单击“下一步”按钮继续安装，如图 2-6 所示。

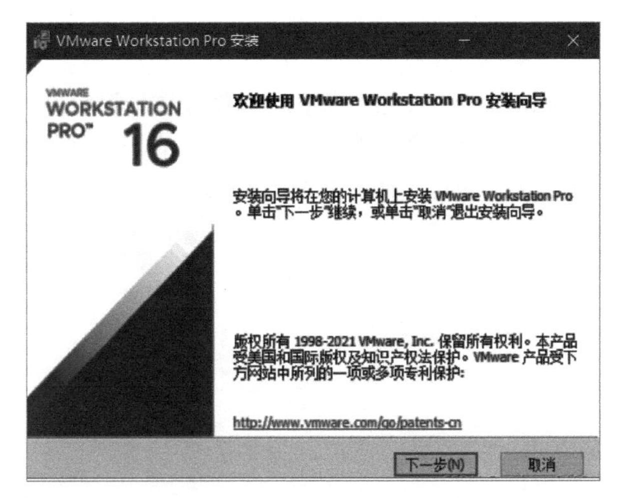


图 2-5　开始安装 VMware 界面

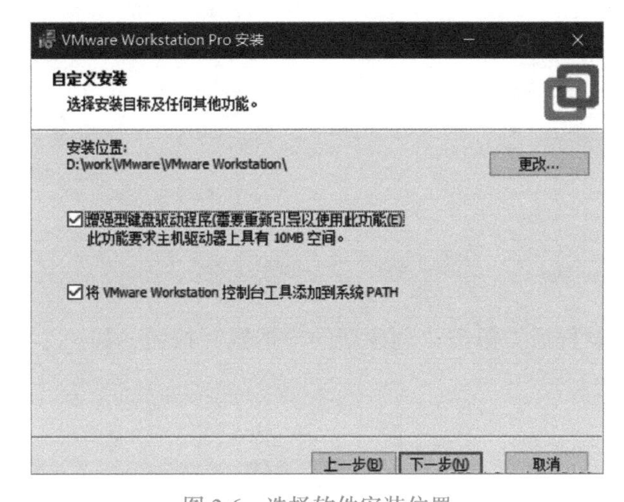


图 2-6　选择软件安装位置

5）保持默认设置，一直单击“下一步”按钮，等待软件安装完成，如图 2-7 所示。安装完成后双击桌面上的快捷图标，即可打开 VMware 软件。

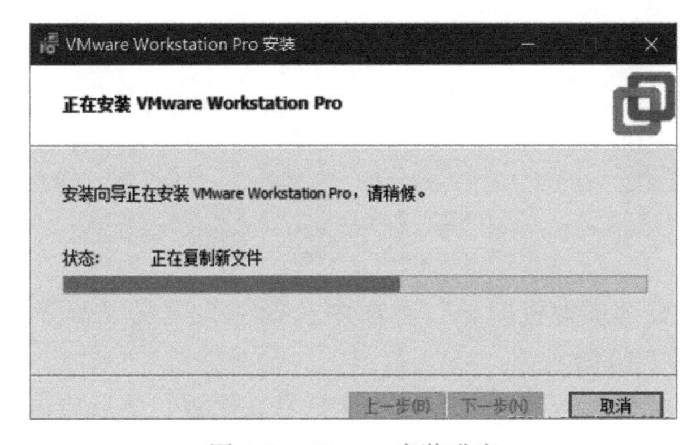


图 2-7　VMware 安装进度

## 2.2.2 VMware 安装 CentOS 7 操作系统的虚拟机

在 VMware 中安装 CentOS 7 操作系统虚拟机的具体操作步骤如下。

1）下载 CentOS 7 的操作系统镜像文件，比如打开“清华大学开源软件镜像源”网站，选择适合的 ISO 镜像选项，单击进行下载，如图 2-8 所示。

清华大学开源软件镜像站　HOME　EVENTS　BLOG　RSS　PODCAST　MIRRORS

Index of /centos/7.9.2009/isos/x86_64/

Last Update: 2022-11-01 05:26

| File Name ↓ | File Size ↓ | Date ↓ |
| --- | --- | --- |
| Parent directory/ | - | - |
| 0_README.txt | 2.7 KiB | 2022-08-05 02:03 |
| CentOS-7-x86_64-DVD-2009.iso | 4.4 GiB | 2020-11-04 19:37 |
| CentOS-7-x86_64-DVD-2009.torrent | 176.1 KiB | 2020-11-06 22:44 |
| CentOS-7-x86_64-DVD-2207-02.iso | 4.4 GiB | 2022-07-26 23:10 |
| CentOS-7-x86_64-Everything-2009.iso | 9.5 GiB | 2020-11-02 23:18 |
| CentOS-7-x86_64-Everything-2009.torrent | 380.6 KiB | 2020-11-06 22:44 |
| CentOS-7-x86_64-Everything-2207-02.iso | 9.6 GiB | 2022-07-27 02:09 |
| CentOS-7-x86_64-Minimal-2009.iso | 973.0 MiB | 2020-11-03 22:55 |
| CentOS-7-x86_64-Minimal-2009.torrent | 38.6 KiB | 2020-11-06 22:44 |
| CentOS-7-x86_64-Minimal-2207-02.iso | 988.0 MiB | 2022-07-26 23:10 |
| CentOS-7-x86_64-NetInstall-2009.iso | 575.0 MiB | 2020-10-27 00:26 |
| CentOS-7-x86_64-NetInstall-2009.torrent | 23.0 KiB | 2020-11-06 22:44 |
| sha256sum.txt | 703 B | 2022-08-05 01:56 |
| sha256sum.txt.asc | 1.5 KiB | 2022-08-05 01:58 |

图 2-8　下载 CentOS 7 镜像

2）打开 VMware 软件后，单击“创建新的虚拟机”按钮，如图 2-9 所示。

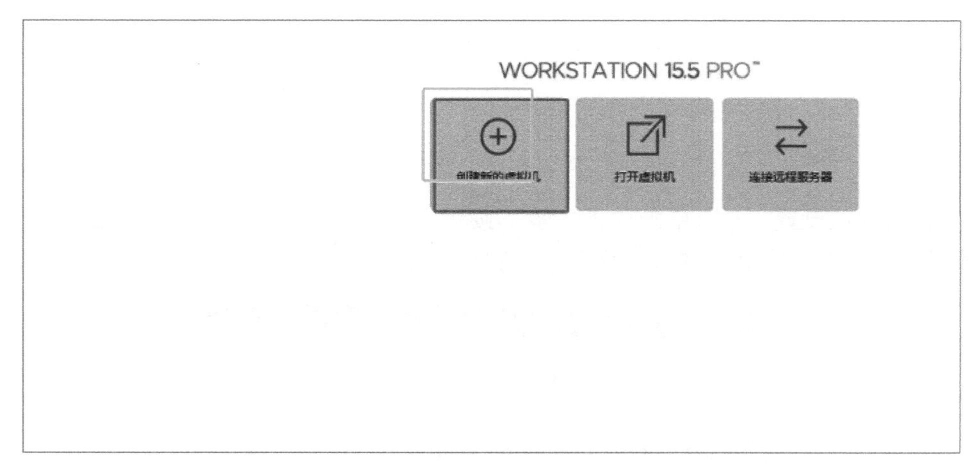


图 2-9　打开 VMware 界面

3）在“欢迎使用新建虚拟机向导”界面中选择“自定义（高级）”模式，然后单击“下一步”按钮，如图 2-10 所示。

4）在“选择虚拟机硬件兼容性”界面中保持默认配置，然后单击“下一步”按钮，如图 2-11 所示。

图 2-10　新建虚拟机向导

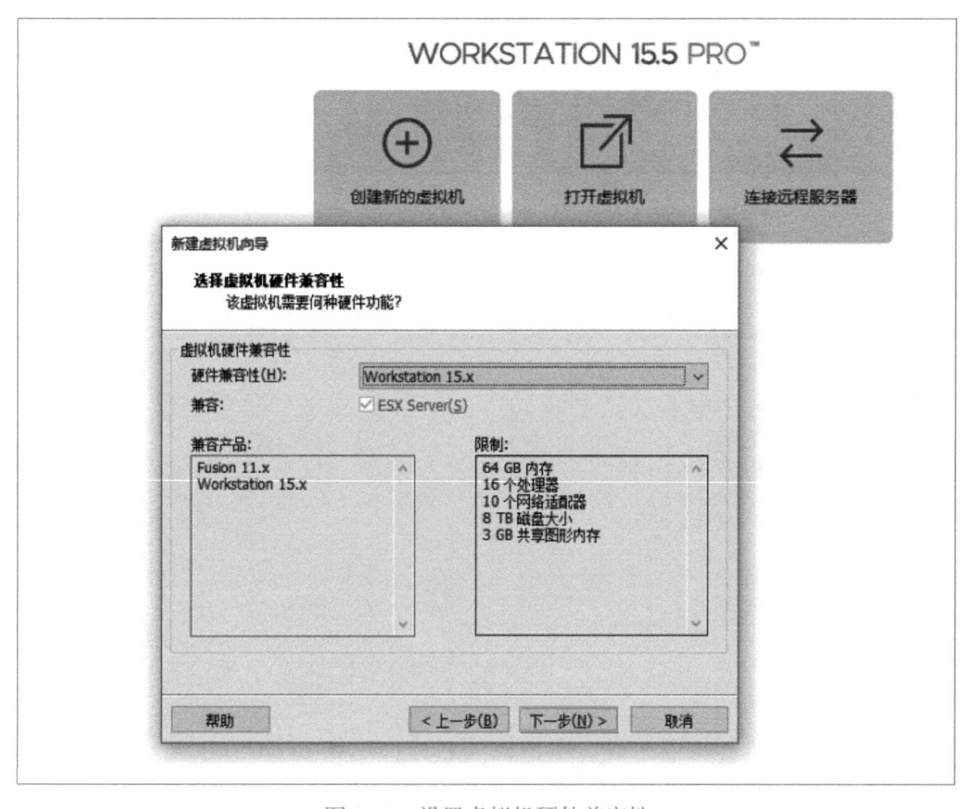


图 2-11　设置虚拟机硬件兼容性

5）在“安装客户机操作系统”界面中选中“稍后安装操作系统”单选按钮，然后单击“下一步”按钮，如图 2-12 所示。

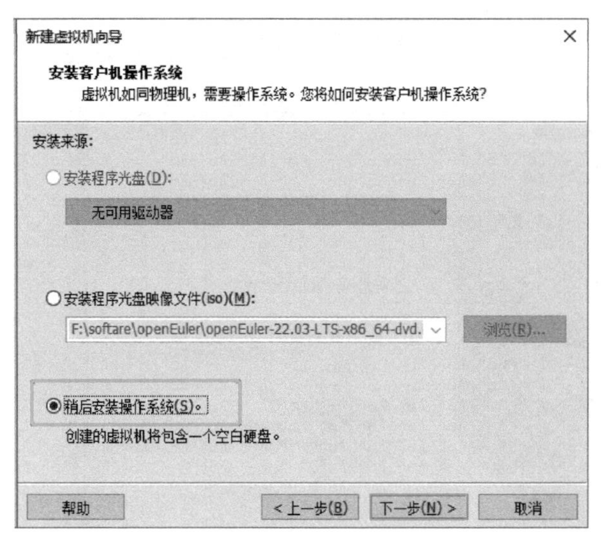


图 2-12　设置安装客户虚拟机操作系统

6）打开“选择客户机操作系统”界面，在“客户机操作系统”选项区中选中 Linux 单选按钮，“版本”选择“CentOS 7 64 位”选项，单击“下一步”按钮，如图 2-13 所示。

图 2-13　选择客户机操作系统

7）在“命名虚拟机”界面中设置虚拟机的名称，比如 CentOS7-1。然后设置虚拟机文件存储的位置，单击“下一步”按钮，如图 2-14 所示。

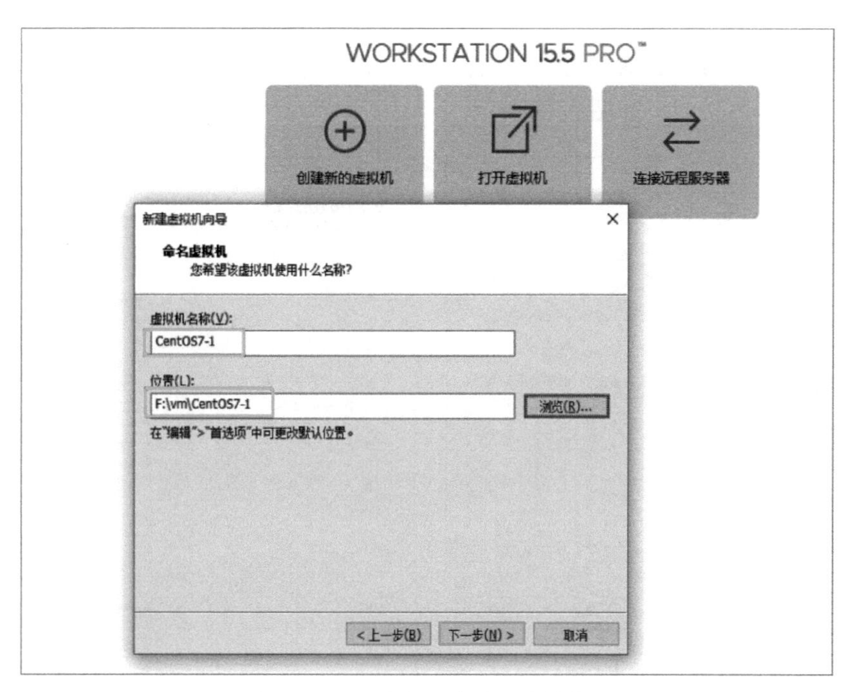


图 2-14　设置虚拟机名称和存储位置

8）在“处理器配置”界面中配置处理器，这里用户可以根据具体情况设置，若仅用来学习 Linux，可以设置处理器的数量为 1 个，每个处理器的内核数量也设置为 1 个，然后单击“下一步”按钮，如图 2-15 所示。

9）在“此虚拟机的内存”界面中配置内存，这里设置 2GB 内存（即 2048MB），然后单击“下一步”按钮，如图 2-16 所示。

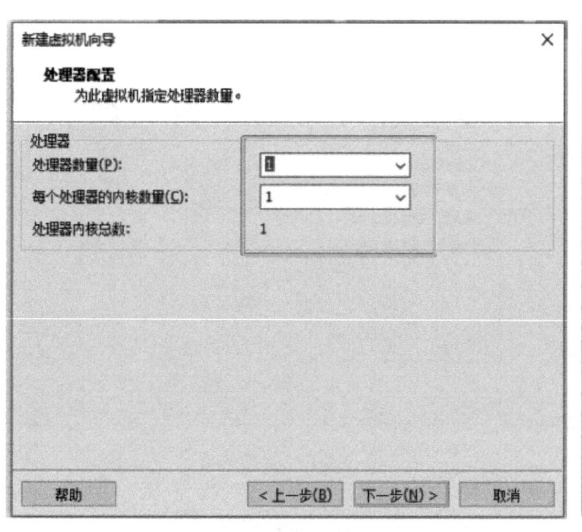


图 2-15　设置处理器配置

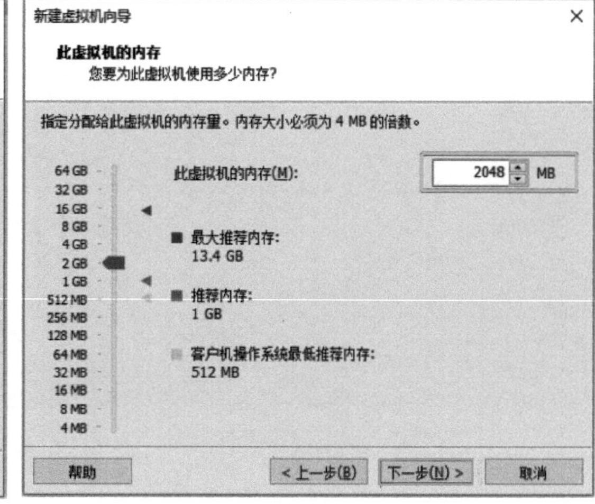


图 2-16　设置虚拟机内存

10）在“网络类型”界面中设置“网络连接”为“使用桥接网络”。“桥接”的意思是虚拟机和宿主机在同一个网络，相当于虚拟机和宿主机在同一个交换机下面。然后单击

“下一步”按钮，如图 2-17 所示。

11）在“选择 I/O 控制器类型”界面的“I/O 控制器类型”选项区中保持默认设置，然后单击“下一步”按钮，如图 2-18 所示。

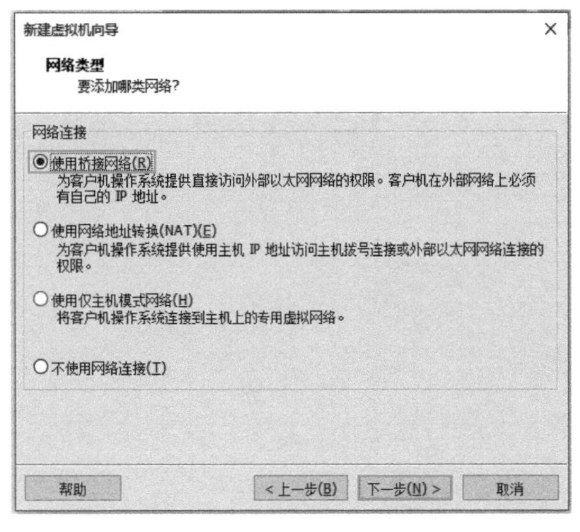


图 2-17　设置虚拟机网络类型

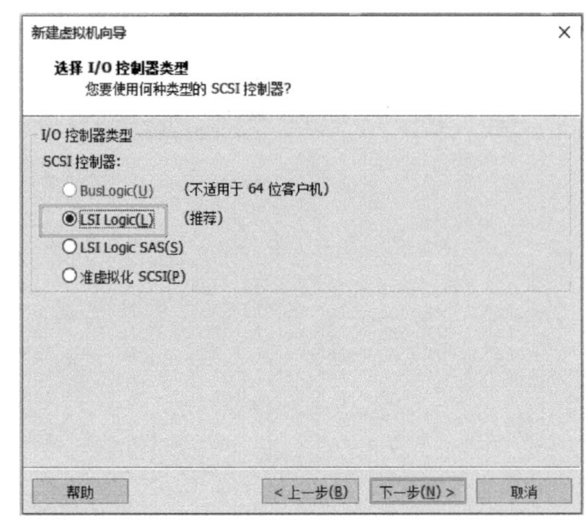


图 2-18　设置 I/O 类型

12）在“选择磁盘类型”界面的“虚拟磁盘类型”选项区中保持默认设置，然后单击“下一步”按钮，如图 2-19 所示。

13）在“选择磁盘”界面的“磁盘”选项区选中“创建新虚拟磁盘”单选按钮，然后单击“下一步”按钮，如图 2-20 所示。

图 2-19　设置虚拟磁盘类型

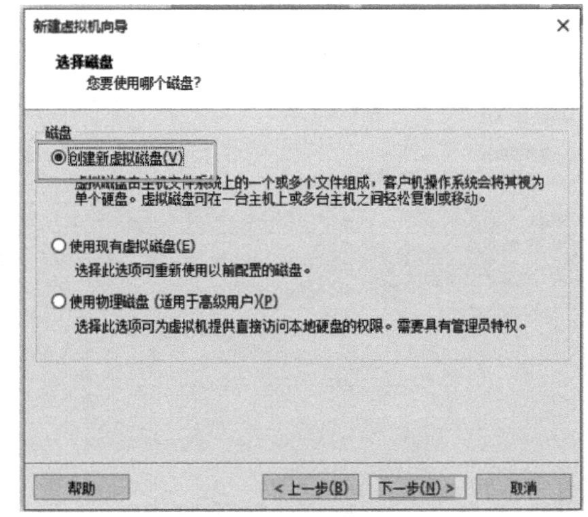


图 2-20　选择磁盘

14）在“指定磁盘容量”界面中设置磁盘大小，这里根据实际情况设置，若仅仅是学习使用，设置 20GB 就足够了。然后选中“将虚拟磁盘拆分成多个文件”单选按钮，单击“下一步”按钮，如图 2-21 所示。

15）在“指定磁盘文件”界面，保持“磁盘文件”选项区磁盘文件名为默认，即默认会采用虚拟机名加磁盘文件后缀，然后单击“下一步”按钮，如图 2-22 所示。

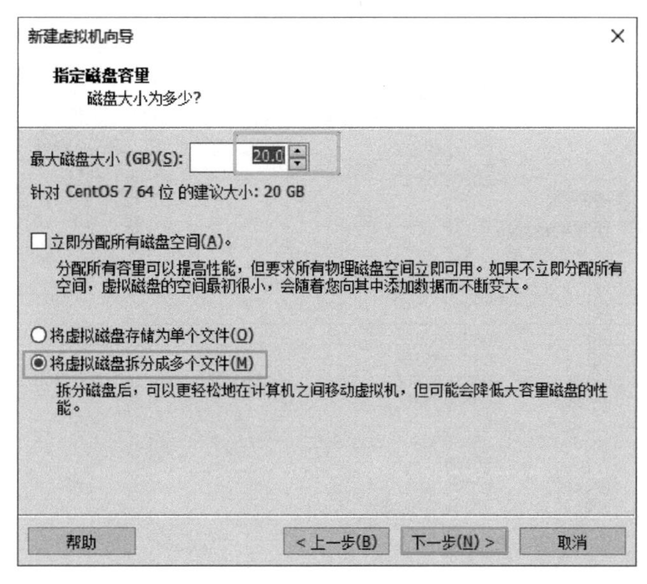


图 2-21　设置磁盘容量

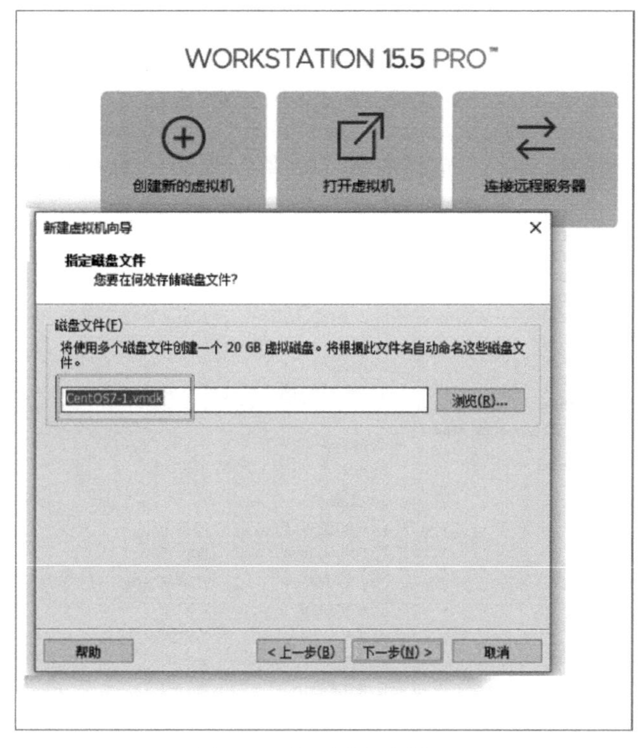


图 2-22　设置磁盘文件名

16）在“已准备好创建虚拟机”界面中显示了前面步骤设置的配置，单击“完成”按钮即可，如图 2-23 所示。

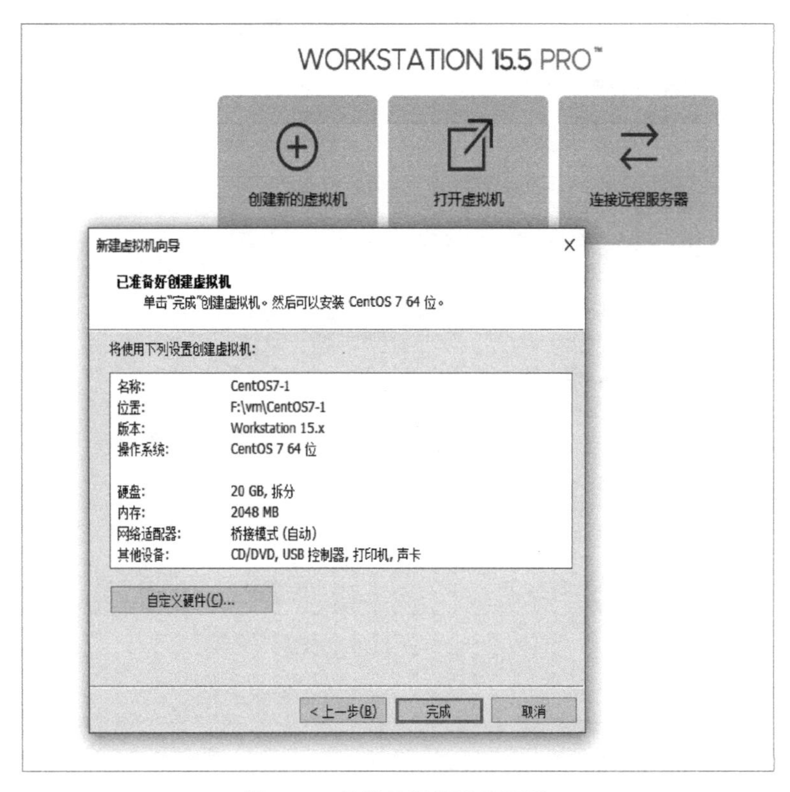


图 2-23　显示已经设置的配置

17）选中刚刚创建的虚拟机，选择右侧“设备”列表中的 CD/DVD（IDE）选项，如图 2-24 所示。

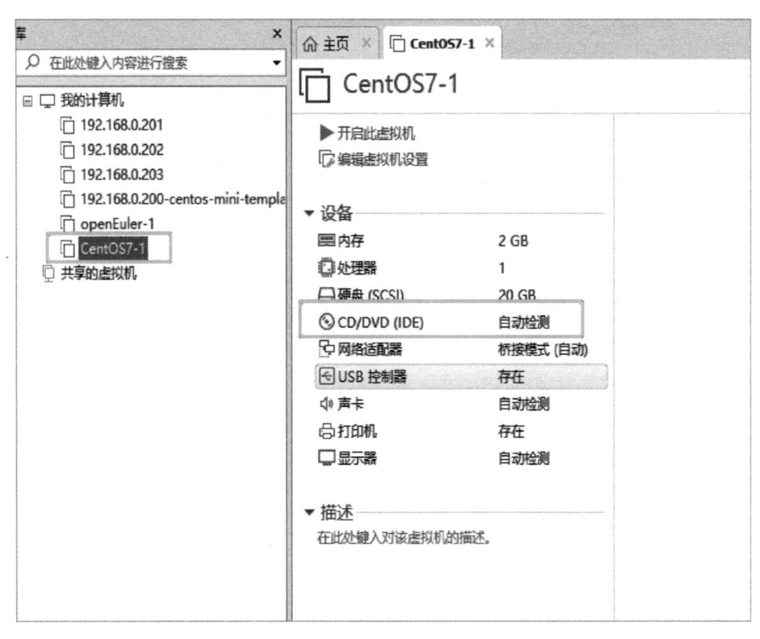


图 2-24　打开镜像配置界面

18）选中“使用 ISO 镜像文件”单选按钮，然后选择刚刚下载好的操作系统 ISO 镜像文件，如图 2-25 所示。

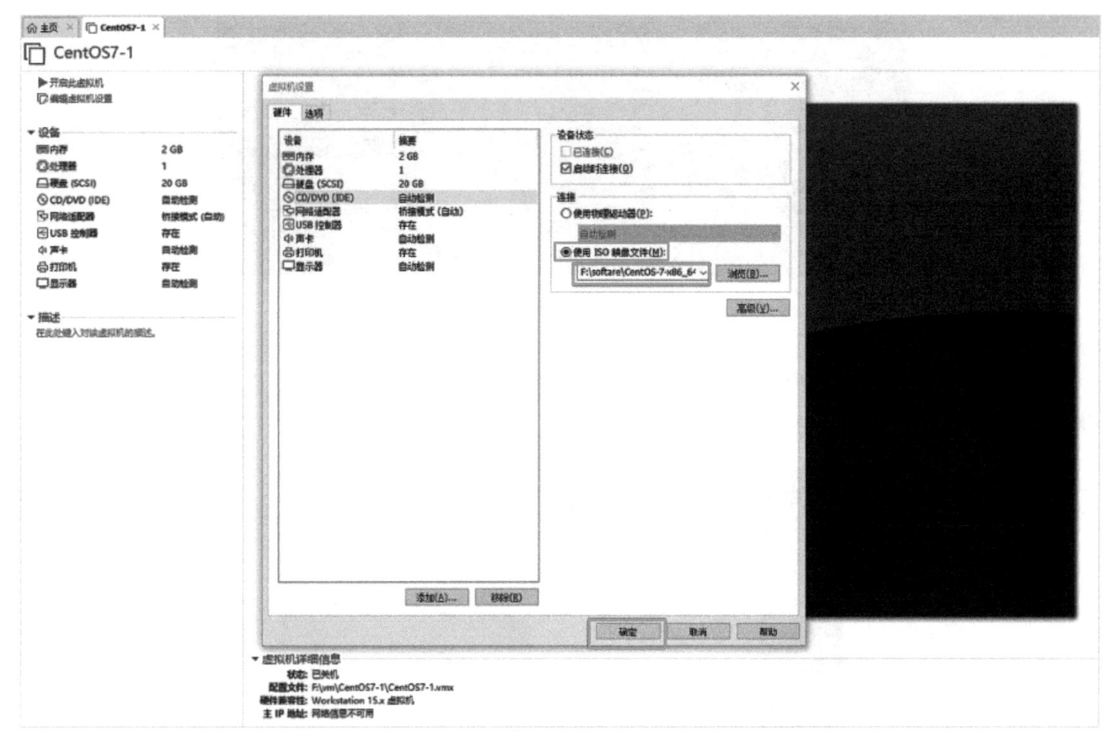


图 2-25　选择设置 ISO 镜像文件

19）选择“开启此虚拟机”选项时，在左侧的“我的计算机”列表中要选中刚刚创建的虚拟机，如图 2-26 所示。

图 2-26　开启虚拟机

20）进入图 2-27 的界面后，通过键盘上的向上或者向下键选择 Install CentOS 7 选项，然后按 Enter 键，即开始安装操作系统。

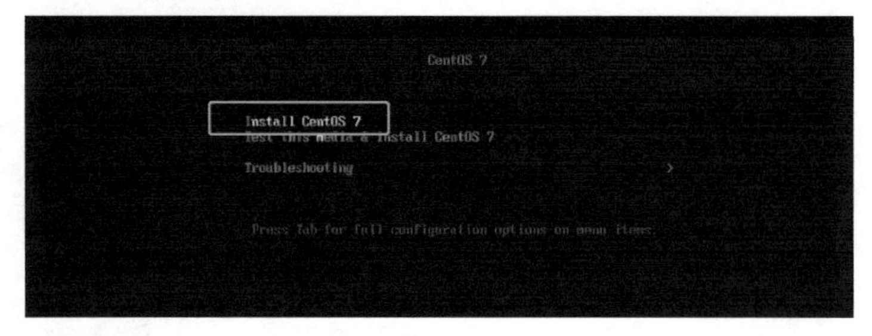


图 2-27　选择安装 CentOS 7

21）在“欢迎使用 CENTOS 7”界面中设置操作系统语言，用户可以根据具体情况进行设置，这里设置为简体中文，然后单击“继续”按钮，如图 2-28 所示。

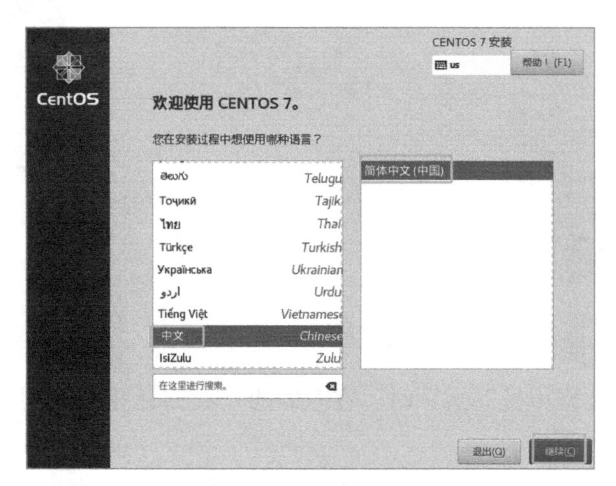


图 2-28　设置操作系统语言

22）在“安装信息摘要”界面中单击“安装位置”按钮，如图 2-29 所示。

图 2-29　选择安装位置

23）在“安装目标位置”界面的“其他存储选项”选项区选中“我要配置分区”单选按钮，然后单击“完成”按钮，如图 2-30 所示。

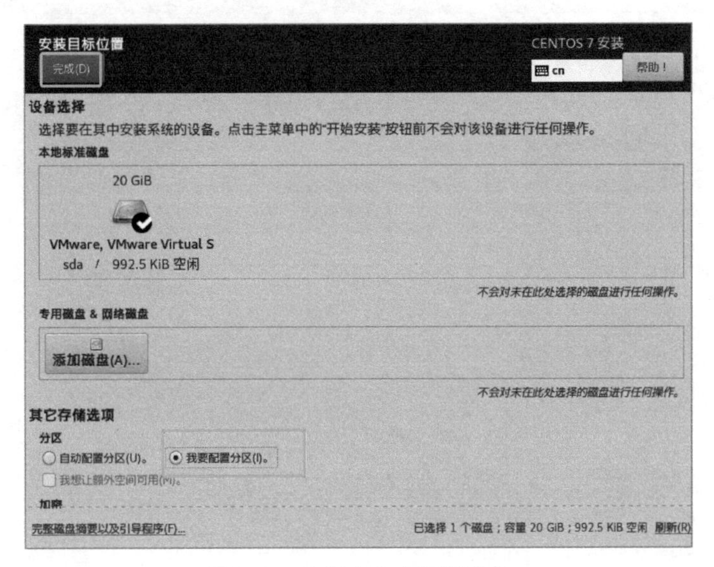


图 2-30　选择自定义配置磁盘

24）在“手动分区”界面中单击+按钮，手动创建分区，如图 2-31 所示。

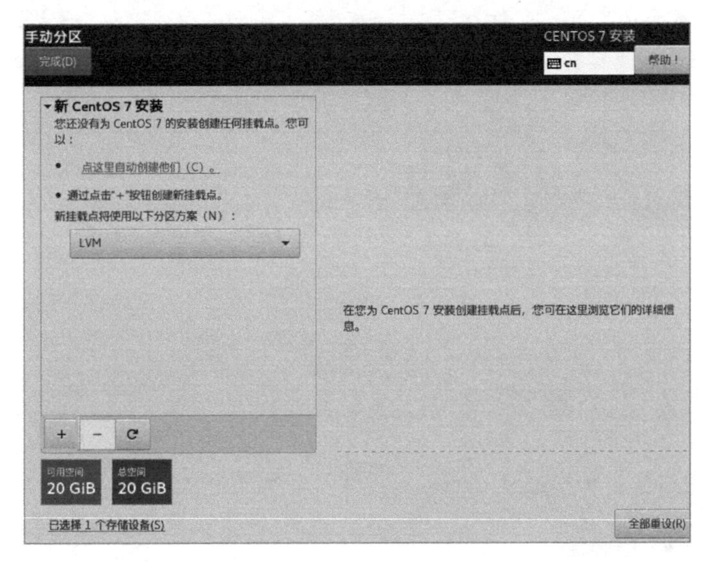


图 2-31　手动分区界面

25）在弹出的“添加新挂载点”对话中设置/boot 分区，大小设置为 1024MB。/boot 分区主要用于加载操作系统，配置/boot 分区的好处是：当操作系统中磁盘容量耗尽后，操作系统仍然可以正常启动。如果不设置/boot 分区，当磁盘容量耗尽，操作系统会因为没有空间而无法正常启动，如图 2-32 所示。

26）按照同样的方式设置 swap 分区，大小为 2048MB 即可，如图 2-33 所示。

27）在“安装信息摘要”界面中选择“软件选择”选项，如图 2-34 所示。

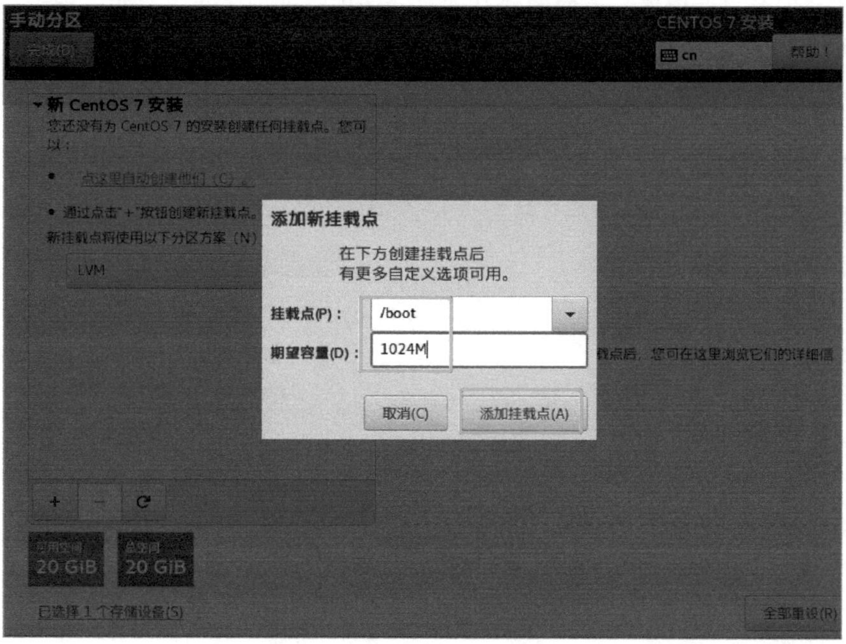

图 2-32　设置/boot 分区

图 2-33　设置 swap 分区

28）在“软件选择”界面中根据实际情况选择安装软件包。若学习使用，可以选择“最小安装”方式（此时可能很多软件都用不了）。当然手动安装这些软件的过程本身也会促进学习，如图 2-35 所示。

图 2-34　选择“软件选择”选项

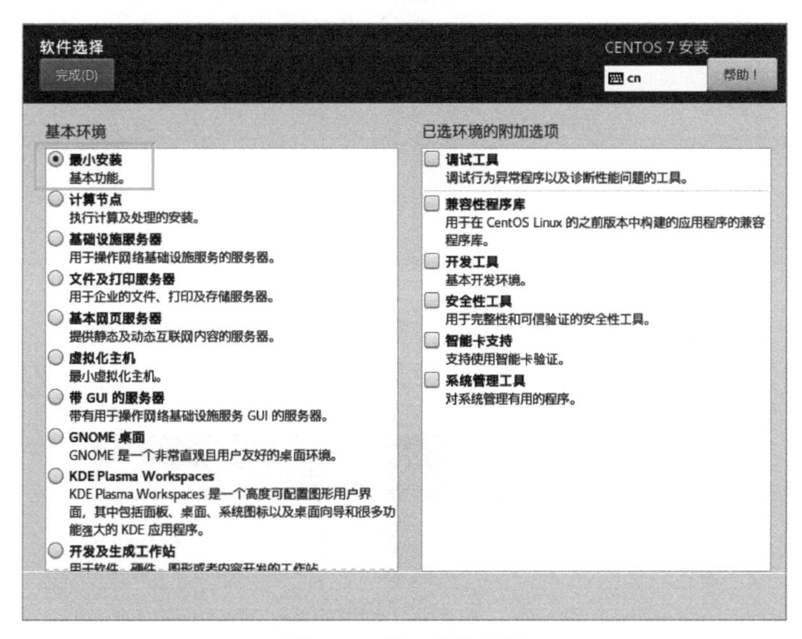


图 2-35　设置软件选择

29）在“安装信息摘要”界面中选择“网络和主机名”选项，如图 2-36 所示。

30）在“网络和主机名”界面中单击右上方的按钮来启用网卡开关，然后可以设置主机名，当然主机名不修改也是可以的，单击“完成”按钮，如图 2-37 所示。

31）此时系统已经自动分配了 IP 地址，并且显示了默认路由等信息，单击“完成”按钮，如图 2-38 所示。

图 2-36 选择网络和主机名

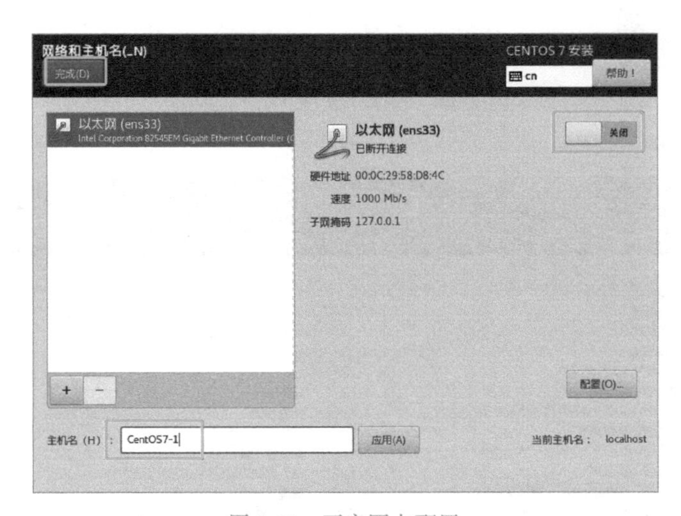


图 2-37 开启网卡配置

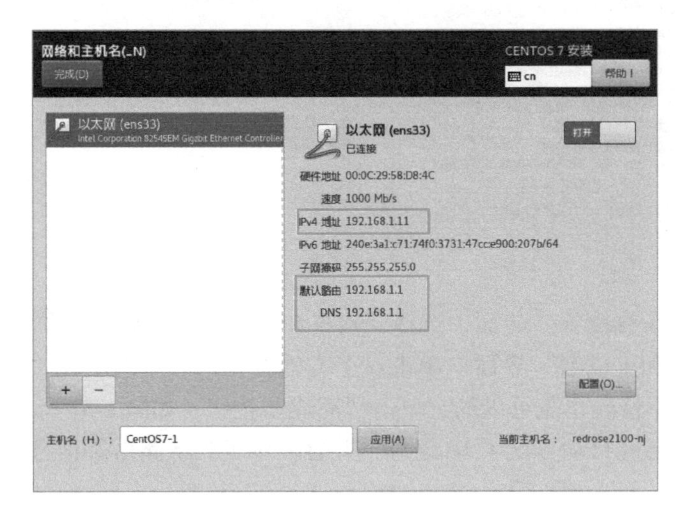


图 2-38 显示网卡 IP 地址以及默认路由

32）在“安装信息摘要”界面中单击“开始安装”按钮，正式开始安装操作系统，如图 2-39 所示。

图 2-39　单击“开始安装”按钮

33）在“配置”界面中选择“ROOT 密码”选项，如图 2-40 所示。

图 2-40　开始配置 ROOT 用户密码

34）在“ROOT 密码”界面中设置 root 账户密码，然后单击“完成”按钮，如图 2-41 所示。

35）在“配置”界面中可根据实际需求选择是否创建用户，如果在实际应用中需要创建普通用户，则选择“创建用户”选项。这里仅用来学习，暂时不需要创建用户，直接使用 root 用户学习即可，如图 2-42 所示。

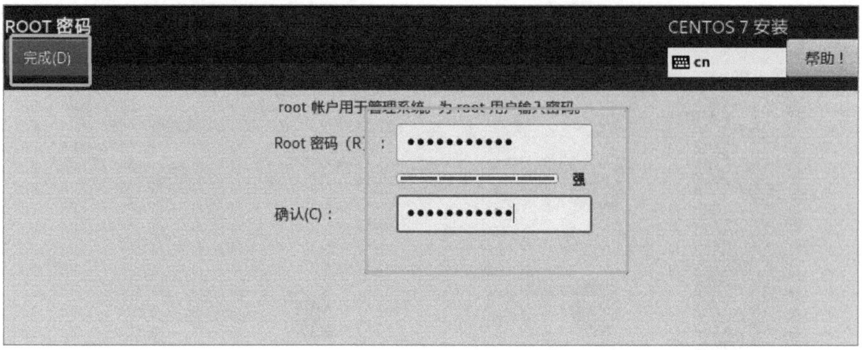

图 2-41　配置 root 账户密码

图 2-42　可选择创建用户

36）操作系统安装完成后，在“配置”界面中单击“重启”按钮，如图 2-43 所示。

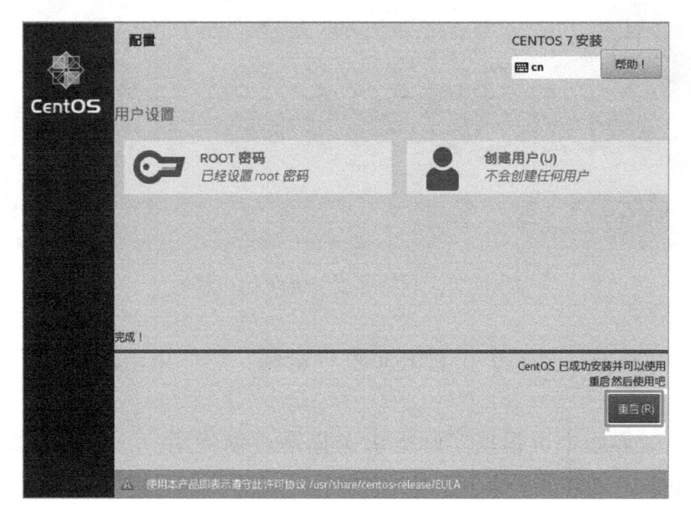


图 2-43　重启虚拟机

37）重启后，在控制台终端登录 root 用户。至此，虚拟机正确地安装完成了，如图 2-44 所示。

```
CentOS Linux 7 (Core)
Kernel 3.10.0-1160.el7.x86_64 on an x86_64

CentOS7-1 login: root
Password:
[root@CentOS7-1 ~]#
[root@CentOS7-1 ~]#
[root@CentOS7-1 ~]# _
```

图 2-44　控制台登录 CentOS 虚拟机

## 2.2.3　docker 环境安装

docker 环境安装主要是指 docker engine 的安装。虽然 docker 官方提供了 desktop 工具的安装，但这里不推荐使用。本书从专业的开发者角度出发，因此推荐直接安装 docker engine，对 docker 的操作直接使用 docker cli 命令来完成。

docker engine 支持的操作系统如图 2-45 所示。

| Platform | x86_64 / amd64 | arm64 / aarch64 | arm (32-bit) | s390x |
|---|---|---|---|---|
| CentOS | ✓ | ✓ | | |
| Debian | ✓ | ✓ | ✓ | |
| Fedora | ✓ | ✓ | | |
| Raspbian | | | ✓ | |
| RHEL | | | | ✓ |
| SLES | | | | ✓ |
| Ubuntu | ✓ | ✓ | ✓ | ✓ |
| Binaries | ✓ | ✓ | ✓ | |

图 2-45　docker engine 支持的操作系统

这里选择最常用的 CentOS 系统来演示 docker engine 的安装，具体操作步骤如下。

1）执行如下命令，卸载已经安装的旧版本 docker engine。当然如果没有安装过 docker engine，执行该命令也不会有什么问题。

```
sudo yum remove docker \
        docker-client \
        docker-client-latest \
        docker-common \
        docker-latest \
        docker-latest-logrotate \
        docker-logrotate \
        docker-engine
```

2）执行安装基础依赖的命令，具体如下。

```
sudo yum install -y yum-utils
```

3）执行安装最新版 docker engine 的命令，具体如下。

```
sudo yum install docker-ce docker-ce-cli containerd.io docker-compose-plugin
```

4）如果不想安装最新版本的 docker engine，而是希望安装指定版本的 docker engine，则首先需要执行查看可以安装 docker engine 的版本号的命令，具体如下。

```
yum list docker-ce --showduplicates | sort -r
```

5）图 2-46 所示为 docker engine 的部分版本号。

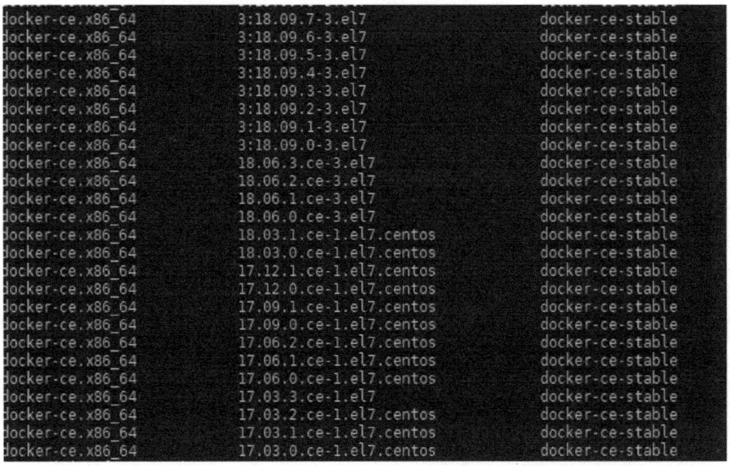

```
docker-ce.x86_64        3:18.09.7-3.el7              docker-ce-stable
docker-ce.x86_64        3:18.09.6-3.el7              docker-ce-stable
docker-ce.x86_64        3:18.09.5-3.el7              docker-ce-stable
docker-ce.x86_64        3:18.09.4-3.el7              docker-ce-stable
docker-ce.x86_64        3:18.09.3-3.el7              docker-ce-stable
docker-ce.x86_64        3:18.09.2-3.el7              docker-ce-stable
docker-ce.x86_64        3:18.09.1-3.el7              docker-ce-stable
docker-ce.x86_64        3:18.09.0-3.el7              docker-ce-stable
docker-ce.x86_64        18.06.3.ce-3.el7             docker-ce-stable
docker-ce.x86_64        18.06.2.ce-3.el7             docker-ce-stable
docker-ce.x86_64        18.06.1.ce-3.el7             docker-ce-stable
docker-ce.x86_64        18.06.0.ce-3.el7             docker-ce-stable
docker-ce.x86_64        18.03.1.ce-1.el7.centos      docker-ce-stable
docker-ce.x86_64        18.03.0.ce-1.el7.centos      docker-ce-stable
docker-ce.x86_64        17.12.1.ce-1.el7.centos      docker-ce-stable
docker-ce.x86_64        17.12.0.ce-1.el7.centos      docker-ce-stable
docker-ce.x86_64        17.09.1.ce-1.el7.centos      docker-ce-stable
docker-ce.x86_64        17.09.0.ce-1.el7.centos      docker-ce-stable
docker-ce.x86_64        17.06.2.ce-1.el7.centos      docker-ce-stable
docker-ce.x86_64        17.06.1.ce-1.el7.centos      docker-ce-stable
docker-ce.x86_64        17.06.0.ce-1.el7.centos      docker-ce-stable
docker-ce.x86_64        17.03.3.ce-1.el7             docker-ce-stable
docker-ce.x86_64        17.03.2.ce-1.el7.centos      docker-ce-stable
docker-ce.x86_64        17.03.1.ce-1.el7.centos      docker-ce-stable
docker-ce.x86_64        17.03.0.ce-1.el7.centos      docker-ce-stable
```

图 2-46 docker engine 的部分版本号

6）例如，如果想安装 18.06.3.ce-3.el7 版本号的 docker engine，则可以通过如下命令指定版本号进行安装。

```
sudo yum install docker-ce-18.06.3.ce-3.el7 docker-ce-cli-18.06.3.ce-3.el7 containerd.io
docker-compose-plugin
```

7）安装完成后，可以通过如下命令启动 docker。

```
sudo systemctl start docker
```

8）然后可以通过拉取最简单的 hello-world 镜像并运行 docker 容器来验证 docker 的安装是否正确。执行如下命令，即可自动拉取 hello-world 镜像，并且运行 docker 容器。

```
sudo docker run hello-world
```

9）执行结果显示如下，则表示 docker engine 已经正确安装。至此，在 CentOS 系统上已经正确地安装好 docker 了，接下来就可以尽情地去玩转 docker 了。

```
[root@osssc-dev-01 ~]# sudo docker run hello-world
Unable to find image 'hello-world:latest' locally
latest: Pulling from library/hello-world
2db29710123e: Pull complete
Digest: sha256:2498fce14358aa50ead0cc6c19990fc6ff866ce72aeb5546e1d59caac3d0d60f
```

```
Status: Downloaded newer image for hello-world:latest
Hello from Docker!
This message shows that your installation appears to be working correctly.
To generate this message, Docker took the following steps:
1.The Docker client contacted the Docker daemon.
2.The Docker daemon pulled the "hello-world" image from the Docker Hub.
   (amd64)
3.The Docker daemon created a new container from that image which runs the
   executable that produces the output you are currently reading.
4.The Docker daemon streamed that output to the Docker client, which sent it
   to your terminal.
To try something more ambitious, you can run an Ubuntu container with:
 $docker run -it ubuntu bash
Share images, automate workflows, and more with a free Docker ID:
https://hub.docker.com/
For more examples and ideas, visit:
https://docs.docker.com/get-started/
[root@osssc-dev-01 ~]#
```

## 2.3　docker 镜像常用操作命令

本节主要介绍 docker 镜像的常用操作命令，包括 docker 镜像的搜索与下载、查看与删除等。

首先从搜索镜像开始，搜索镜像使用的命令如下。

```
docker search [镜像名]
```

例如，要搜索 centos 镜像，则直接执行如下命令。

```
docker search centos
```

这里面存在许多版本的 centos 的 docker 镜像，其中第一个描述为官方构建的 centos，而且 star 的人数也最多，因此通常情况下使用第一个即可，如图 2-47 所示。

```
[root@centos7-1 ~]# docker search centos
NAME                                     DESCRIPTION                                     STARS     OFFICIAL   AUTOMATED
centos                                   DEPRECATED; The official build of CentOS.       7531      [OK]
kasmweb/centos-7-desktop                 CentOS 7 desktop for Kasm Workspaces            33
bitnami/centos-base-buildpack            Centos base compilation image                   0                    [OK]
bitnami/centos-extras-base                                                               0
couchbase/centos7-systemd                centos7-systemd images with additional debug…   7                    [OK]
continuumio/centos5_gcc5_base                                                            3
datadog/centos-i386                                                                      0
dokken/centos-7                          CentOS 7 image for kitchen-dokken               6
dokken/centos-8                          CentOS 8 image for kitchen-dokken               3
dokken/centos-6                          CentOS 6 image for kitchen-dokken               0
spack/centos7                            CentOS 7 with Spack preinstalled                1
spack/centos6                            CentOS 6 with Spack preinstalled                1
ustclug/centos                           Official CentOS Image with USTC Mirror          0
couchbase/centos-72-java-sdk                                                             0
dokken/centos-stream-8                                                                   4
eclipse/centos_jdk8                      CentOS, JDK8, Maven 3, git, curl, nmap, mc, …   3                    [OK]
couchbase/centos-72-jenkins-core                                                         0
couchbase/centos-70-sdk-build                                                            0
corpusops/centos-bare                    https://github.com/corpusops/docker-images/     0
couchbase/centos-69-sdk-build                                                            0
couchbase/centos-69-sdk-nodevtoolset-build                                               0
corpusops/centos                         centos corpusops baseimage                      0
dokken/centos-stream-9                                                                   4
eclipse/centos_go                        Centos + Go                                     0                    [OK]
eclipse/centos_spring_boot               Spring boot ready image based on CentOS         0                    [OK]
[root@centos7-1 ~]#
```

图 2-47　执行 docker search centos 命令的结果

docker search 搜索到的镜像并不是存在于本地的，而是存在于 docker 镜像源上的。为了本地能使用 docker 镜像，接下来需要下载 docker 镜像。这里同样以 centos 镜像为例，下载镜像使用命令如下。

```
docker pull [镜像名]:[镜像 tag]
```

通过 docker search 并不能查询到镜像的 tag 值，此时可以通过 docker 镜像 hub 网站，直接在搜索框输入 centos 进行搜索，搜索结果的第一个就是官方的 centos 镜像，如图 2-48 所示。

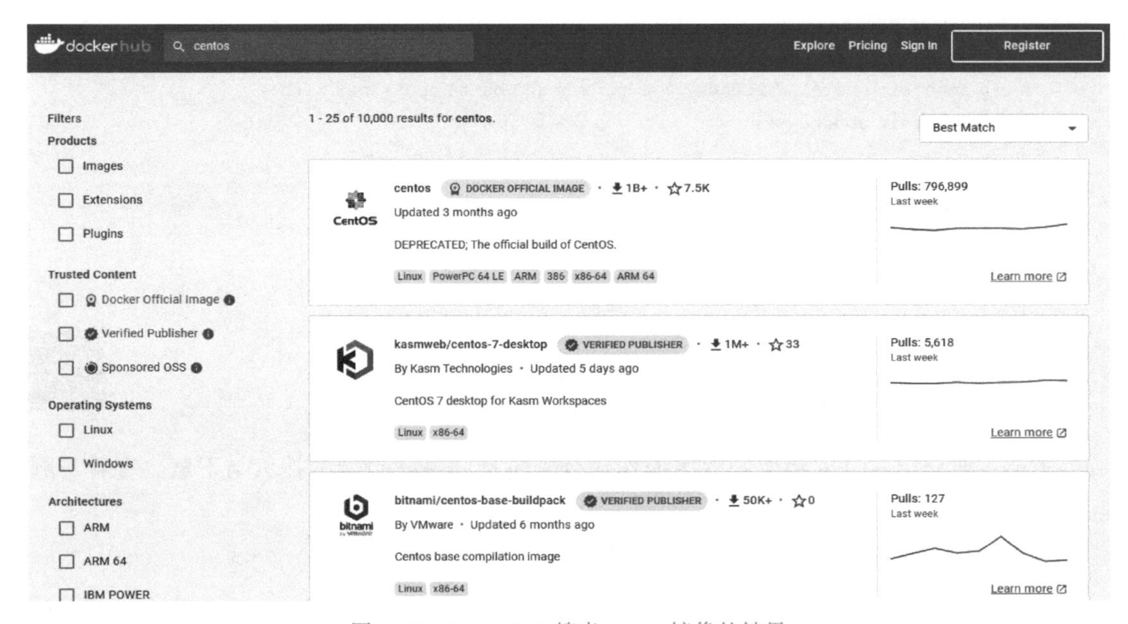


图 2-48 docker hub 搜索 centos 镜像的结果

单击 centos 镜像进入详情界面，滑动界面，找到和 centos 版本一致的 tag 值，比如 7.9.2009就是 centos 镜像的 tag 值。接下来就可以使用 docker pull 命令来下载镜像了。例如下载 7.9.2009 版本的 centos 镜像，则执行命令如下。

```
docker pull centos:7.9.2009
```

此时，centos 的镜像已经下载完成了，如图 2-49 所示。

```
[root@centos7-1 ~]# docker pull centos:7.9.2009
7.9.2009: Pulling from library/centos
2d473b07cdd5: Pull complete
Digest: sha256:9d4bcbbb213dfd745b58be38b13b996ebb5ac315fe75711bd618426a630e0987
Status: Downloaded newer image for centos:7.9.2009
docker.io/library/centos:7.9.2009
[root@centos7-1 ~]#
```

图 2-49 下载 centos 镜像

读者可能会问：镜像下载到哪里去了呢？接下来可以执行如下命令，查看本地存在的 docker 镜像。

```
docker images
```

此处的第 1 列为镜像名称，第 2 列为镜像的 tag 值，第 3 列为镜像的 ID，第 4 列为镜像创建的时间，第 5 列为镜像的大小，如图 2-50 所示。

```
[root@centos7-1 ~]# docker images
REPOSITORY   TAG        IMAGE ID       CREATED         SIZE
centos       7.9.2009   eeb6ee3f44bd   18 months ago   204MB
[root@centos7-1 ~]#
```

图 2-50　查看本地镜像列表

前面介绍了在使用 docker pull 命令时，需要指定镜像的 tag 值。当然，这也是我们推荐的做法。在实际工作中也会存在不需要指定 tag 值的情况，此时 docker pull 下载的将是最新的镜像，所以使用 docker pull 下载镜像的时候，如果不指定镜像的 tag 值，则默认下载 tag 值为 latest 的镜像。这里同样以 centos 为例，执行如下命令下载 centos 镜像。

```
docker pull centos
```

可以看到，不指定 tag 值时，下载了一个 latest 标签的镜像，如图 2-51 所示。

```
[root@centos7-1 ~]# docker pull centos
Using default tag: latest
latest: Pulling from library/centos
a1d0c7532777: Pull complete
Digest: sha256:a27fd8080b517143cbbbab9dfb7c8571c40d67d534bbdee55bd6c473f432b177
Status: Downloaded newer image for centos:latest
docker.io/library/centos:latest
[root@centos7-1 ~]#
[root@centos7-1 ~]# docker images
REPOSITORY   TAG        IMAGE ID       CREATED         SIZE
centos       7.9.2009   eeb6ee3f44bd   18 months ago   204MB
centos       latest     5d0da3dc9764   18 months ago   231MB
[root@centos7-1 ~]#
```

图 2-51　下载 latest 标签的 centos 镜像

在实际工作中，随着下载的镜像越来越多，虚拟机的磁盘空间可能会出现不够用的情况。此时需要删除一些老版本或者暂时不用的镜像，docker 镜像删除命令的格式如下。

```
docker rmi -f [镜像 ID]
```

比如删除 latest 标签的镜像，只需要执行如下命令即可。

```
docker rmi -f 5d0da3dc9764
```

执行结果如图 2-52 所示。删除后再次执行 docker images 命令查询时，可以看到 latest 标签的镜像已经被删除了。

```
[root@centos7-1 ~]# docker images
REPOSITORY   TAG        IMAGE ID       CREATED         SIZE
centos       7.9.2009   eeb6ee3f44bd   18 months ago   204MB
centos       latest     5d0da3dc9764   18 months ago   231MB
[root@centos7-1 ~]# docker rmi -f 5d0da3dc9764
Untagged: centos:latest
Untagged: centos@sha256:a27fd8080b517143cbbbab9dfb7c8571c40d67d534bbdee55bd6c473f432b177
Deleted: sha256:5d0da3dc976460b72c77d94c8a1ad043720b0416bfc16c52c45d4847e53fadb6
Deleted: sha256:74ddd0ec08fa43d09f32636ba91a0a3053b02cb4627c35051aff89f853606b59
[root@centos7-1 ~]# docker images
REPOSITORY   TAG        IMAGE ID       CREATED         SIZE
centos       7.9.2009   eeb6ee3f44bd   18 months ago   204MB
[root@centos7-1 ~]#
```

图 2-52　删除 docker 镜像

至此，对 docker 镜像的常用操作命令就介绍完了。在实际工作中，只要掌握本节介绍的对 docker 镜像的操作命令，即可搜索、下载、查看、删除 docker 镜像。在后续介绍完 docker 容器的具体使用之后，再继续介绍如何制作 docker 镜像以及如何将 docker 镜像上传至镜像网站等操作，这里暂时先不过多介绍。

## 2.4 docker 容器的基础应用

前面介绍 docker 镜像的常用操作命令，本节将介绍 docker 容器的常用操作命令。然后以部署 MySQL 数据库为例，展示 docker 容器常用命令在实战领域的应用。

### 2.4.1 docker 容器的常用操作命令详解

上一节已经介绍了如何查询、下载、查看和删除 docker 镜像，相信大家早已经迫不及待地想要进入 docker 的世界了。执行如下命令，即可启动一个 centos 的容器。这里面的“-it”参数是指交互的方式。所谓的交互方式就是指启动容器后，直接进入容器了。

```
docker run -it centos /bin/bash
```

执行结果如图 2-53 所示。我们可以发现并没有直接使用本地存在的 7.9.2009 的 centos 镜像，而是下载了 latest 标签的镜像。这是因为在执行命令中没有指定 centos 的 tag 值，这一点和 docke pull 的处理方式是一致的，即当不指定具体 tag 值时，默认 tag 的值为 latest。此外，因为本地不存在 latest 标签的 centos 镜像，所以在启动容器的时候会下载 latest 标签的 centos 镜像。通过提示符的不同，可以看出交互的 shell 不是虚拟机的 shell 了，已经进入 docker 容器了。

```
[root@centos7-1 ~]# docker run -it centos /bin/bash
Unable to find image 'centos:latest' locally
latest: Pulling from library/centos
a1d0c7532777: Pull complete
Digest: sha256:a27fd8080b517143cbbbab9dfb7c8571c40d67d534bbdee55bd6c473f432b177
Status: Downloaded newer image for centos:latest
[root@97b50c373414 /]#
```

图 2-53 以交互的方式启动 docker 容器

此时可以在 docker 容器中执行一些常用的 Linux 命令，如图 2-54 所示。通过 centos 镜像启动的 docker 容器，其实跟 centos 虚拟机是非常类似的，至此可以理解什么是 docker 容器了。

```
[root@97b50c373414 /]# pwd
/
[root@97b50c373414 /]# ls
bin  dev  etc  home  lib  lib64  lost+found  media  mnt  opt  proc  root  run  sbin  srv  sys  tmp  usr  var
[root@97b50c373414 /]# ifconfig
bash: ifconfig: command not found
[root@97b50c373414 /]#
```

图 2-54 docker 容器中执行常用的 Linux 命令

我们可以看到启动 docker 容器是秒级的，而平时安装启动虚拟机可能需要数十分钟。到这里，从应用 docker 的角度，完全可以把 docker 当作虚拟机使用。当然，随着后续深入对 docker 容器的学习，可以更容易理解虚拟机的长处。

此时重新打开一个虚拟机的 shell 窗口，在这个新窗口中，我们可以通过如下命令查看当前运行的 docker 容器。

```
docker ps
```

这里可以看到正在运行的 docker 容器的信息，如图 2-55 所示。第 1 列为 docker 容器的

id；第 2 列为 docker 容器使用的镜像；第 3 列为 docker 容器启动后执行的命令，这里是打开了 bash；第 4 列为 docker 容器创建的时间；第 5 列为 docker 容器的状态；第 6 列为 docker 容器的端口，这里还没有涉及，后面介绍开放端口的时候再详细介绍；第 7 列为 docker 容器的名字，这里因为启动命令中没有指定，因此是一个自动生成的名字。

```
[root@centos7-1 ~]# docker ps
CONTAINER ID   IMAGE    COMMAND       CREATED          STATUS          PORTS   NAMES
97b50c373414   centos   "/bin/bash"   12 minutes ago   Up 12 minutes           sleepy_shaw
[root@centos7-1 ~]#
```

图 2-55　查看 docker 容器的信息

现在回到 docker 容器的 shell 窗口中，执行 exit 命令即可退出容器，如图 2-56 所示。

退出容器后，在虚拟机的 shell 中再次执行 docker ps 命令，可以看到没有容器了，如图 2-57 所示。

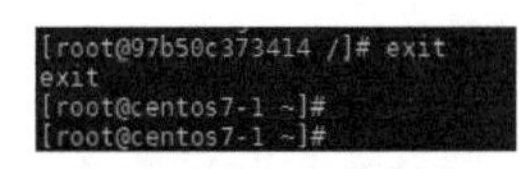


图 2-56　退出容器

图 2-57　退出容器后再查看容器

这里需要注意的是，docker ps 命令的作用是查看正在运行的容器。当退出以交互的方式启动的容器后，容器就停止运行了，此时可以通过如下命令查看所有容器，包括已经停止执行的。

```
docker ps -a
```

可以看到容器仍然存在，只不过变为 Exited 状态了，如图 2-58 所示。

图 2-58　查看所有容器

接下来，我们可以通过执行如下命令将 docker 容器删除。这里通过指定容器的 ID 进行删除，当然也可以指定容器的名字。-f 参数表示强制删除。需要和删除镜像的命令区分开。删除镜像的命令是 docker rmi，删除容器的命令是 docker rm，我们可以通过镜像的英文单词 image 的首字母 i 区分记忆。

```
docker rm -f 97b50c373414
```

在实际应用中，更多的场景下是通过后台启动 docker 容器，而不是交互的方式。此外，通过上面对容器的简单体验，我们很容易发现一个问题：当容器坏掉或者被删掉，容器中的数据就不存在了。如果容器都这样，是不可接受的。此时可以通过执行如下命令再启动一个容器。

```
docker run -d --name centos7 -v /docker/centos7/opt:/opt  centos:7.9.2009 /bin/bash  -c "
while true;do echo
   hello_docker;sleep 1;done"
```

这里-d 参数表示后台启动，前面的-it 表示交互的方式启动。此外，这里通过--name 指定容器的名称为 centos7，参数-v /docker/centos7/opt:/opt 是指目录挂载。所谓的目录挂载，实质就是说本地的/docker/centos7/opt 目录与 docker 容器中的/opt 目录保持一致，这样即使将容器删除，容器中/opt 目录中的文件会保存在本地的/docker/centos7/opt 目录中，解决了前面我们担心的容器删除后数据丢失的问题。同时，这里指定了 centos 镜像的 tag 值，在实际工作应用中，推荐大家指定具体的 tag 值。如果不指定 tag 值，直接使用 latest 镜像，当官方镜像更新，会导致我们启动的容器同样更新，这就有可能带来软件依赖不兼容等问题。除此以外，最后还指定了一个死循环的 shell 语句，这主要是为了让 docker 容器中能一直有程序在运行。因为如果没有程序运行，docker 容器就会停止了。

执行后的结果如图 2-59 所示。此时后台启动了一个容器，容器的名字也按照指定的生成了，第 2 列镜像也使用了我们指定的 tag 值的版本。

图 2-59　后台启动容器

此时，大家一定很想知道如何才能进入 docker 容器吧？我们通过执行如下命令即可进入 docker 容器。这里同样指定了 docker 容器的 ID，当然也可以使用容器的名字。这里的-it 跟 docker run -it 的含义是类似的，即以交互的方式进入 docker 容器。最后面的 bash 表示进入容器后直接打开 bash 的 shell 进程。

```
docker exec -it b53eda7d9a98 bash
```

接下来，验证一下容器挂载目录的功能。首先重新打开一个新的虚拟机的 shell，查看虚拟机上/docker/centos7/opt/目录下是否有文件，如图 2-60 所示。可以看到，此时虚拟机上/docker/centos7/opt 目录是空的。

接下来进入 docker 容器窗口，切换到/opt 目录。创建一个 demo.txt，并向文件中写入 hello world，如图 2-61 所示。

```
[root@centos7-1 ~]# ls /docker/centos7/opt/
[root@centos7-1 ~]#
```

图 2-60　虚拟机上的/docker/centos7/opt/目录

```
[root@b53eda7d9a98 /]#
[root@b53eda7d9a98 /]# cd /opt
[root@b53eda7d9a98 opt]# ls
[root@b53eda7d9a98 opt]# echo "hello world">demo.txt
[root@b53eda7d9a98 opt]# ls
demo.txt
[root@b53eda7d9a98 opt]# cat demo.txt
hello world
[root@b53eda7d9a98 opt]#
```

图 2-61　容器中/opt 目录下创建文件并写入内容

在虚拟机的 shell 中再次查看，可以看到文件已经同步了，如图 2-62 所示。

接着在虚拟机的/docker/centos7/opt 目录下创建一个文件，并写入一段字符串，如图 2-63 所示。

```
[root@centos7-1 ~]# cd /docker/centos7/opt/
[root@centos7-1 opt]# ls
demo.txt
[root@centos7-1 opt]# cat demo.txt
hello world
[root@centos7-1 opt]#
```

图 2-62　虚拟机中 /docker/centos7/opt 目录中内容

```
[root@centos7-1 ~]# cd /docker/centos7/opt/
[root@centos7-1 opt]# ls
demo.txt
[root@centos7-1 opt]# echo "hello docker">demo2.txt
[root@centos7-1 opt]# ls
demo2.txt  demo.txt
[root@centos7-1 opt]# cat demo2.txt
hello docker
[root@centos7-1 opt]#
```

图 2-63　在虚拟机的目录中创建文件

这时在 docker 的/opt/ 目录下可以看到文件已同步，如图 2-64 所示。这里可以看到文件目录的挂载可以将 docker 容器中的内容存放在虚拟机的磁盘中，这样就解决了数据持久化的问题，即可以使用 docker 安装部署服务，然后将服务的存储数据的目录挂载到虚拟机上。

```
[root@centos7-1 opt]# docker ps
CONTAINER ID   IMAGE            COMMAND                  CREATED       STATUS       PORTS     NAMES
b53eda7d9a98   centos:7.9.2009  "/bin/bash -c 'while…"   9 hours ago   Up 9 hours             centos7
[root@centos7-1 opt]# docker exec -it b53eda7d9a98 bash
[root@b53eda7d9a98 /]#
[root@b53eda7d9a98 /]# cd /opt
[root@b53eda7d9a98 opt]# ls
demo.txt  demo2.txt
[root@b53eda7d9a98 opt]# cat demo2.txt
hello docker
[root@b53eda7d9a98 opt]#
```

图 2-64　容器中/opt/目录中内容

挂载目录的方式是启动 docker 时事先规划好的，但是在实际应用中，常常会遇到一些问题，比如 docker 容器启动以后，希望将虚拟机上的某个文件拷贝（复制）到容器内，就需要虚拟机和容器之间的文件能够相互拷贝。从虚拟机拷贝文件到容器的命令格式如下。

```
docker cp [虚拟机上文件路径] [容器 id]:[容器内存放文件的路径]
```

比如将虚拟机上的/etc/passwd 文件拷贝到容器的 /opt/目录下，则执行如下命令。其中容器 id 可以通过 docker ps 命令查询，这个命令前面已经介绍过了。

```
docker cp /etc/passwd b53eda7d9a98:/opt/
```

执行结果如图 2-65 所示。

```
[root@centos7-1 ~]# docker ps
CONTAINER ID   IMAGE            COMMAND                  CREATED        STATUS        PORTS     NAMES
b53eda7d9a98   centos:7.9.2009  "/bin/bash -c 'while…"   21 hours ago   Up 21 hours             centos7
[root@centos7-1 ~]#
[root@centos7-1 ~]# docker cp /etc/passwd b53eda7d9a98:/opt/
Preparing to copy...
Copying to container - 4.096kB
Successfully copied 4.096kB to b53eda7d9a98:/opt/
[root@centos7-1 ~]#
```

图 2-65　文件从虚拟机拷贝到容器中

然后在容器中查看/opt/ 目录下的文件列表，如图 2-66 所示。此时 passwd 文件已经在容器中的/opt/目录下了。

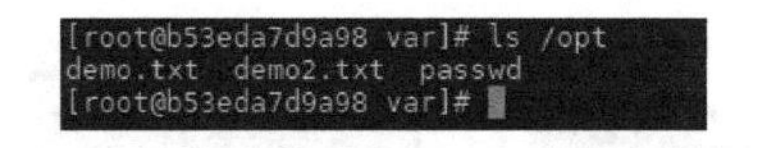


图 2-66　容器中/opt/目录下的文件列表

从容器中拷贝文件到虚拟机的命令和上面的类似，只需要将虚拟机的路径和容器路径交换位置即可，具体如下。

```
docker cp [容器 id]:[容器内存放文件的路径] [虚拟机上文件路径]
```

同理，如果需要继续将容器中的/opt/passwd 文件拷贝到虚拟机的/opt/目录下，可以执行如下命令。

```
docker cp b53eda7d9a98:/opt/passwd /opt/
```

执行结果如图 2-67 所示。此时 passwd 文件已经拷贝到虚拟机的/opt/目录下了。

下面继续介绍查看容器日志的命令 docker logs。我们可以通过 docker logs --help 命令查看 docker logs 命令的用法，如图 2-68 所示。

```
[root@centos7-1 ~]# docker cp b53eda7d9a98:/opt/passwd /opt/
Preparing to copy...
Successfully copied 4.096kB to /opt/
[root@centos7-1 ~]# ls /opt
containerd  passwd  rh
[root@centos7-1 ~]#
```

图 2-67　从容器中向虚拟机拷贝文件

```
[root@centos7-1 ~]# docker logs --help

Usage:  docker logs [OPTIONS] CONTAINER

Fetch the logs of a container

Aliases:
  docker container logs, docker logs

Options:
      --details        Show extra details provided to logs
  -f, --follow         Follow log output
      --since string   Show logs since timestamp (e.g. "2013-01-02T13:23:37Z") or relative (e.g. "42m" for 42 minutes)
  -n, --tail string    Number of lines to show from the end of the logs (default "all")
  -t, --timestamps     Show timestamps
      --until string   Show logs before a timestamp (e.g. "2013-01-02T13:23:37Z") or relative (e.g. "42m" for 42 minutes)
[root@centos7-1 ~]#
```

图 2-68　docker logs 命令的用法

下面我们用实例来进行演示。查看容器的所有日志的命令如下，这里 b53eda7d9a98 为容器的 id，可以通过执行 docker ps 命令查看，前面已经介绍过。

```
docker logs b53eda7d9a98
```

如下命令中的-n 10 表示查看容器的最后 10 行日志，如图 2-69 所示。

```
docker logs b53eda7d9a98 -n 10
```

执行如下命令，可以查看容器的实时日志。该命令与 Linux 系统中的 tail -f 命令类似，可以实时观测容器的日志内容。

```
docker logs b53eda7d9a98 -f
```

如下命令加上了-t 参数，可以显示时间戳，如图 2-70 所示。

```
docker logs b53eda7d9a98 -n 10 -t
```

```
[root@centos7-1 ~]# docker logs b53eda7d9a98 -n 10
hello_docker
hello_docker
hello_docker
hello_docker
hello_docker
hello_docker
hello_docker
hello_docker
hello_docker
hello_docker
[root@centos7-1 ~]#
```

图 2-69　查看容器最后 10 行日志

```
[root@centos7-1 ~]# docker logs b53eda7d9a98 -n 10 -t
2023-03-25T06:08:19.041751671Z hello_docker
2023-03-25T06:08:20.045473075Z hello_docker
2023-03-25T06:08:21.046231236Z hello_docker
2023-03-25T06:08:22.047651091Z hello_docker
2023-03-25T06:08:23.049874791Z hello_docker
2023-03-25T06:08:24.051261899Z hello_docker
2023-03-25T06:08:25.053243178Z hello_docker
2023-03-25T06:08:26.054485509Z hello_docker
2023-03-25T06:08:27.055800852Z hello_docker
2023-03-25T06:08:28.057237878Z hello_docker
[root@centos7-1 ~]#
```

图 2-70　带时间戳显示日志

接下来继续学习容器的启动与停止，命令如下。其中 start 为启动容器，stop 为停止容器，restart 为重启容器，xxx 为容器 id。

```
docker start xxx
docker stop xxx
docker restart xxxx
```

执行实例演示，效果如图 2-71 所示。

```
[root@centos7-1 ~]# docker ps
CONTAINER ID   IMAGE            COMMAND                  CREATED      STATUS      PORTS     NAMES
b53eda7d9a98   centos:7.9.2009  "/bin/bash -c 'while…"   3 days ago   Up 3 days             centos7
[root@centos7-1 ~]# docker stop b53eda7d9a98
b53eda7d9a98
[root@centos7-1 ~]# docker ps
CONTAINER ID   IMAGE     COMMAND   CREATED   STATUS    PORTS     NAMES
[root@centos7-1 ~]# docker ps -a
CONTAINER ID   IMAGE            COMMAND                  CREATED      STATUS                        PORTS     NAMES
b53eda7d9a98   centos:7.9.2009  "/bin/bash -c 'while…"   3 days ago   Exited (137) 16 seconds ago             centos7
[root@centos7-1 ~]# docker start b53eda7d9a98
b53eda7d9a98
[root@centos7-1 ~]# docker ps
CONTAINER ID   IMAGE            COMMAND                  CREATED      STATUS         PORTS     NAMES
b53eda7d9a98   centos:7.9.2009  "/bin/bash -c 'while…"   3 days ago   Up 2 seconds             centos7
[root@centos7-1 ~]# docker restart b53eda7d9a98
b53eda7d9a98
[root@centos7-1 ~]# docker ps
CONTAINER ID   IMAGE            COMMAND                  CREATED      STATUS         PORTS     NAMES
b53eda7d9a98   centos:7.9.2009  "/bin/bash -c 'while…"   3 days ago   Up 2 seconds             centos7
[root@centos7-1 ~]#
```

图 2-71　容器的启动与停止

至此，docker 容器操作的常用命令就介绍得差不多了。接下来再介绍一个查看 dockcr 容器详细信息的命令，在使用 docker 的初级阶段一般不会用到此命令。当我们对 docker 有一定的了解，并且已经开始应用时，也许会发生 docker 容器出问题，需要自己去排查的情况，此时就需要掌握如下命令，进行问题排查。其中 xxx 为容器的 ID。

```
docker inspect xxx
```

执行这个命令显示的内容比较多，可以看到容器在启动时执行的命令，如图 2-72 所示。下面将介绍几个常用的信息。

```
[root@centos7-1 ~]# docker inspect b53eda7d9a98
[
    {
        "Id": "b53eda7d9a9833cc3f0be486f633b19d29023371a0b5cb63845144371c7f6f12",
        "Created": "2023-03-21T15:42:39.441282971Z",
        "Path": "/bin/bash",
        "Args": [
            "-c",
            "while true;do echo hello_docker;sleep 1;done"
        ],
        "State": {
            "Status": "running",
            "Running": true,
            "Paused": false,
            "Restarting": false,
            "OOMKilled": false,
            "Dead": false,
            "Pid": 111720,
            "ExitCode": 0,
            "Error": "",
            "StartedAt": "2023-03-25T07:31:30.840919723Z",
            "FinishedAt": "2023-03-25T07:31:29.376815018Z"
        },
```

图 2-72　查看容器启动时的命令

可以查看容器的挂载目录，比如将容器内的/opt 目录挂载到虚拟机上的/docker/centos7/opt 目录，如图 2-73 所示。

```
        "Mounts": [
            {
                "Type": "bind",
                "Source": "/docker/centos7/opt",
                "Destination": "/opt",
                "Mode": "",
                "RW": true,
                "Propagation": "rprivate"
            }
        ],
```

图 2-73　查看容器的挂载目录

我们还可以查看容器使用的镜像名以及镜像的 tag 值，如图 2-74 所示。

```
"Config": {
    "Hostname": "b53eda7d9a98",
    "Domainname": "",
    "User": "",
    "AttachStdin": false,
    "AttachStdout": false,
    "AttachStderr": false,
    "Tty": false,
    "OpenStdin": false,
    "StdinOnce": false,
    "Env": [
        "PATH=/usr/local/sbin:/usr/local/bin:/usr/sbin:/usr/bin:/sbin:/bin"
    ],
    "Cmd": [
        "/bin/bash",
        "-c",
        "while true;do echo hello_docker;sleep 1;done"
    ],
    "Image": "centos:7.9.2009",
    "Volumes": null,
    "WorkingDir": "",
    "Entrypoint": null,
    "OnBuild": null,
    "Labels": {
        "org.label-schema.build-date": "20201113",
        "org.label-schema.license": "GPLv2",
        "org.label-schema.name": "CentOS Base Image",
        "org.label-schema.schema-version": "1.0",
        "org.label-schema.vendor": "CentOS",
        "org.opencontainers.image.created": "2020-11-13 00:00:00+00:00",
        "org.opencontainers.image.licenses": "GPL-2.0-only",
        "org.opencontainers.image.title": "CentOS Base Image",
        "org.opencontainers.image.vendor": "CentOS"
    }
```

图 2-74 查看容器使用的镜像信息

至此，容器操作的常用命令就介绍得差不多了。学习完本节，我们应该可以做到以下几点。

1）能够执行创建指定镜像的容器的操作。

2）能够执行查看运行的容器和已经停止的容器的操作。

3）能够执行删除容器的操作。

4）能够执行进入容器的操作。

5）能够执行在容器和虚拟机之间拷贝文件的操作。

6）能够执行查看容器的运行日志的操作。

7）能够执行停止、启动、重启容器的操作。

8）能够执行查看容器的详细信息的操作。

## 2.4.2 docker 容器实战：基于 docker 部署 MySQL 数据库

上一小节详细介绍了 docker 容器常用的操作命令，本节将综合利用上一小节学习的 docker 命令，去实战部署一个 MySQL 数据库，具体操作步骤如下。

1）选择 MySQL 镜像的 tag 版本。首先到 dockerhub 网站查找想要部署的 MySQL 数据库的版本，如图 2-75 所示。如果我们想安装 5.7 版本的 MySQL 数据库，则在搜索关键字 5.7 后，发现当前比较新的是 5.7.41 版本，因此这里就选择 5.7.41 版本。

2）要下载镜像，则执行如下命令，下载 tag 值为 5.7.41 的 MySQL 镜像。

```
docker pull mysql:5.7.41
```

3）要创建挂载目录，则执行如下命令，创建挂载目录，用于挂载 MySQL 容器中的数据文件目录。

```
mkdir -p /docker/mysql/var/lib/mysql
```

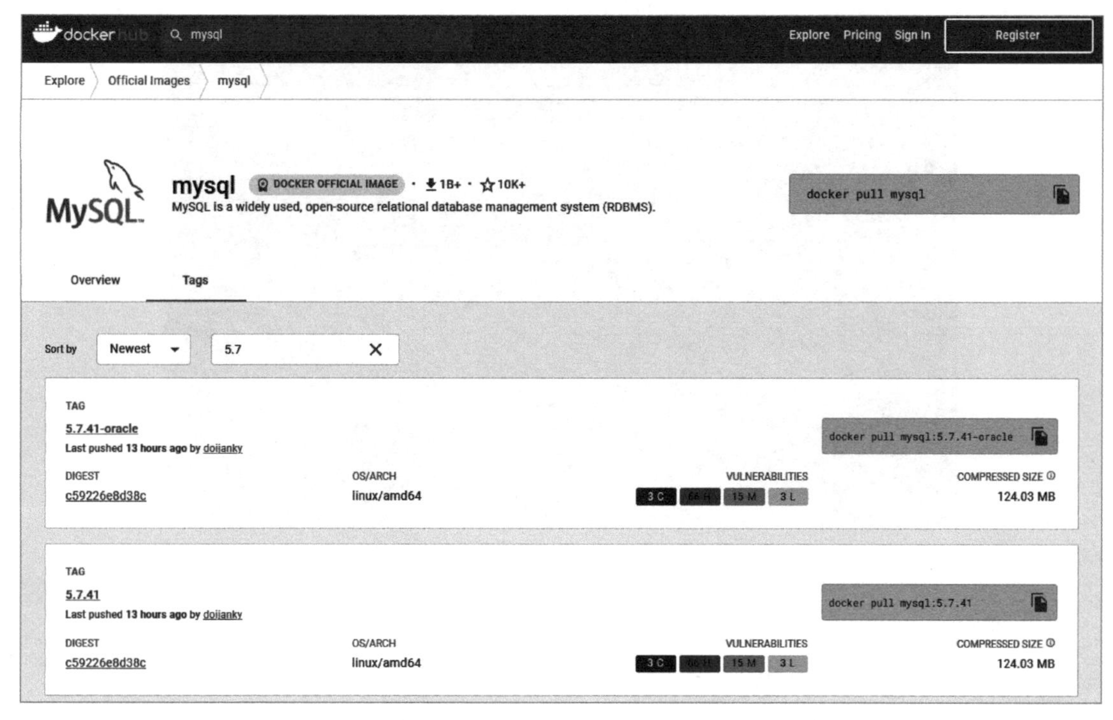


图 2-75　在 dockerhub 网站查看 MySQL 镜像的 tag 值

4）用户可以执行如下命令创建 MySQL 容器。注意，在执行命令时，要将密码 xxx 换为要设置的密码。

```
docker run-d -p 3306:3306 --privileged=true \
-v /docker/mysql/var/lib/mysql:/var/lib/mysql \
-e MYSQL_ROOT_PASSWORD=xxx --name mysql mysql:5.7.41
```

下面对该命令中的几个主要参数的作用进行介绍。

- -p 是做端口映射，容器中 MySQL 的端口是 3306，将此端口映射到虚拟机的 3306 端口，即可以通过虚拟机的 ip:3306 访问数据库。在实际应用中，假如虚拟机上之前已经安装过 MySQL 并将 3306 端口占用，此时通过 docker 创建 MySQL 容器时，容器中的 3306 端口不能映射到虚拟机的 3306 端口了，需要映射到一个虚拟机上尚未占用的端口，比如 10001。则此时端口映射的格式为 -p 10001:3306。
- --privileged=true 参数则是赋予容器拥有 root 用户的权限。
- -v 参数用于挂载目录，即将容器中的/var/lib/mysql 挂载到虚拟机上，以便将 MySQL 的数据在虚拟机上保存起来。
- -e 参数用于向容器中传递变量，比如这里的-e MYSQL_ROOT_PASSWORD=xxx 参数，就相当于是在容器内部执行了 export MYSQL_ROOT_PASSWORD=xxx 命令。这样一来，在实际应用中就可以很容易地向容器传递变量。

5）进入容器，然后登录 MySQL，查看数据库，如图 2-76 所示。

至此 MySQL 数据库就部署完成了，其他对 MySQL 的配置操作这里不再展开介绍。直接使用 exit 命令退出容器即可。

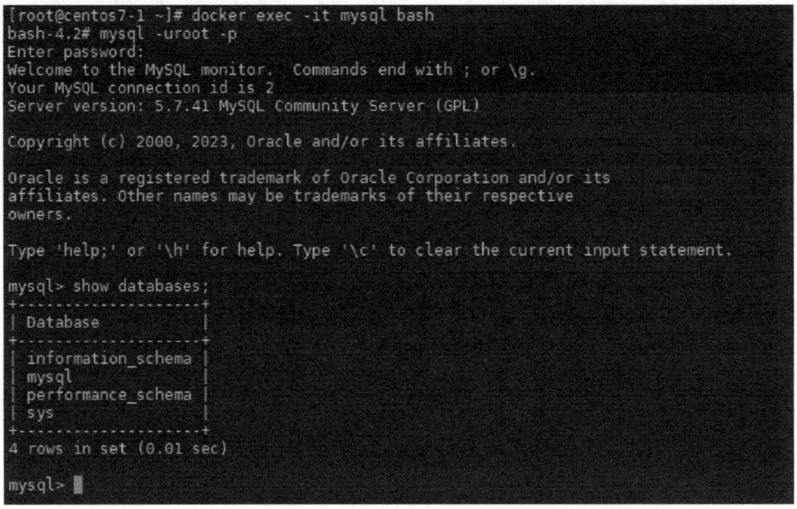

```
[root@centos7-1 ~]# docker exec -it mysql bash
bash-4.2# mysql -uroot -p
Enter password:
Welcome to the MySQL monitor.  Commands end with ; or \g.
Your MySQL connection id is 2
Server version: 5.7.41 MySQL Community Server (GPL)

Copyright (c) 2000, 2023, Oracle and/or its affiliates.

Oracle is a registered trademark of Oracle Corporation and/or its
affiliates. Other names may be trademarks of their respective
owners.

Type 'help;' or '\h' for help. Type '\c' to clear the current input statement.

mysql> show databases;
+--------------------+
| Database           |
+--------------------+
| information_schema |
| mysql              |
| performance_schema |
| sys                |
+--------------------+
4 rows in set (0.01 sec)

mysql> 
```

图 2-76 进入数据库并访问数据库

## 2.5 自定义 docker 镜像

前一节详细介绍了 docker 容器常用的操作命令，并以部署 MySQL 数据库为例，体验了 docker 容器的实战应用。现在，我们可以利用 dockerhub 上已有的镜像部署各种服务了。但是在企业实战中，常常需要根据业务需求定制自定义的 docker 镜像，这就需要我们掌握如何编译符合自己业务需求的自定义 docker 镜像。本节将对自定义 docker 镜像的相关内容进行详细介绍。

### 2.5.1 Dockerfile 常用的语法

自定义 docker 镜像一般是通过编写 Dockerfile 文件，然后通过 docker build 命令进行编译。下面将详细介绍 Dockerfile 文件语法的常用指令。

（1）FROM：指定基础镜像

制作自定义镜像是在基础镜像的基础上进行的，比如我们开发一个基于 Python 语言的项目，就需要使用一个 Python 的基础镜像。而 FROM 关键字一般作为 Dockerfile 文件的第一条指令，用于指定使用的基础镜像，比如使用 python3.9 的镜像，则可以按照如下样式编写。

```
FROM python:3.9
```

（2）MAINTAINER：指定镜像的维护者信息

MAINTAINER 指令对于镜像的实际功能是没有什么作用的，主要用于指定镜像的维护者信息，后面一般跟镜像维护者的邮箱。MAINTAINER 指令一般作为 Dockerfile 文件的第二条语句，例如指定维护者邮箱为 hitredrose@163.com 时，Dockerfile 中的内容如下。

```
MAINTAINER hitredrose@163.com
```

（3）RUN：镜像构建过程中需要执行的命令

RUN 指定用于在构建容器的过程中执行的命令，比如在构建过程中需要安装 net-tools 包，即需要执行 yum install -y net-tools，则在 Dockerfile 中的语句如下。

```
RUN yum install -y net-tools
```

（4）WORKDIR：指定镜像中的工作目录

WORKDIR 用于指定镜像中的工作目录，比如我们期望到 /opt/ 目录下执行命令，一种方式是通过 RUN cd /opt/ 的方式在镜像中进入 /opt/目录。此外，Dockerfile 还提供了一种更加优雅的方式，即通过 WORKDIR 指令指定的方式，具体如下。

```
WORKDIR /opt/
```

（5）COPY：拷贝文件到镜像中

COPY 用于在构建镜像的过程中将文件拷贝到镜像中，比如在实际应用中，我们使用 Python 语言开发一个项目，项目名为 proj。我们希望将 proj 目录拷贝到镜像中的 /opt/proj 目录，这样通过指定自定义的镜像启动容器时，容器中就包含开发的项目了。Dockerfile 文件就可以通过 COPY 指令编写如下内容。

```
COPY proj /opt/proj
```

需要注意的是，本地目录为 Dockerfile 文件所在的目录，比如该指令中的 proj 在本地相当于和 Dockerfile 在同一个目录下，而在镜像中的目录可以像该指令一样指定绝对路径。

我们也可以通过 WORKDIR 指令指定工作目录后使用相对路径，比如在如下指令中，首先指定镜像中的工作目录为/opt/，在拷贝时将 proj 目录拷贝到镜像中的当前工作目录中，“.（点）”表示当前工作目录。

```
WORKDIR/opt/
COPY proj .
```

（6）ADD：拷贝文件到镜像中，压缩文件会自动解压

ADD 指令和 COPY 指令功能基本一致，只不过对于压缩包，ADD 命令拷贝到镜像中会自动解压，而 COPY 则不会。比如我们打包了一个 proj.tar.gz 文件，将其拷贝到镜像中的/opt/目录下并解压，此时可以直接使用 ADD 指令，具体如下。

```
ADD proj.tar.gz /opt/
```

（7）VOLUME：用于将镜像中的目录挂载出来

VOLUME 指令用于将镜像中的目录挂载出来。在上一节部署 MySQL 数据库启动容器的时候，曾经使用-v 参数将容器内的目录镜像了挂载。通过-v 参数，可以在启动容器的时候将容器内的目录与虚拟机上的目录做映射挂载。而在 Dockerfile 中，通过 VOLUME 指令只能指定镜像中需要挂载的目录，而在后续启动容器挂载虚拟机时是一个随机字符串的目录，而不能指定虚拟机上具体目录的映射关系。比如，以下是将镜像中的/data 目录挂载到虚拟机上，至于具体挂载到虚拟机上的哪个目录，这里是无法指定的。

```
VOLUME ["/data"]
```

当然，通过 VOLUME 可以同时将镜像中的多个目录挂载出来，如下格式则是将/data 目录和/docker 目录都挂载出来了。

```
VOLUME [ "/data","/docker"]
```

（8）EXPOSE：暴露端口

EXPOSE 指令用于暴露服务的端口，需要注意的是，这里并不会真正暴露端口，只是相当于一个提示作用，用于提示后来的维护者看到 Dockerfile 能知道通过当前 Dockerfile 文件编译出来的镜像需要暴露的端口。比如我们开发的服务使用的端口是 8080，则可以在 Dockerfile 编写如下指令。

```
EXPOSE 8080
```

（9）ENV：用于指定镜像中的环境变量

ENV 指令用于指定构建过程中的环境变量，比如指定环境变量 JAVA_HOME 为/opt/local/jdk1.8/，则可以在 Dockerfile 中编写如下内容。

```
ENV JAVA_HOME /opt/local/jdk1.8
```

（10）USER：用于指定容器的用户

USER 不常用，一般情况下不需要指定用户，只有对安全要求比较高的情况下，需要创建一个普通用户，然后指定此用户为容器的默认用户。当然，在指定用户之前必须先创建一个用户，我们可以执行以下命令先创建一个 test 用户，然后指定容器的默认用户为 test。

```
RUN useradd -ms /bin/bash test
USER test
```

（11）ARG：用于定义构建参数变量

ARG 用于定义构建参数变量，这个指令非常常用。通过 ARG 参数可以实现在执行 docker build 时动态地向 Dockerfile 文件传递变量，比如我们希望在编译镜像的时候向 Dockerfile 传递一个 VERSION 的变量，则可以在 Dockerfile 中通过 ARG 指令按照如下方式指定。这里声明变量 VERSION，默认值设置为 latest。

```
ARG VERSION=latest
```

这样就可以在编译镜像时通过 -build-arg 参数向 Dockerfile 传递变量了，具体如下。

```
docker build -build-arg VERSION=1.0  .
```

（12）CMD：用于指定容器启动时默认执行命令

CMD 可以指定镜像在启动容器时默认执行命令。需要注意的是，镜像中若存在多个 CMD，则只有最后一个 CMD 会执行。此外，如果启动容器时单独又指定了执行的命令，则只会执行启动容器时指定的命令，镜像中的 CMD 命令则不会执行。CMD 的格式有如下两种语法。

```
CMD [ "cd","/opt"]
CMD echo "hello world"
```

如果镜像中同时存在这两条 CMD，则只会执行下面一条，第一条不会执行。启动容器时，如果又指定了执行命令，则此时这两条 CMD 都不会执行。

（13）ENTRYPOINT：用于指定容器启动时执行的命令

ENTRYPOINT 从功能描述上看和 CMD 差不多，都是用于指定容器在启动时需要执行的命令，但是 ENTRYPOINT 与 CMD 有着典型的不同。镜像中所有通过 ENTRYPOINT 指定的命令，在容器启动的时候都会执行。此外，即使在启动容器的时候额外指定了执行命令，镜像中通过 ENTRYPOINT 指定的命令也都会执行。比如如下两条命令，在容器启动的时候是都会执行的。

```
ENTRYPOINT cd /opt
ENTRYPOINT echo "hello world"
```

至此，Dockerfile 常用的指令功能与用法就介绍完了，下一小节将利用这些指令实战编译一个自定义的 docker 镜像。

### 2.5.2　镜像编译实战：将 flask 应用编译为 docker 镜像并部署

上一小节介绍了 Dockerfile 文件的指令、语法等内容，本节将应用这些指令编写自定义的 Dockerfile，将一个 flask 应用打包为 docker 镜像，并通过镜像部署。

首先准备一个简单的 flask 应用程序，文件名可定义为 app.py，代码如下。

```
from flask import Flask

app = Flask(__name__)


@app.route("/")
def index():
    return "hello world"


if __name__ == "__main__":
    app.run(host="0.0.0.0",port=8080)
```

在 Windows 系统上要运行这样一个 flask 应用，首先要安装 Python 环境和 flask 包，接下来需要在 cmd 命令行窗口中进入 app.py 文件所在的目录，然后执行 python app.py 命令即可运行。运行后打开浏览器，输入 http://127.0.0.1:8080，即可在界面上看到出现的 hello world 字符，说明 flask 应用已经成功部署起来了。

接下来使用前面介绍的知识，将 app.py 文件编译为一个 docker 镜像，然后通过启动 docker 容器的方式将这个 flask 应用部署起来。

首先需要编写一个 Dockerfile 文件。Dockerfile 文件一般放在项目的根目录，这里因为项目只有 app.py 一个文件，因此就和 app.py 放在一个目录下了。此外，当项目只需要一个 Dockerfile 文件时，Dockerfile 的文件名就是 Dockerfile。在一些常用的 IDE 代码编辑工具中可以默认提示 Dockerfile 的语法，但是在企业级应用中，存在需要多个 Dockerfile 文件的情况。实际上，Dockerfile 文件是可以重新命名的，现在因为只需要一个，因此 Dockerfile 文件名就直接使用 Dockerfile。

编写 DockerFile 时，首先需要指定基础镜像。这里需要 Python 环境，因此可以指定使用 3.9 版本的 Python，然后指定 Dockerfile 的维护人邮箱。这一步可以省略，但是为了养成良好的代码习惯，建议加上。接下来需要指定 app.py 计划在容器中存放的位置，即设置工作目录。然后将代码文件（这里是 app.py 文件）拷贝至容器中，比如这里采用点表示将当前目录下的所有文件拷贝到容器中指定的当前工作路径下。因为需要安装 flask 包，因此需要通过 RUN 指令来安装，然后指定容器启动时默认的执行命令（这里是 python app.py）。完整的

Dockerfile 内容如下。

```
FROM python:3.9

MAINTAINER hitredrose@163.com

WORKDIR /opt/helloworld/

COPY ..

RUN pip install flask

CMD ["python","app.py"]
```

接下来就是使用 docker build 命令编译 docker 镜像了。前面提到过 Dockerfile 文件命名的问题，当 Dockerfile 文件名就是“Dockerfile”的时候，在使用 docker build 命令时不用指定 Dockerfile 文件，默认使用当前目录下的 Dockerfile 文件；而当 Dockerfile 采用了其他文件名，则需要通过-f 参数指定文件路径。这里 Dockerfile 文件名是 Dockerfile，因此可以直接使用如下命令编译。

```
docker build -t helloworld:1.0 .
```

这里的 helloworld:1.0 为完整的镜像名称，其中 1.0 为镜像的 tag 值，helloworld 为镜像名。注意最后还有一个“.（点）”，表示当前目录。

此时也可以通过-f 参数指定 Dockerfile 文件，具体命令如下。

```
Docker build -f Dockerfile -t helloworld:1.0 .
```

编译完成后，执行 docker images 命令可以看到 helloworld 镜像已经存在，如下所示。

```
[root@centos7-1 helloworld]# docker images
REPOSITORY    TAG        IMAGE ID       CREATED          SIZE
helloworld    1.0        3874501c2ee6   17 seconds ago   922MB
mysql         5.7.41     8aea3fb7309a   4 days ago       455MB
centos        7.9.2009   eeb6ee3f44bd   18 months ago    204MB
centos        latest     5d0da3dc9764   18 months ago    231MB
[root@centos7-1 helloworld]#
```

接下来就可以像部署 MySQL 数据库一样部署 helloworld 了。首先执行如下命令。

```
docker run --namehelloworld -d -p 8080:8080 --privileged=true helloworld:1.0
```

根据前面介绍的 docker 的启动参数可知，这里-p 参数已经将 docker 容器中的 8080 端口开发出来了，我们可以通过虚拟机的 ip:8080 访问。通过 ifconfig 可以查询到虚拟机的 ip，比如这里是 192.168.31.145。直接在浏览器中打开 http://192.168.31.145:8080/，可以看到浏览器中已经出现了 hello world 字样，如图 2-77 所示。

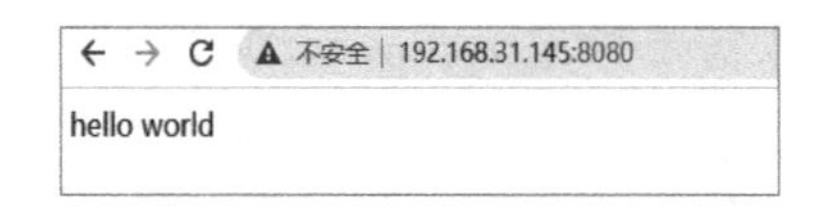


图 2-77 浏览器访问 flask 应用服务

至此，完成了从编写 Dockerfile 文件到编译自定义 docker 镜像再到部署应用等一系列流程操作。

### 2.5.3 发布镜像到 dockerhub

如果想保存编译好的镜像，可以将镜像发布到 dockerhub 网站。在发布之前，首先需要到 dockerhub 网站注册一个账号，这里以 redrose2100 的账号为例。上一小节编译的镜像名为 helloworld，如果想要发布到 dockerhub 网站上，还需要修改镜像的名称，在 dockerhub 上镜像名称首先是账号名，然后才是镜像名，这里需要将镜像名修改为 redrose2100/helloworld。我们可以执行 docker tag 命令修改镜像，具体如下。

```
docker tag helloworld:1.0 redrose2100/helloworld:1.0
```

在 Linux 终端上执行如下命令登录 dockerhub，然后输入密码。看到以下提示时，表示登录成功。

```
[root@centos7-1 helloworld]# docker login -uredrose2100
Password:
WARNING! Your password will be stored unencrypted in /root/.docker/config.json.
Configure a credential helper to remove this warning.See
https://docs.docker.com/engine/reference/commandline/login/#credentials-store

Login Succeeded
[root@centos7-1 helloworld]#
```

登录后执行 docker push 命令上传镜像，具体执行命令如下。

```
[root@centos7-1 helloworld]# docker pushredrose2100/helloworld:1.0
The push refers to repository [docker.io/redrose2100/helloworld]
2b0c000b3093: Pushed
7cfca84f0e1c: Pushed
6c3de521fcf5: Pushed
3c33784a62f7: Mounted from library/python
cb6d722583a8: Mounted from library/python
8982e2c53abb: Mounted from library/python
aedcb370b058: Mounted from library/python
c3a0d593ed24: Mounted from library/python
26a504e63be4: Mounted from library/python
8bf42db0de72: Mounted from library/python
31892cc314cb: Mounted from library/python
11936051f93b: Mounted from library/python
1.0: digest: sha256: dcde9623628e5168338249e36b4f878bede1e236783b67a263efd9e98fec78da
size: 2843
[root@centos7-1 helloworld]#
```

此时登录到 dockerhub 网站，就可以看到刚刚上传的 docker 镜像了，如图 2-78 所示。

开源的或者公开的镜像是可以上传到 dockerhub 的，但是在企业应用开发中，镜像往往是私有化的，在后面的章节中，将继续介绍如何部署私有化的 dockerhub 服务。

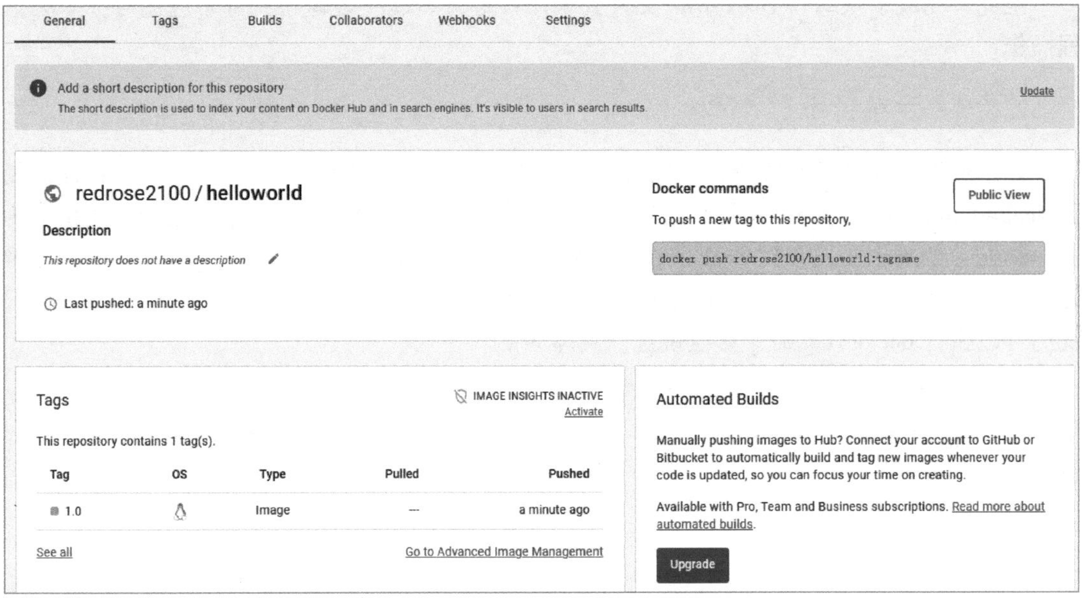

图 2-78　在 dockerhub 网站查看上传的镜像

## 2.6　docker-compose 的应用

在前面的章节中，我们介绍了 docker 的应用。docker 可以部署一个单一的容器，但是在实际的企业应用中，部署应用的时候并不是单一的容器，都需要部署一组容器，尤其在微服务架构下，可能存在几十个服务，每个服务都是一个容器。这时候就需要有能管理一组容器的工具，docker-compose 就可以满足要求。本节将通过一个实战案例，介绍 docker-compose 的应用。

### 2.6.1　docker-compose 的安装

首先执行如下命令，下载 docker-compose。

```
curl -L "https://github.com/docker/compose/releases/download/1.29.2/docker-compose-$(uname -s)-$(uname -
    m)" -o /usr/local/bin/docker-compose
```

下载完成后，执行如下命令，给/usr/local/bin/docker-compose 赋予可执行权限。

```
chmod +x /usr/local/bin/docker-compose
```

为了可以直接使用 docker-compose 命令，我们需要执行如下命令为 docker-compose 创建软连接。

```
ln -s /usr/local/bin/docker-compose /usr/bin/docker-compose
```

最后执行如下命令。如果能正常显示版本号，则表示 docker-compose 安装成功。

```
docker-compose -version
```

### 2.6.2　docker-compose 实战：编译部署 flask 应用与 redis 数据库

docker-compose 的作用是方便地部署多个服务，本节将通过部署一个结合 redis 数据库的 flask 应用来详细展开介绍。按照之前学习 docker 的思路，首先部署一个 redis 容器。当然，flask 应用中需要通过 redis 容器开放出来的端口链接 redis，然后对 flask 应用编写 Dockerfile 文件编译 flask 应用的 docker 镜像，最后启动 flask 应用的容器。接下来通过使用 docker-compose 来实现同样的部署需求。

首先，docker-compose 需要编写一个 docker-compose.yml 文件。通过前面的分析，docker-compose.yml 文件中需要部署两个服务，一个是 redis，另一个是 flask 应用。暂且定为 app，因此可以先把 docker-compose.yml 的骨架列出来，具体如下。其中 services 为固定语法，下面列出了两个服务，一个是 app，另一个是 redis。其中 redis 只指定了 image 镜像，app 则除了执行镜像外，还指定了端口映射。

```
version: "3.9"
services:
  app:
    image: "app:xxx"
    ports:
      - "5000:5000"
  redis:
      image: "redis:alpine"
```

当然，此时的 docker-compose.yml 并非最终的结果。首先，这里的 app 是一个自定义的 flask 应用，没有现成的镜像，因此需要对 app 进行镜像编译。app 的代码实现如下。

```
import time
import redis
from flask import Flask
app = Flask(__name__)
cache =redis.Redis(host='redis', port=6379)
def get_hit_count():
  retries = 5
  while True:
    try:
      return cache.incr('hits')
    except redis.exceptions.ConnectionError as exc:
      if retries == 0:
        raise exc
      retries -= 1
      time.sleep(0.5)
@app.route('/')
def hello():
  count = get_hit_count()
  return 'Hello World! I have been seen {} times. \n'.format(count)
```

在连接 redis 的时候，如果采用 docker-compose 部署方式，可以直接使用 docker-compose.yml 文件中的服务名，即 redis；若通过直接使用 docker 的部署方式，则需要指定虚拟机的 ip 地址和开放出来的端口。这里可以很明显地看出，使用 docker-compose 的方式更加安全，即不用将数据库的端口开放出来。这里 app 代码的功能就是在界面显示打开的次数。当刷新时，次数增加 1，这个次数的计数通过 redis 存储。

然后编写 app 的编译 docker 镜像的 Dockerfile 文件，内容如下。

```
FROM python:3.7-alpine
RUN sed -i -e 's/http:/https:/' /etc/apk/repositories
WORKDIR /code
ENV FLASK_APP=app.py
ENV FLASK_RUN_HOST=0.0.0.0
RUNapk add --no-cache gcc musl-dev linux-headers
RUN pip install redis
RUN pip install flask
EXPOSE 5000
COPY ..
CMD ["flask", "run"]
```

按照 docker 部署的思路，此时需要编译 app 对应的 docker 镜像，然后将镜像名写入 docker-compose.yml 文件。实际上，docker-compose 支持同步编译，因此这里不需要单独执行 docker build 命令，直接在 docker-compose.yml 文件中将原来指定 app 镜像的位置修改为 build 命令，参数为一个“.（点）”。即使用当前目录下的 Dockerfile 文件编译镜像，然后将编译的镜像作为 app 的镜像部署。docker-compose.yml 文件修改后的内容如下。

```
version: "3.9"
services:
  web:
    build: .
    ports:
      - "5000:5000"
redis:
  image: "redis:alpine"
```

至此，准备工作已完成，接下来可以执行 docker-compose up -d 命令，自动编译镜像并启动 app 和 redis 服务，如图 2-79 所示。

```
[root@centos7-1 app]# docker-compose up -d
[+] Building 15.2s (10/10) FINISHED
 => [internal] load build definition from Dockerfile
 => => transferring dockerfile: 252B
 => [internal] load .dockerignore
 => => transferring context: 2B
 => [internal] load metadata for docker.io/library/python:3.9
 => [1/5] FROM docker.io/library/python:3.9@sha256:c0dcc146710fed0a6d62cb55b92f00bfbfc3b931fff
 => [internal] load build context
 => => transferring context: 81B
 => CACHED [2/5] WORKDIR /app
 => CACHED [3/5] RUN pip install redis
 => CACHED [4/5] RUN pip install flask
 => CACHED [5/5] COPY app.py app.py
 => exporting to image
 => => exporting layers
 => => writing image sha256:a47fc5cd5266ae774969683f9094feb58fc0e6ab85d612297158c2074ea722e7
 => => naming to docker.io/library/app-web
[+] Running 2/2
 ✔ Container app-redis-1  Running
 ✔ Container app-web-1    Started
[root@centos7-1 app]#
```

图 2-79　docker-compose 启动服务

接下来可以通过 docker-compose ps 命令查看容器的运行情况，如图 2-80 所示。这里启动了两个容器，确切来说是启动了两个服务，一个是 redis，另一个是 web。

图 2-80　查看容器运行状态

通过 PORTS 端口映射字段可以看出，这里的 redis 并未对外开放端口映射，即外界无法通过虚拟机的 ip 和端口访问 redis；而服务 web 则将 5000 端口映射到虚拟机的 5000 端口，即可以通过虚拟机的 ip 地址和 5000 端口访问 web 服务，如图 2-81 所示。这里虚拟机 ip 为 192.168.1.6。

再次刷新界面时，数字由 1 变为了 2，界面如图 2-82 所示。此功能的实现，代表 web 应用已经成功和 redis 数据库联动了。

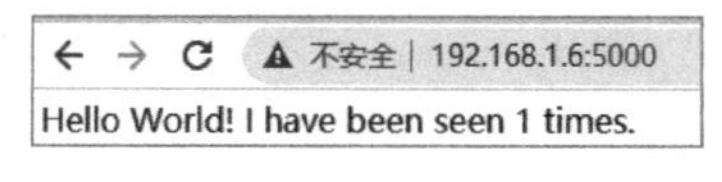


图 2-81　flask 应用 web 访问界面

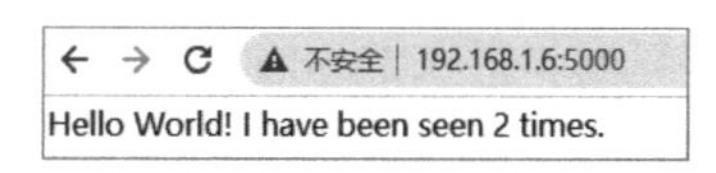


图 2-82　刷新 web 界面后显示结果

## 2.7　搭建私有 dockerhub 服务

在本章的第 5 节，我们介绍了如何编译 docker 镜像以及如何将 docker 镜像发布到开源的 dockerhub 上。在企业产品研发中，将企业内部编译的 docker 镜像发布到开源的 dockerhub 显然是不合适的。在企业应用实践中，需要搭建内部使用的 dockerhub 服务时，Harbor 是一个不错的选择。

1）Harbor 是一个开源项目，源代码可以在 GitHub 上找到。打开 Harbor 的地址，可以从 Releases 处查找到已经发布的版本，如图 2-83 所示。

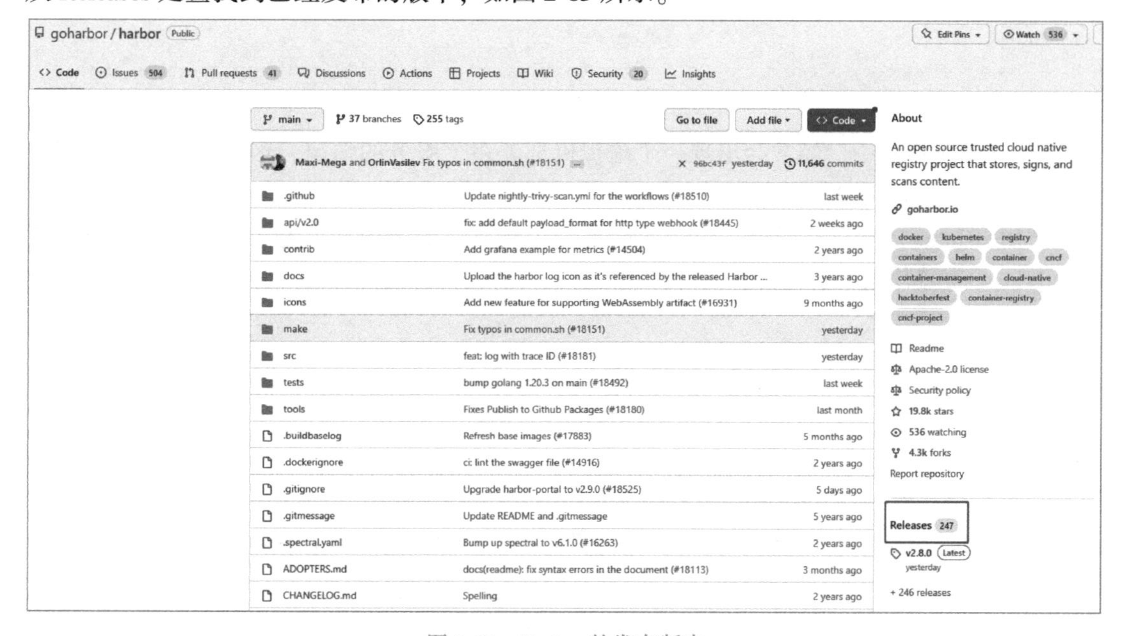


图 2-83　Harbor 的发布版本

安装 Harbor 对计算机硬件资源有一定的要求，至少需要双核 CPU、4GB 内存以及 40GB 磁盘，推荐的配置是 4 核 CPU、8GB 内存和 160GB 磁盘。

2）下载 Harbor 安装包。如果服务器可以联网，则直接下载 online 版；如果服务器无法联网，则需要下载 offline 版本。这里以 online 版本为例，版本尽量不要选择最新版，一般推荐的是最新版前面一两个稳定的版本，这里以 v2.5.3 版本为例进行实例演示。首先执行如下命令，直接将 Harbor 的安装包下载到服务器。

```
wget https://github.com/goHarbor/Harbor/releases/download/v2.5.3/Harbor-online-install-
er-v2.5.3.tgz
```

3）下载完成后执行如下命令进行解压。

```
tar -zxvf Harbor-online-installer-v2.5.3.tgz
```

4）解压后，进入 Harbor 目录。执行 ls 命令，可以看出 online 版本解压后只有几个文件，具体如下。

```
# cd Harbor
# ls
common.shHarbor.yml.tmpl  install.sh  LICENSE  prepare
```

5）将 Harbor.yml.tmpl 文件修改为 Harbor.yml，具体如下。

```
# mv Harbor.yml.tmpl Harbor.yml
```

6）编辑 Harbor.yml 文件。首先修改 hostname，设置域名，如果没有域名，则将 hostname 设置为虚拟机的 ip 地址，具体如下。注意，这里不能设置为 127.0.0.1 或者 localhost。

```
hostname:xxx.com
```

7）修改 http 端口，默认端口是 80，不修改保持默认也是可以的，具体如下。

```
http:
  # port for http, default is 80.If https enabled, this port will redirect to https port
  port: 80
```

8）在实际应用中，经常会出现一个虚拟机部署多个服务的情况，因此这里还是推荐将 80 端口修改为其他端口。

然后将 https 的配置注释掉。在企业内部作为研发用的 Harbor，绝大多数情况下不需要使用 https，直接使用 http 即可，具体如下。

```
# https:
  # https port forHarbor, default is 443
  # port: 443
  # The path of cert and key files fornginx
  # certificate: /your/certificate/path
  # private_key: /your/private/key/path
```

9）Harbor 默认的密码是 Harbor12345，具体如下。用户可以根据需要，修改为自己设置的密码。

```
Harbor_admin_password: Harbor12345
```

10）保存退出，执行如下命令，即可开始安装部署 Harbor。

```
./install.sh
```

11）安装完成后，通过 ip 和端口即可访问，打开界面如图 2-84 所示。

图 2-84　Harbor 登录界面

12）通过用户名和密码进行登录，登录后的界面如图 2-85 所示。

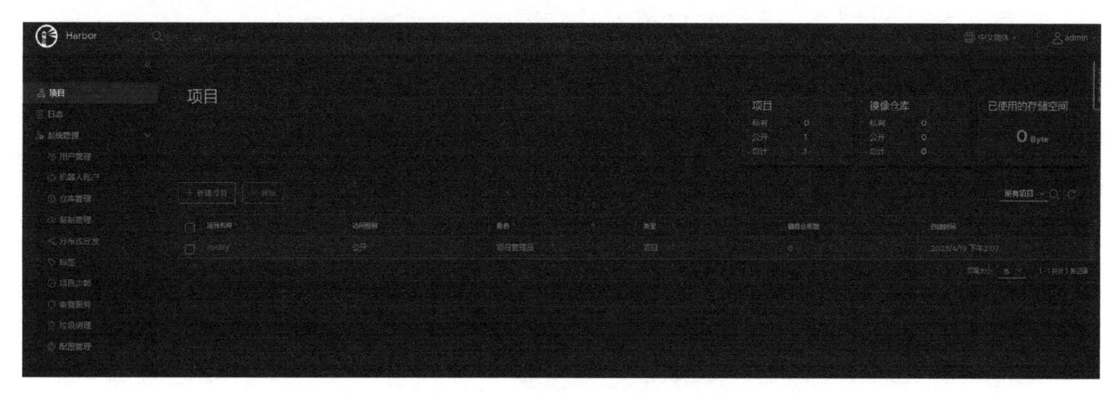


图 2-85　首次登录 Harbor 的界面

13）根据个人需要可以修改/etc/docker/daemon.json 文件。如果没有，则创建此文件，具体可参考如下内容。

```
{
  "exec-opts":["native.cgroupdriver=systemd"],
  "registry-mirrors":[
    "https://ooe7wn09.mirror.aliyuncs.com",
    "https://registry.docker-cn.com",
    "http://hub-mirror.c.163.com",
    "https://docker.mirrors.ustc.edu.cn"
  ],
  "insecure-registries":["Harbor 的 ip 地址:端口"],
  "dns": ["114.114.114.114", "8.8.8.8"]
}
```

注意，这里 insecure-registries 字段中需要写入 Harbor 的 ip 和端口，否则后续在将 docker 镜像 push 到 Harbor 时可能会存在问题。registry-mirrors 字段中增加了国内的镜像源，便于更快速地下载 docker 容器。

14）重启 docker，具体如下。

```
systemctl restart docker
```

15）重启 Harbor，具体如下。

```
# docker-compose down -v
Stopping Harbor-jobservice   ...done
Stopping nginx               ...done
Stopping Harbor-core         ...done
Stopping Harbor-portal       ...done
Stopping registryctl         ...done
Stopping registry            ...done
Stopping redis               ...done
Stopping Harbor-db           ...done
Stopping Harbor-log          ...done
Removing Harbor-jobservice   ...done
Removing nginx               ...done
Removing Harbor-core         ...done
Removing Harbor-portal       ...done
Removing registryctl         ...done
Removing registry            ...done
Removing redis               ...done
Removing Harbor-db           ...done
Removing Harbor-log          ...done
Removing network Harbor_Harbor

# docker-compose up -d
Creating network "Harbor_Harbor" with the default driver
Creating Harbor-log          ...done
Creating Harbor-portal       ...done
Creating registryctl         ...done
Creating redis               ...done
Creating registry            ...done
Creating Harbor-db           ...done
Creating Harbor-core         ...done
Creating Harbor-jobservice   ...done
Creating nginx               ...done
[root@mugenrunner01Harbor]#
```

16）通过 hello-world 来验证并演示如何使用 Harbor，具体如下。首先将 hello-world 镜像重新打 tag，这里的 xx.xx.xx.xx 为 Harbor 的 ip，port 为 Harbor 的端口，如果 Harbor 配置了域名，则直接使用域名。

```
docker tag hello-world xx.xx.xx.xx:port/demo/hello-world:1.0
```

17）在上面打 tag 的命令中，镜像的路径中还有一个 demo。demo 相当于 Harbor 中的项目名，因为新建的 Harbor 中还没有 demo 项目，因此首先需要在 Harbor 中创建一个 demo 项目，如图 2-86 所示。登录 Harbor 后，单击“新建项目”按钮。

图 2-86　在 Harbor 中新建项目

18）在弹出的“新建项目”界面设置项目名称，这里勾选“公开”复选框，其他配置保持默认即可，如图 2-87 所示。

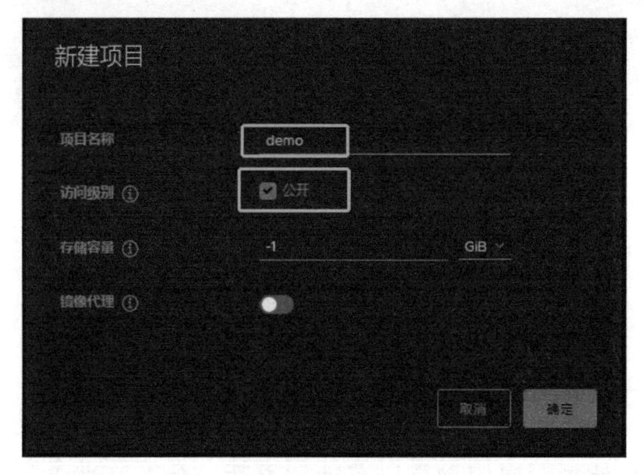


图 2-87　设置项目

19）使用如下命令，在 Linux 终端登录 Harbor。其中 xx.xx.xx.xx 为 Harbor 的 ip，port 为 Harbor 的端口。同理，如果配置了域名，则此处直接使用域名登录。输入登录的用户名和密码，如果出现 Login Succeeded 字样表示登录成功。

```
docker login xx.xx.xx.xx:port
```

20）使用 docker push 命令推送 docker 镜像，比如将 helloworld 镜像推送到 Harbor。使用如下命令即可。

```
docker push xx.xx.xx.xx:port/demo/helloworld:1.0
```

21）执行结果如图 2-88 所示。

```
[root@centos7-1 harbor]# docker push 192.168.0.101:8080/demo/helloworld:1.0
The push refers to repository [192.168.0.101:8080/demo/helloworld]
2b0c000b3093: Pushed
7cfca84f0e1c: Pushed
6c3de521fcf5: Pushed
3c33784a62f7: Pushed
cb6d722583a8: Pushed
8982e2c53abb: Pushed
aedcb370b058: Pushed
c3a0d593ed24: Pushed
26a504e63be4: Pushed
8bf42db0de72: Pushed
31892cc314cb: Pushed
11936051f93b: Pushed
1.0: digest: sha256:dcde9623628e5168338249e36b4f878bede1e236783b67a263efd9e98fec78da size: 2843
[root@centos7-1 harbor]#
```

图 2-88　推送 docker 镜像的执行结果

22）此时从浏览器登录 Harbor，进入 demo 项目，可以看到 helloworld 镜像已经存在了，如图 2-89 所示。

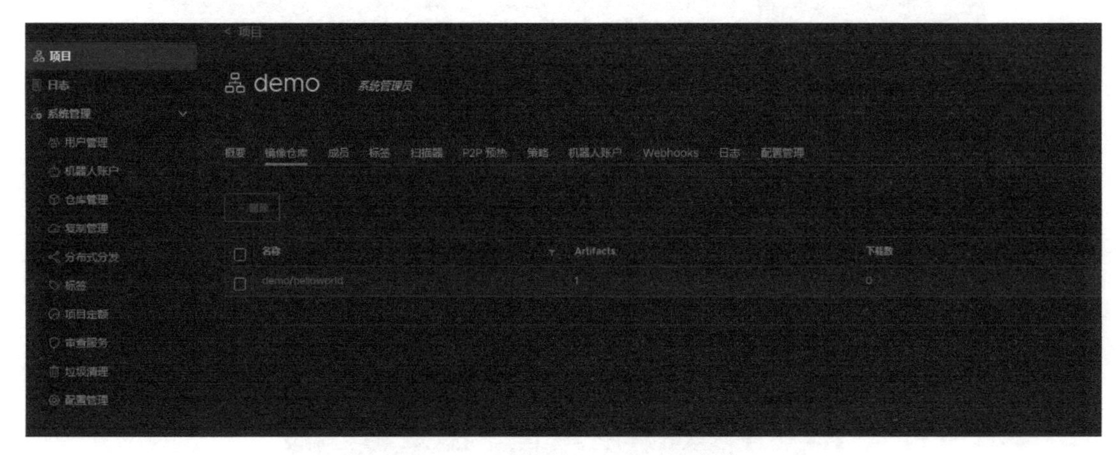


图 2-89　Harbor 中的 helloworld 镜像

至此，通过 docker-compose 的方式已经完成了一套私有 Harbor 服务器的搭建。私有 Harbor 服务器的搭建在企业研发过程中是一个非常重要的环节。

## 2.8　DockerSwarm 集群

前面已经介绍了 docker 的应用场景以及使用方法，在实际业务部署中，随着业务量的增长，必然涉及扩缩容的问题，DockerSwarm 提供了一种弹性扩容时的解决方案。

### 2.8.1　DockerSwarm 集群部署

本节首先介绍如何部署一套 DockerSwarm 集群环境。

1）在部署环境之前，首先准备 4 台虚拟机，这里假设虚拟机的 IP 地址分别为 192.168.145.128、192.168.145.129、192.168.145.130、192.168.145.131。个人练习用单核、内存 2GB 的配置就可以了。此外，还需要在每个虚拟机上安装好 docker。

2）在第一台虚拟机（即 192.168.145.128）上初始化一个 DockerSwarm 集群，通过--advertise-addr 参数指定第 1 台 ip 地址，具体如下。

```
docker swarm init --advertise-addr 192.168.145.128
```

3）执行结果如下所示。

```
[root@localhost ~]# docker swarm init --advertise-addr 192.168.145.128
Swarm initialized: current node (wsqaq4isrzhlgphnnaqxucy6r) is now a manager.
To add a worker to this swarm, run the following command:
  docker swarm join --token SWMTKN-1-052n8lzu6tqwlz9osydt5ttcr268i4fxqpbgyps49nmvmh4ym6-
      50iq7p13l75w9oken3xqgqpnr 192.168.145.128:2377
To add a manager to this swarm, run 'docker swarm join-token manager' and follow the instruc-
tions.
[root@localhost ~]#
```

4）在第一个节点上通过 docker node ls 命令查看节点状态，具体如下。可以看到已经存在一个节点，角色为 Leader，状态为 Ready。

```
[root@localhost ~]# docker node ls
ID HOSTNAME STATUS AVAILABILITY MANAGER STATUS ENGINE VERSION
wsqaq4isrzhlgphnnaqxucy6r * localhost.localdomain Ready Active Leader 20.10.10
[root@localhost ~]#
```

5）此时相当于集群已经搭建起来了，接下来往集群中增加控制节点和工作节点。首先还是在第一个节点上查看增加控制节点的方法。增加控制节点的命令如下。

```
[root@localhost ~]# docker swarm join-token manager
To add a manager to this swarm, run the following command:
  docker swarm join --token SWMTKN-1-052n8lzu6tqwlz9osydt5ttcr268i4fxqpbgyps49nmvmh4ym6-
    5n9bpvj1v64wb9cvg7l2fitaj 192.168.145.128:2377
[root@localhost ~]#
```

这里准备了 4 台虚拟机，可以设置 3 台控制节点、1 台工作节点。比如将 192.168.145.129 和 192.168.145.130 加入到控制节点中，只需要在 192.168.145.129 和 192.168.145.130 两台虚拟机上分别执行上面查询到的命令即可。

6）在第 1 台虚拟机中执行 docker node ls 命令，查看集群中的节点，如下所示。此时已经存在 3 个节点了。

```
[root@localhost ~]# docker node ls
ID  HOSTNAME  STATUS  AVAILABILITY  MANAGER STATUS  ENGINE
    VERSION
fhpe4p0m4gb47pxh48kf9psp8  localhost.localdomain  Ready  Active   Reachable  20.10.10
p1cfiyfyxgkhupjj03tvq40ph  localhost.localdomain  Ready  Active  Reachable  20.10.10
wsqaq4isrzhlgphnnaqxucy6r *  localhost.localdomain  Ready  Active  Leader  20.10.10
[root@localhost ~]#
```

7）在第 1 台虚拟机上执行如下命令，查看增加的工作节点。

```
[root@localhost ~]# docker swarm join-token worker
To add a worker to this swarm, run the following command:
  docker swarm join --token SWMTKN-1-052n8lzu6tqwlz9osydt5ttcr268i4fxqpbgyps49nmvmh4ym6-
      50iq7p13l75w9oken3xqgqpnr 192.168.145.128:2377
[root@localhost ~]#
```

8）将查询到的命令拷贝到 192.168.145.131 的虚拟机上执行即可。此时再次在第一台虚拟机上执行 docker node ls 命令查询集群节点，可以看到已经存在 4 个节点了，如下所示。

```
[root@localhost ~]# docker node ls
ID     HOSTNAME     STATUS     AVAILABILITY     MANAGER STATUS  ENGINE     VERSION
fhpe4p0m4gb47pxh48kf9psp8  localhost.localdomain  Ready  Active  Reachable  20.10.10
p1cfiyfyxgkhupjj03tvq40ph  localhost.localdomain  Ready  Active  Leader  20.10.10
wsqaq4isrzhlgphnnaqxucy6r *   localhost.localdomain  Ready  Active  Reachable  20.10.10
xlgi99te9cchyz9n3ydkycf6k  localhost.localdomain  Ready  Active  20.10.10
```

9）下面可以通过简单的操作验证一下 DockerSwarm 集群的高可用性。我们可以在 192.168.145.131 上通过停止 docker 运行来模拟节点挂了。

```
[root@localhost ~]#systemctl stop docker
Warning: Stopping docker.service, but it can still be activated by:
  docker.socket
[root@localhost ~]#
```

10）在第 1 个节点上查看节点状态，可以看到此时集群整体状态仍然是运行的，如下所示。

```
[root@localhost ~]# docker node ls
ID     HOSTNAME     STATUS     AVAILABILITY     MANAGER STATUS     ENGINE     VERSION
fhpe4p0m4gb47pxh48kf9psp8  localhost.localdomain  Ready  Active  Reachable  20.10.10
p1cfiyfyxgkhupjj03tvq40ph  localhost.localdomain  Down  Active  Unreachable  20.10.10
wsqaq4isrzhlgphnnaqxucy6r *   localhost.localdomain  Ready  Active  Leader  20.10.10
xlgi99te9cchyz9n3ydkycf6k  localhost.localdomain  Ready  Active        20.10.10
[root@localhost ~]#
```

至此，DockerSwarm 集群环境就搭建完成了。

### 2.8.2 基于 DockerSwarm 实现服务弹性扩缩容

本节将从实战的角度，以部署 nginx 服务为例，演示如何借助 DockerSwarm 实现服务的弹性扩缩容。

1）在集群控制节点（比如 192.168.145.128）上执行如下命令，创建 Nginx 服务。这里通过--replicas 参数设置 2 个副本。对外暴露 8080 端口，映射内部的 80 端口。

```
[root@localhost ~]# docker service create --namenginx_service -p 8080:80 --replicas 2 nginx
j2jgvfdfyqgcsf1zcii23djul
overall progress: 2 out of 2 tasks
1/2: running  [==================================================>]
2/2: running  [==================================================>]
verify: Service converged
[root@localhost ~]#
```

2）通过 docker service ls 命令查看部署的服务，命令如下。

```
[root@localhost ~]# docker service ls
ID     NAME     MODE     REPLICAS     IMAGE     PORTS
j2jgvfdfyqgc  nginx_service  replicated  2/2    nginx:latest  *:8080->80/tcp
[root@localhost ~]#
```

3）在浏览器上通过 192.168.145.128:8080 访问 NGINX 的界面。接下来可以通过如下命令控制节点扩容，比如将副本数增加到 10 个。

```
[root@localhost ~]# docker service update --replicas 10 nginx_service
nginx_service
overall progress: 10 out of 10 tasks
1/10: running  [==================================================>]
2/10: running  [==================================================>]
3/10: running  [==================================================>]
4/10: running  [==================================================>]
5/10: running  [==================================================>]
6/10: running  [==================================================>]
7/10: running  [==================================================>]
8/10: running  [==================================================>]
9/10: running  [==================================================>]
10/10: running  [==================================================>]
verify: Service converged
[root@localhost ~]#
```

4）查看服务节点，具体如下。可以看到，此时 running 状态已经有 10 个了。

```
[root@localhost ~]# docker service psnginx_service
ID     NAME     IMAGE     NODE     DESIRED STATE     CURRENT STATE     ERROR     PORTS
u41u5xs2sx4u nginx_service.1       nginx:latest   localhost.localdomain  Running
Running 47 seconds ago
jnyxv9jftpj5  nginx_service.2      nginx:latest   localhost.localdomain  Running
Running 3 seconds ago
s823t867u872 nginx_service.3       nginx:latest   localhost.localdomain  Running
Running 32 seconds ago
dshe3f5rfkza     \_ nginx_service.3  nginx:latest  localhost.localdomain  Shutdown
  Failed 3 seconds ago
    "error creating external conne..."
8r80ylbz4v8c     \_ nginx_service.3  nginx:latest  localhost.localdomain  Shutdown
  Rejected 4 seconds ago
    "error creating external conne..."
mwo0vxu9zd4d     \_ nginx_service.3  nginx:latest  localhost.localdomain  Shutdown
  Failed 5 seconds ago
    "error creating external conne..."
c8f19q3tge0s  nginx_service.4      ginx:latest  localhost.localdomain  Running
    Running 4 seconds ago
01smx140ihm6  nginx_service.5      nginx:latest  localhost.localdomain  Running
    Running less than a second ago
9onahdwcgfdg     \_ nginx_service.5  nginx:latest  localhost.localdomain  Shutdown
      Rejected less than a second ago  "error creating external conne..."
ulr5ntbeqltz     \_ nginx_service.5  nginx:latest  localhost.localdomain  Shutdown
      Rejected 13 seconds ago          "error creating external conne..."
c7rbpp5hcadx     \_ nginx_service.5  nginx:latest  localhost.localdomain  Shutdown
      Failed 14 seconds ago            "error creating external conne..."
k8u10ncvdpje  nginx_service.6      nginx:latest  localhost.localdomain  Running
    Running 33 seconds ago
```

```
n8rvtsglqrum     \_nginx_service.6      nginx:latest  localhost.localdomain  Shutdown
        Rejected 8 seconds ago           "error creating external conne..."
kfm79fl5773k     \_nginx_service.6      nginx:latest  localhost.localdomain  Shutdown
        Failed 9 seconds ago             "error creating external conne..."
ep3mz85cq42q     \_nginx_service.6      nginx:latest  localhost.localdomain  Shutdown
        Rejected 6 seconds ago           "error creating external conne..."
t53va7itdkj8  nginx_service.7           nginx:latest  localhost.localdomain  Running
        Running 3 seconds ago
0uozqvv5gx9r  nginx_service.8           nginx:latest  localhost.localdomain  Running
        Running 47 seconds ago
7u58boi8oppy  nginx_service.9           nginx:latest  localhost.localdomain  Running
        Running less than a second ago
p1pzcqsgfaoo     \_nginx_service.9      nginx:latest  localhost.localdomain  Shutdown
        Failed less than a second ago   "error creating external conne..."
p34rm7b9309p     \_nginx_service.9      nginx:latest  localhost.localdomain  Shutdown
        Failed less than a second ago   "error creating external conne..."
1lgbmlxpnf32     \_nginx_service.9      nginx:latest  localhost.localdomain  Shutdown
        Rejected 14 seconds ago         "error creating external conne..."
yo0zcq4vej8i  nginx_service.10          nginx:latest  localhost.localdomain  Running
        Running 47 seconds ago
[root@localhost ~]#
```

5）如果业务收缩，可以执行如下命令，将业务节点缩小到 4 个。

```
[root@localhost ~]# docker service update --replicas 4 nginx_service
nginx_service
overall progress: 4 out of 4 tasks
1/4: running   [==================================================>]
2/4: running   [==================================================>]
3/4: running   [==================================================>]
4/4: running   [==================================================>]
verify: Service converged
[root@localhost ~]#
```

6）再次执行 docker service psnginx_service 命令，可以看到只剩下 4 个 running 的容器了。

```
[root@localhost ~]# docker service psnginx_service
ID     NAME     IMAGE     NODE     DESIRED STATE     CURRENT STATE     ERROR     PORTS
zm51ipb5u3zk  nginx_service.1  nginx:latest  localhost.localdomain  Running  Running 14
minutes ago
k3zo9jubllvv  nginx_service.2  nginx:latest  localhost.localdomain  Running  Running 14
minutes ago
lfjg4kovkuu2     \_nginx_service.2  nginx:latest  localhost.localdomain  Shutdown
Rejected 14 minutes ago  "error creating external conne..."
ph1p09dnzzol     \_nginx_service.2  nginx:latest  localhost.localdomain  Shutdown
Rejected 14 minutes ago  "error creating external conne..."
twg01hlw9lge     \_nginx_service.2  nginx:latest  localhost.localdomain  Shutdown
Rejected 14 minutes ago  "error creating external conne..."
```

```
6sccd1tvt8rq   nginx_service.3         nginx:latest    localhost.localdomain   Running
    Running 4 minutes ago
y3lk71ay7tqn     \_ nginx_service.3      nginx:latest   localhost.localdomain   Shutdown
    Rejected 4 minutes ago     "error creating external conne..."
7oqy4e593wo8     \_ nginx_service.3      nginx:latest   localhost.localdomain   Shutdown
    Failed 4 minutes ago       "error creating external conne..."
97wxj8kyr4be  nginx_service.6           nginx:latest   localhost.localdomain  Running
        Running 4 minutes ago
1hvkth5ioau2     \_ nginx_service.6  nginx:latest  localhost.localdomain  Shutdown
Rejected 4 minutes ago     "error creating external conne..."
svwo7uyxqomp     \_ nginx_service.6      nginx:latest   localhost.localdomain   Shutdown
    Rejected 4 minutes ago     "error creating external conne..."
xv3ao9argjwo     \_ nginx_service.6      nginx:latest   localhost.localdomain   Shutdown
    Rejected 4 minutes ago     "error creating external conne..."
sdsay83pvtz2     \_ nginx_service.6      nginx:latest   localhost.localdomain   Shutdown
    Rejected 4 minutes ago     "error creating external conne..."
[root@localhost ~]#
```

我们可以看到，docker 给出的方案是通过 DockerSwarm 可以对部署的服务进行弹性扩缩容。随着云原生技术的深入发展，在实际的企业应用中，很少会使用 DockerSwarm 进行弹性扩缩容，因为还有更方便和先进的 Kubernetes 技术。下一章将对 Kubernetes 的核心技术进行详细讲解。

# 第3章 Kubernetes 核心技术

Kubernetes 为什么常常被人们称为 K8s？什么是金丝雀发布？如何才能实现业务不中断升级？那些在传统部署方式中不能实现的，在 K8s 中到底是如何实现的？本章就带着这些问题，基于 Kubernetes 技术依次展开介绍。

## 3.1 初识 Kubernetes

本节主要介绍 Kubernetes 的基础内容，包含 Kubernetes 的产生背景、Kubernetes 的组件以及常见的插件等。

### 3.1.1 Kubernetes 的产生背景

Kubernetes 第一个字符为 K，最后一个字符为 s，中间有 8 个字符，因此简称为 K8s。在第 2 章介绍 docker 容器的应用时，我们知道随着业务的不断扩展，可能存在成百上千个容器，此时对容器的管理就显得很重要了。简单来说，K8s 就是为了解决容器管理问题的。随着云原生技术的深入发展，K8s 也越来越受欢迎。

在正式引入 K8s 之前，我们首先来了解应用部署方式的演变过程。在传统部署时代，应用服务是直接部署在服务器上的，如图 3-1 所示。这种方式缺点很明显，比如当在一个服务器部署多个应用时可能存在各种冲突；而每个服务器只部署一个服务时，又会出现资源利用率不高的问题，并且维护起来也非常不方便。

随着虚拟化技术的发展，在物理服务器上首先虚拟出多个虚拟机，每个虚拟机就像物理服务器一样。这样一来，就可以在每个虚拟机中部署一个应用，即在一个服务器上虚拟出多个虚拟机，每个虚拟机部署应用，从而做到了在一个服务器上部署多个服务，而且每个服务能相互独立，如图 3-2 所示。但是使用虚拟机的方式也是存在缺点的，即此时对管理虚拟机

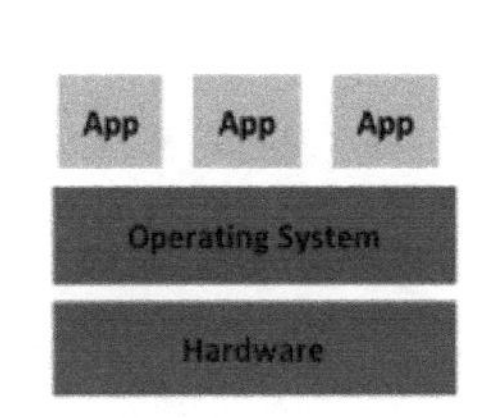


图 3-1　传统应用部署方式

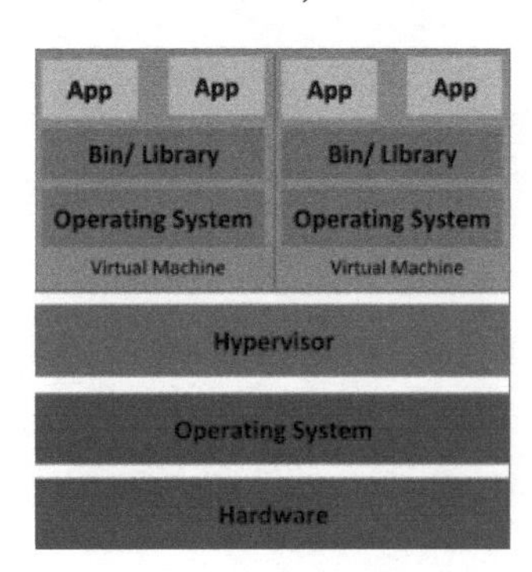


图 3-2　虚拟化部署方式

相对复杂，而且因为虚拟机的资源占用较大，一台服务器只能虚拟出一二十台虚拟机的规模。相对于物理服务器而言，资源利用率仍然不是很高。

随着容器技术的发展，相比虚拟机而言，容器更加轻量级。从表面上看，容器和虚拟机几乎完全一样，拥有独立的文件系统、CPU 资源、内存、进程等。实际上每个容器并不是拥有独立的操作系统，而是通过容器技术实现对操作系统的共享来做到相互之间的隔离，如图 3-3 所示。因此，容器启动起来非常迅速（秒级启动），通常一台物理服务器只能启动数十台虚拟机，而启动容器则可以启动数百乃至上千个，从而大大提高了资源的利用率。

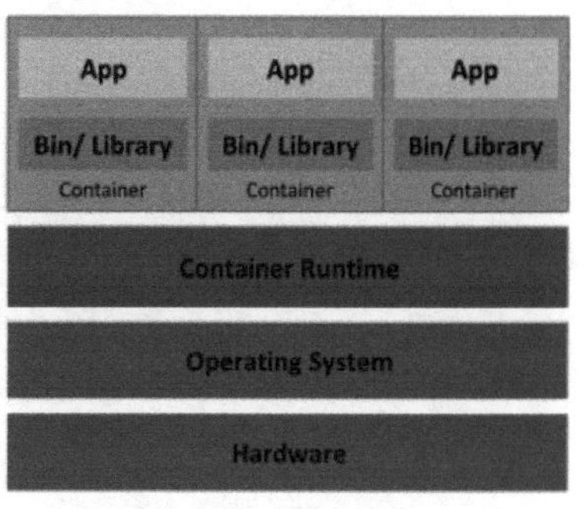


图 3-3　容器化部署方式

随着容器技术的不断发展以及容器的广泛应用，容器的管理也变得越来越复杂，此时 K8s 应运而生，解决了容器管理所带来的一系列问题。在真正使用 K8s 之前，我们还无法体会到 K8s 的好处，这里先简单介绍几点。

#### 1. 服务发现和负载均衡

K8s 可以通过配置域名自动发现服务，当存在大量请求时，因 K8s 具有负载均衡的作用，我们可以通过部署多个容器的方式，根据每个容器的负载动态灵活地分配请求。

#### 2. 存储编排

K8s 允许用户自定义存储，比如可以使用本地磁盘，也可以配置使用远端或者共有云存储等。

#### 3. 自动部署和回滚

K8s 可以实现自动部署。此外，当应用出现问题时，还可以很容易地实现回滚，比如返回到上一个版本或者再上一个版本等。

#### 4. 自动调度

K8s 可以部署在多个服务器上。部署应用时，K8s 可以根据应用的资源限制条件自动挑选满足条件的节点进行部署，从而以最佳的方式利用服务器资源。

#### 5. 自我修复

K8s 具有自我修复的能力，当部署的容器出错，K8s 会自动重新创建容器。

当前 K8s 应用非常广泛，在研发体系中，一般要求开发人员要了解 K8s 技术。不仅开发应用时要面向 K8s，K8s 更是运维领域一项必备的技术。

### 3.1.2　Kubernetes 的组件

Kubernetes 包括控制平面组件和节点组件，其组件架构如图 3-4 所示。

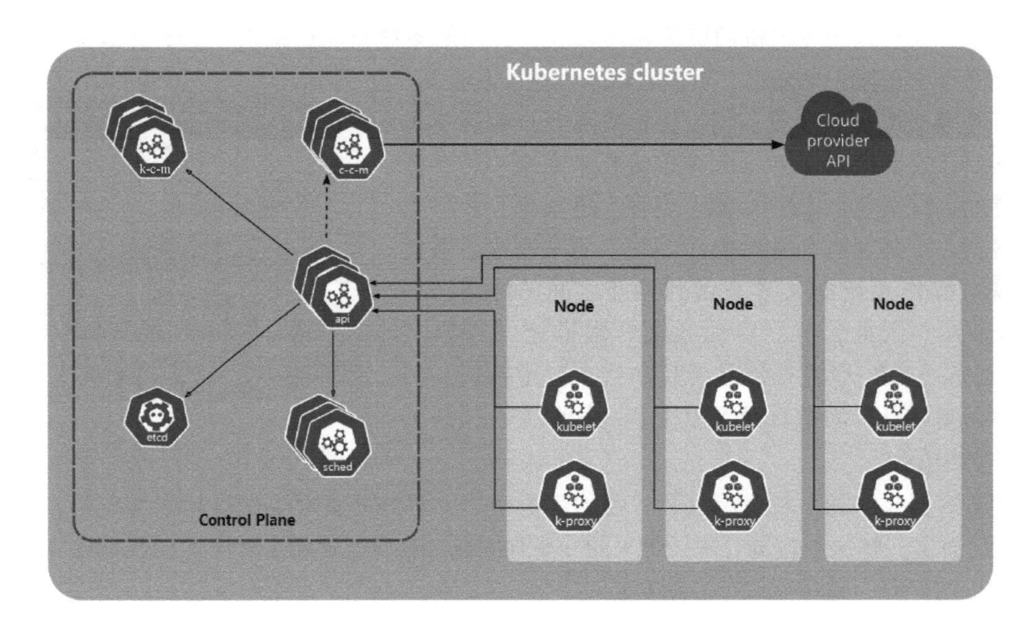


图 3-4　Kubernetes 组件架构图

### 1. 控制平面组件

控制平面的组件可以对集群做出全局决策（比如调度），以及检测和响应集群事件（例如，当不满足部署的 Replicas 字段时，启动新的 Pod）。控制平面组件可以在集群中的任何节点上运行。然而，为了简单起见，设置脚本通常会在同一台计算机上启动所有控制平面组件，并且不会在此计算机上运行用户容器。控制平面组件主要包括以下几个部分。

（1）kube-apiserver

API 服务器是 Kubernetes 控制面的组件，该组件公开了 Kubernetes API。API 服务器是 Kubernetes 控制面的前端，接收用户输入的命令，提供认证、授权、API 注册和发现等机制。Kubernetes API 服务器主要实现是 kube-apiserver（图 3-4 中的 api）。kube-apiserver 设计上考虑了水平伸缩，也就是说，它可以通过部署多个实例进行伸缩。我们可以运行 kube-apiserver 的多个实例，并在这些实例之间平衡流量。

（2）etcd

etcd 是兼具一致性和高可用性的键值数据库，可以作为保存 Kubernetes 所有集群数据的后台数据库。

（3）kube-scheduler

kube-scheduler（图 3-4 中的 sched）是控制平面组件，负责监视新创建的、未指定运行节点（node）的 Pod，选择节点让 Pod 在上面运行。调度决策考虑的因素包括单个 Pod 和 Pod 集合的资源需求、硬件/软件/策略约束、亲和性和反亲和性规范、数据位置、工作负载间的干扰及最后时限等。

（4）kube-controller-manager

kube-controller-manager（图 3-4 中的 k-c-m）是运行控制器进程的控制平面组件。从逻辑上讲，每个控制器都是一个单独的进程，但是为了降低复杂性，它们都被编译到同一个可执行文件，并在一个进程中运行。

这些控制器包括如下几种。

- 节点控制器（Node Controller）：负责在节点出现故障时进行通知和响应。
- 任务控制器（Job Controller）：监测代表一次性任务的 Job 对象，然后创建 Pod 来运行这些任务直至完成。
- 端点控制器（Endpoint Controller）：填充端点（Endpoint）对象（即加入 Service 与 Pod）。
- 服务账户和令牌控制器（Service Account & Token Controller）：为新的命名空间创建默认账户和 API 访问令牌。

（5）cloud-controller-manager

云控制器管理器（cloud-controller-manager，图 3-4 中的 c-c-m）是嵌入特定云的控制逻辑的控制平面组件。云控制器管理器使得我们可以将集群连接到云提供商的 API 之上，并将与该云平台交互的组件与我们的集群交互的组件分离开来。cloud-controller-manager 仅运行特定于云平台的控制回路。如果我们在自己的环境中运行 Kubernetes，或者在本地计算机中运行学习环境，所部署的环境中不需要云控制器管理器。

### 2. 节点组件

Node 节点组件在每个节点上运行，维护运行的 Pod 并提供 Kubernetes 运行环境。Node 节点组件主要包括以下几个部分。

（1）kubelet

kubelet 是一个在集群中每个节点（Node）上运行的代理。它保证容器（Container）都运行在 Pod 中。kubelet 接收一组通过各类机制提供给它的 PodSpecs，确保这些 PodSpecs 中描述的容器处于运行状态且健康。kubelet 不会管理不是由 Kubernetes 创建的容器。

（2）kube-proxy

kube-proxy（图 3-4 中的 k-proxy）是集群中每个节点上运行的网络代理，是实现 Kubernetes 服务（Service）概念的一部分。kube-proxy 可以维护节点上的网络规则。这些网络规则允许从集群内部或外部的网络会话与 Pod 进行网络通信。如果操作系统提供了数据包过滤层并可用，kube-proxy 会通过它来实现网络规则。否则，kube-proxy 仅转发流量本身。

（3）容器运行时（Container Runtime）

容器运行环境是负责运行容器的软件。Kubernetes 支持容器运行时，例如 docker containerd、CRI-O 以及 Kubernetes CRI（容器运行环境接口）的其他任何实现。

### 3. 组件调用过程

下面以部署 Nginx 服务为例，介绍 Kubernetes 各个组件之间的调用过程。

1）一旦启动 Kubernetes 环境，master 和 Node 节点都会将自身的信息存储到 etcd 数据库中。

2）一个 Nginx 服务的安装请求会首先被发送到 master 节点的 APIServer 组件。

3）APIServer 组件会调用 scheduler 组件来决定到底应该把这个服务安装到哪个 Node 节

点上，此时，它会从 etcd 中读取各个 Node 节点的信息，然后按照一定的算法进行调度，并将结果告知 APIServer。

4）APIServer 调用 controller-manager 去调度 Node 节点安装 Nginx 服务。

5）kubelet 接收指令后，会通知 docker，然后由 docker 来启动一个 Nginx 的 Pod。Pod 是 Kubernetes 的最小操作单元，容器必须跑在 Pod 中。

6）这样，一个 Nginx 服务就运行了。如果需要访问 Nginx，需要通过 kube-proxy 来对 Pod 产生访问的代理，从而使外界用户可以访问集群中的 Nginx 服务。

### 3.1.3 Kubernetes 的常见插件

本节主要对 Kubernetes 常见的插件进行简单介绍，涉及用于网络和网络策略相关的插件。

（1）ACI

通过 Cisco ACI 提供集成的容器网络和安全网络。

（2）Antrea

Antrea 在第 3/4 层执行操作，为 Kubernetes 提供网络连接和安全服务。Antrea 利用 Open vSwitch 作为网络的数据面。

（3）Calico

Calico 是一个安全的 L3 网络和网络策略驱动。

（4）Canal

Canal 是一个组合了 Flannel 和 Calico 的网络插件，提供网络和网络策略。

（5）Cilium

Cilium 是一个 L3 网络和网络策略插件，能够透明地实施 HTTP/API/L7 策略。同时支持路由（Routing）和覆盖/封装（Overlay/Encapsulation）模式。

（6）CNI-Genie

CNI-Genie 使 Kubernetes 无缝连接到一种 CNI 插件，例如 Flannel、Calico、Canal、Romana 或者 Weave。

（7）Contrail

基于 Tungsten Fabric 的 Contrail 是一个开源的多云网络虚拟化和策略管理平台。Contrail 和 Tungsten Fabric 与业务流程系统（例如 Kubernetes、OpenShift、OpenStack 和 Mesos）集成在一起，为虚拟机、容器或 Pod 以及裸机工作负载提供隔离模式。

（8）Flannel

Flannel 是一个可以用于 Kubernetes 的 Overlay 网络提供者。

（9）Knitter

Knitter 是为 Kubernetes 提供复合网络解决方案的网络组件。

（10）Multus

Multus 是一个多插件，可以在 Kubernetes 中提供多种网络支持，以支持所有 CNI 插件（例如 Calico、Cilium、Contiv、Flannel），而且包含了在 Kubernetes 中基于 SR-IOV、DPDK、OVS-DPDK 和 VPP 的工作负载。

（11）OVN-Kubernetes

OVN-Kubernetes 是一个 Kubernetes 网络驱动，基于 OVN（Open Virtual Network）实现，

是从 Open vSwitch（OVS）项目衍生出来的虚拟网络实现。OVN-Kubernetes 为 Kubernetes 提供基于覆盖网络的网络实现，包括一个基于 OVS 实现的负载均衡器和网络策略。

（12）OVN4NFV-K8S-Plugin

OVN4NFV-K8S-Plugin 是一个基于 OVN 的 CNI 控制器插件，提供基于云原生的服务功能链条（Service Function Chaining，SFC）、多种 OVN 覆盖网络、动态子网创建、动态虚拟网络创建、VLAN 驱动网络、直接驱动网络，并且可以驳接其他的多网络插件，适用于基于边缘的、多集群联网的云原生工作负载。

（13）NSX-T

容器插件（NCP）提供了 VMware NSX-T 与容器协调器（例如 Kubernetes）之间的集成，以及 NSX-T 与基于容器的 CaaS / PaaS 平台［例如关键容器服务（PKS）和 OpenShift］之间的集成。

（14）Nuage

Nuage 是一个 SDN 平台，可以在 Kubernetes Pod 和非 Kubernetes 环境之间提供基于策略的联网，并具有可视化和安全监控。

（15）Romana

Romana 是一个 Pod 网络的第三层解决方案，支持 NetworkPolicy API。Kubeadm add-on 安装细节可以在这里找到。

（16）Weave Net

Weave Net 提供在网络分组两端参与工作的网络和网络策略，并且不需要额外的数据库。

如下插件非常重要，它是用于服务发现的。

（17）CoreDNS

CoreDNS 是一种灵活的、可扩展的 DNS 服务器，可以为集群内的 Pod 提供 DNS 服务。

如下插件是用户可视化的插件。

（18）Dashboard

Dashboard 是一个 Kubernetes 的 Web 控制台界面。

（19）Weave Scope

Weave Scope 是一个图形化工具，用于查看我们的容器、Pod、服务等。请和一个 Weave Cloud 账号一起使用，或者自己运行 UI。

如下插件是用于基础设置的。

（20）KubeVirt

KubeVirt 是可以让 Kubernetes 运行虚拟机的 Add-on，通常运行在裸机集群上。

（21）节点问题检测器

节点问题检测器在 Linux 节点上运行，并将系统问题报告为事件或节点状况。

本节介绍的插件可以先简单了解一下，在后续的章节中我们会部署或者使用部分插件，也可以届时再回过来重温一下插件的功能。

## 3.2　Kubernetes 集群环境搭建

Kubernetes 集群环境搭建是一个非常重要的环节，在学习过程中，如果我们没有独立地搭建过 Kubernetes 集群环境，那么对 Kubernetes 会始终存在陌生感。在工作中，如果不能独立搭建 Kubernetes 集群环境，就意味着很难独立承担 DevOps 工作。本节将详细介绍如何搭建 Kubernetes 集群环境。

### 1. 配置服务器

Kubernetes 集群环境分为一主多从和多主多从两种类型。一主多从相对比较简单，但因为控制节点单机，存在故障风险，因此多适用于测试环境；而多主多从搭建更为复杂，但安全性更高，适用于生产环境。安装方式也有多种，这里选择使用 kubeadm 工具，快速搭建一套一主多从的 Kubernetes 环境。

1）首先做好主机 ip 地址规划，我们的主机规划如图 3-5 所示。

| 节点 | IP地址 | 操作系统 | 配置 |
|---|---|---|---|
| Master | 192.168.2.150 | CentOS7.9 | 2Cpu2G内存40G硬盘 |
| Node1 | 192.168.2.151 | CentOS7.9 | 2Cpu2G内存40G硬盘 |
| Node2 | 192.168.2.152 | CentOS7.9 | 2Cpu2G内存40G硬盘 |

图 3-5　主机规划

2）创建好虚拟机后，首先修改主机名，然后分别在 3 台虚拟机上执行，具体如下。

```
hostnamectl set-hostname master      #在192.168.2.150上执行
hostnamectl set-hostname node1       #在192.168.2.151上执行
hostnamectl set-hostname node2       #在192.168.2.152上执行
```

3）配置 dns 解析。在 3 台虚拟机上分别执行 vi /etc/hosts 命令，编辑/etc/hosts 文件，然后写入如下内容。

```
192.168.2.150    master
192.168.2.151    node1
192.168.2.152    node2
```

4）配置完成后，分别在 3 台虚拟机上执行如下 3 条命令。若都能 ping 通，表示均配置正确。

```
ping master
ping node1
ping node2
```

5）在 3 台虚拟机上分别执行如下命令，保持 3 台虚拟机时间同步。

```
yum instal -y chrony
systemctl start chronyd
systemctl enable chronyd
```

6）关闭 firewalld 和 iptables。如果是学习环境或者测试环境，可以直接执行简单的关闭处理；如果是生产环境，则需要谨慎，最好通过放开端口的方式放行。这里 3 台虚拟机都需要处理。

```
systemctl stop firewalld
systemctl disable firewalld
systemctl stop iptables
systemctl disable iptables
```

7）执行 getenforce 命令，查看 selinux 的状态。默认情况下 selinux 是开启的，这里需要关闭，通过编辑/etc/selinux/config 文件，将其中的 SELINUX = enforcing 修改为 SELINUX = disabled 即可，如图 3-6 所示。修改配置文件后需要重启才会生效，这里暂时不重启，待后续修改完其他配置后一起重启。

```
[root@master ~]# cat /etc/selinux/config

# This file controls the state of SELinux on the system.
# SELINUX= can take one of these three values:
#     enforcing - SELinux security policy is enforced.
#     permissive - SELinux prints warnings instead of enforcing.
#     disabled - No SELinux policy is loaded.
SELINUX=disabled
# SELINUXTYPE= can take one of three values:
#     targeted - Targeted processes are protected,
#     minimum - Modification of targeted policy. Only selected processes are protected.
#     mls - Multi Level Security protection.
SELINUXTYPE=targeted
```

图 3-6　关闭 selinux

8）修改内核参数，在 3 台服务器上分别创建/etc/sysctl.d/kubernetes.conf 文件，然后写入如下内容。

```
net.bridge.bridge-nf-call-ip6tables = 1
net.bridge.bridge-nf-call-iptables = 1
net.ipv4.ip.forward = 1
```

9）执行如下命令，使得上述配置生效。

```
sysctl -p
```

10）执行如下命令，加载每一个模块。

```
modprobe br_netfilter
```

11）执行如下命令，查看是否生效。若回显类似下述结果，则表示生效。

```
[root@master ~]#lsmod |grep br_netfilter
br_netfilter            28672  0
bridge                 208896  1 br_netfilter
[root@master ~]#
```

12）配置 ipvs 功能。首先在 3 台服务器上分别安装 ipvsadmin 包，执行如下命令。

```
yum install -y ipset ipvsadmin
```

13）创建/etc/sysconfig/modules/ipvs.modules 文件，并写入如下内容。

```
#! /bin/bash
modprobe -- ip_vs
modprobe -- ip_vs_rr
modprobe -- ip_vs_wrr
modprobe -- ip_vs_sh
modprobe -- nf_conntrack_ipv4
```

14）修改文件权限，并执行文件，具体如下。

```
chmod +x /etc/sysconfig/modules/ipvs.modules
bash /etc/sysconfig/modules/ipvs.modules
```

15）执行 lsmod | grep ip_vs 命令检查状态，显示下述结果表示已经配置成功。

```
[root@master ~]#lsmod |grep ip_vs
ip_vs_sh              16384  0
ip_vs_wrr              16384  0
ip_vs_rr              16384  630
ip_vs               176128  636 ip_vs_rr,ip_vs_sh,ip_vs_wrr
nf_conntrack          159744  6 xt_conntrack,nf_nat,xt_nat,nf_conntrack_netlink,xt_MAS-
QUERADE,ip_vs
nf_defrag_ipv6         24576  2 nf_conntrack,ip_vs
libcrc32c             16384  4 nf_conntrack,nf_nat,xfs,ip_vs
[root@master ~]#
```

至此，服务器配置就完成了，然后重启 3 台服务器。重启后确保在服务器上已经安装 docker，如果未安装，则参考第 2 章内容在 3 台服务器上安装好 docker。

### 2. 安装 Kubernetes

接下来就正式开始安装 Kubernetes 了。

1）配置 Kubernetes 的镜像源，创建/etc/yum.repos.d/kubernetes.repo 文件并写入如下内容。

```
[kubernetes]
name=Kubernetes
baseurl=http://mirrors.aliyun.com/kubernetes/yum/repos/kubernetes-el7-x86_64
enabled=1
gpgcheck=0
repo_gpgcheck=0
gpgkey=http://mirrors.aliyun.com/kubernetes/yum/doc/yum-key.gpg
    http://mirrors.aliyun.com/kubernetes/yum/doc/rpm-package-key.gpg
```

2）执行如下命令更新 repo 源。

```
yum clean all
yum makecache
```

3）执行如下命令安装 kubeadm、kubelet 和 kubectl。

```
yum install -y --setopt=obsolutes=0 kubeadm-1.21.10-0 kubelet-1.21.10-0 kubectl-1.21.10-0
```

4）创建/etc/sysconfig/kubelet 文件并写入如下内容。

```
KUBELET_CGROUP_ARGS="--cgroup-driver=systemd"
KUBE_PROXY_MODE="ipvs"
```

5）设置 kubelet 开机自启动，命令如下。

```
systemctl enable kubelet
```

6）通过 kubeadm config images list 命令，可以查看需要的镜像，具体如下。

```
k8s.gcr.io/kube-apiserver:v1.21.10
k8s.gcr.io/kube-controller-manager:v1.21.10
k8s.gcr.io/kube-scheduler:v1.21.10
k8s.gcr.io/kube-proxy:v1.21.10
k8s.gcr.io/pause:3.4.1
```

```
k8s.gcr.io/etcd:3.4.13-0
k8s.gcr.io/coredns/coredns:v1.8.0
```

7）此时可能会遇到无法下载这些镜像的问题，这里提供了一个解决方案：从阿里云下载镜像，然后执行 docker tag 命令重新修改镜像名，从而避免了因为网络原因而下载不到镜像的情况。在 3 台服务器上执行如下命令。

```
images=(kube-apiserver:v1.21.10 kube-controller-manager:v1.21.10 kube-scheduler:v1.21.10 kube-
    proxy:v1.21.10 pause:3.4.1 etcd:3.4.13-0 coredns:v1.8.0)
forimageName in ${images[@]} ; do
  docker pull registry.cn-hangzhou.aliyuncs.com/google_containers/ $imageName
  docker tag registry.cn-hangzhou.aliyuncs.com/google_containers/ $imageName k8s.gcr.io/
$imageName
  docker rmi registry.cn-hangzhou.aliyuncs.com/google_containers/ $imageName
done
docker tag k8s.gcr.io/coredns:v1.8.0 k8s.gcr.io/coredns/coredns:v1.8.0
```

8）执行如下命令进行集群初始化，这里需要指定 Kubernetes 中 Pod 的网段和 service 的网段。注意，这里只需要在 master 节点执行。

```
kubeadm init --kubernetes-version=v1.21.6 --pod-network-cidr=10.244.0.0/16 --service-cidr=
10.96.0.0/12 --
    apiserver-advertise-address=192.168.2.150
```

9）初始化成功后，即可根据初始化过程中的提示命令进行配置，比如这里执行如下命令。

```
mkdir -p $HOME/.kube
sudo cp -i /etc/kubernetes/admin.conf $HOME/.kube/config
sudo chown $(id -u):$(id -g) $HOME/.kube/config
export KUBECONFIG=/etc/kubernetes/admin.conf
```

10）我们可以通过 kubectl get nodes 命令查看 Kubernetes 的集群节点，此时因为只是在 master 节点执行了初始化命令，因此只能看到一个 master 节点，具体如下。

```
[root@master ~]#kubectl get nodes
NAME     STATUS     ROLES          AGE     VERSION
master   NotReady   control-plane,master   3m13s   v1.21.6
[root@master ~]#
```

11）从初始化集群命令的回显中找到增加节点的命令，比如这里将如下命令分别在其他两个节点执行。

```
kubeadm join 192.168.2.150:6443 --token la4re6.kxloa60jkydvl8nv \
    --discovery-token-ca-cert-hash
      sha256:e0bfa2e1f9adf734d415567d95f97db1ec97883ffd8402712b2960cd1f30d0fc
```

12）通过 kubectl get nodes 命令在 master 节点执行，可以查看到此时已经存在 3 个节点了，具体如下。

```
[root@master ~]#kubectl get nodes
NAME     STATUS     ROLES                  AGE     VERSION
master NotReady   control-plane,master   7m7s    v1.21.6
```

```
node1 NotReady  <none>                16s    v1.21.6
node2 NotReady  <none>                7s    v1.21.6
[root@master ~]#
```

13）可以发现此时 3 个节点的状态都是 NotReady，然后我们就可以使用 Kubernetes 部署 flannel 网络插件了。请执行如下命令。

```
wget  https://raw.githubusercontent.com/coreos/flannel/master/Documentation/kube-flan-
nel.yml
kubectl apply -f kube-flannel.yml
```

14）稍等一会，再次在 master 节点执行 kubectl get nodes 命令，可以看到此时节点的状态已经是 Ready 了，如下所示。

```
[root@master ~]#kubectl get nodes
NAME     STATUS     ROLES                    AGE    VERSION
master   Ready    control-plane,master       21m    v1.21.6
node1    Ready        <none>                 14m    v1.21.6
node2    Ready        <none>                 14m    v1.21.6
[root@master ~]#
```

至此，一套 Kubernetes 集群环境就搭建完成了。

## 3.3 Kubernetes 快速体验

本节内容为快速体验 Kubernetes。在学习的过程中，对于一些细节暂时先不去细究，重在按照步骤能快速地部署一套 Nginx 服务。

1）在 Kubernetes 的 master 节点创建一个 deployment，如下所示。

```
kubectl create deployment nginx --image=nginx:1.14-alpine
```

2）执行如下命令，将 Nginx 的 80 端口暴露出来。

```
kubectl expose deployment nginx --port=80 --type=NodePort
```

3）执行 kubectl get pods 命令，查看 Pod 的运行状态，具体如下。此时 Pod 已经是 running 状态了。

```
[root@master ~]#kubectl get pods
NAME                     READY   STATUS     RESTARTS   AGE
nginx-65c4bffcb6-jdd64   1/1     Running        0      2m41s
[root@master ~]#
```

4）通过 kubectl get service 命令查看服务的运行状态。可以看出 Nginx 服务开放的 80 端口映射到了 30483 端口，具体如下。

```
[root@master ~]#kubectl get service
NAME          TYPE        CLUSTER-IP      EXTERNAL-IP   PORT(S)         AGE
kubernetes   ClusterIP     10.96.0.1        <none>        443/TCP        34m
nginx         NodePort    10.97.150.219     <none>     80:30483/TCP     2m6s
[root@master ~]#
```

5）我们可以在浏览器上通过 Kubernetes 的 master 节点的 ip 和 30483 端口访问了，出现

图 3-7 的结果，表示 Nginx 已经部署成功。

**Welcome to nginx!**

If you see this page, the nginx web server is successfully installed and working. Further configuration is required.

For online documentation and support please refer to nginx.org.
Commercial support is available at nginx.com.

*Thank you for using nginx.*

图 3-7　Nginx 服务部署成功

至此，完成了通过 Kubernetes 部署 Nginx 服务的任务。这里涉及一些概念，比如 Deployment、Pod、Service 等，在本章后续将陆续展开详细的介绍。

## 3.4　Kubernetes 的命名空间

在 Kubernetes 中，命名空间（即 Namespace）用于将集群中的资源进行分组隔离，同一命名空间中的资源名称要唯一，而不同命名空间中的资源名称则可以相同。因此，命名空间简单来说就是为 Kubernetes 资源分组，当存在多个项目或者多个团队时，命名空间将非常有用。

在 Kubernetes 中，虽然命名空间是为了资源分组隔离，但是也提供了一些服务可以跨命名空间访问，此时就需要用到命名空间的名称。命名空间的名称命名是有一定规则要求的，具体规则如下。

1）命名空间名称最多 63 个字符。

2）命名空间名称只能包含小写字母、数字以及“-”。

3）命名空间名称必须以字母或者数字开头。

4）命名空间名称必须以字母或者数字结尾。

### 3.4.1　对命名空间进行操作

Kubernetes 环境搭建完成后，就已经存在命名空间了，用户可以执行 kubectl get namespace 命令查看所有的命名空间，如下所示。

```
[root@master demo]#kubectl get namespace
NAME                    STATUS   AGE
default                 Active   5d20h
kube-node-lease         Active   5d20h
kube-public             Active   5d20h
kube-system             Active   5d20h
[root@master demo]#
```

由于 namespace 单词比较长，一般简写为 ns，即通过执行 kubectl get ns 命令，查看所有的命名空间，具体如下。

```
[root@master demo]#kubectl get ns
NAME                    STATUS   AGE
```

```
default              Active  5d20h
kube-node-lease      Active  5d20h
kube-public          Active  5d20h
kube-system          Active  5d20h
[root@master demo]#
```

这里可以看到新搭建的 Kubernetes 环境中已经存在 4 个命名空间了，这 4 个命名空间的作用分别如下。

1）default：在后续创建 Kubernetes 资源时如果不指定命名空间，则会将创建的资源默认归属于 default 命名空间。

2）kube-system：Kubernetes 系统创建对象所使用的命名空间。

3）kube-public：Kubernetes 中所有用户（包括未经过身份验证的用户）均可访问此命名空间，主要用于集群使用，以使得某些资源需要在整个集群中是可见、可读的。

4）kube-node-lease：主要用于节点相关的 lease 对象，节点租期允许 kubelet 发送心跳，由此控制面可以检测到节点是否发生故障。

指定具体命名空间名称，可以查看指定命名空间的状态。例如，执行如下命令，即可查看 kube-system 命名空间的状态。

```
[root@master demo]#kubectl get ns kube-system
NAME         STATUS  AGE
kube-system  Active  5d20h
[root@master demo]#
```

由此可以看出，Kubernetes 中命名空间本质上也是一种资源对象，因此对命名空间最基本的操作是增删改查。在 Kubernetes 中，对资源的增删改查有两种操作方式，一种是直接通过命令行操作，比如创建一个名为 dev 的命名空间，则可以执行如下命令。

```
[root@master demo]#kubectl create namespace dev
namespace/dev created
[root@master demo]#
```

也可以通过命令行的方式查看，命令如下。

```
[root@master demo]#kubectl get namespace dev
NAME  STATUS  AGE
dev   Active  61s
[root@master demo]#
```

删除命名空间则可以通过 delete 命令执行，具体如下。

```
[root@master demo]#kubectl delete namespace dev
namespace "dev" deleted
[root@master demo]#
```

### 3.4.2 利用 yaml 配置文件方式处理命名空间

Kubernetes 对资源对象的操作还提供了 yaml 配置文件的方式。Kubernetes 中绝大多数场景都是通过 yaml 配置文件的方式。这里通过命令行的方式创建命名空间，主要是因为命名空间比较简单，对于像后续即将涉及的 Deployment、Pod、Service 等资源，通过命令行的方式比较复杂，而通过 yaml 配置文件的方式则相对容易一些。因此，这里将介绍如何通过 yaml 配置文件的方式来创建命名空间。

首先创建 dev_namespace.yaml，内容如下。这里对于命名空间，只需要对 metadata 中的 name 进行设置即可，其他字段均为固定内容。

```
apiVersion: v1
kind: Namespace
metadata:
  name: dev
```

然后通过执行 apply 命令，创建命名空间，具体如下。

```
[root@master demo]#kubectl create -f dev_namespace.yaml
namespace/dev created
[root@master demo]#
```

除了通过命令行的方式查看命名空间外，也可以通过 yaml 配置文件的方式。比如，我们可以执行如下命令，查看 yaml 文件中定义的命名空间的状态。

```
[root@master demo]#kubectl get -f dev_namespace.yaml
NAME   STATUS   AGE
dev     Active   5s
[root@master demo]#
```

通过 yaml 配置文件的方式修改命名空间则显得很方便，比如修改 dev_namespace.yaml 文件内容，即为 dev 命名空间增加一个 labels，具体如下。

```
apiVersion: v1
kind: Namespace
metadata:
  name: dev
  labels:
env: test
```

修改命令时同样可以使用 apply 命令，具体如下。

```
[root@master demo]#kubectl apply -f dev_namespace.yaml
namespace/dev configured
[root@master demo]#
```

此时，再次查看 dev 命名空间，可以看到设置的 labels 已经存在于 dev 命名空间的属性中了，具体如下。

```
[root@master demo]#kubectl describe namespace dev
Name:         dev
Labels:   env=test
      kubernetes.io/metadata.name=dev
Annotations:  <none>
Status:       Active
No resource quota.
No LimitRange resource.
[root@master demo]#
```

删除资源除了可以通过 yaml 配置文件的方式和执行 apply 命令进行操作，也可以使用

delete 命令，具体如下。

```
[root@master demo]#kubectl delete -f dev_namespace.yaml
namespace "dev" deleted
[root@master demo]#
```

在编写 yaml 配置文件的时候，如果命名空间的版本号为 v1，这个信息可以通过如下命令查询到各种资源的版本号。

```
kubectl api-resources --namespaced=true
kubectl api-resources --namespaced=false
```

这里可以看到 kind 为 Namespace 的命名空间 apiVersion 为 v1，如图 3-8 所示。

```
[root@master object_manage]# kubectl api-resources --namespaced=false
NAME                          SHORTNAMES   APIVERSION                        NAMESPACED   KIND
componentstatuses             cs           v1                                false
ComponentStatus
namespaces                    ns           v1                                false
Namespace
```

图 3-8　Namespace 的 apiVersion

## 3.5　Pod 基础操作

Kubernetes 中对 Pod 操作通常有两种方式，一种是直接通过命令行的方式操作；另一种是通过 yaml 配置文件的方式操作。通常情况下，在对 Pod 的简单操作（比如查询或者删除等），推荐使用命令行的方式；而对于创建 Pod 等需要设置大量配置的操作，则推荐使用 yaml 配置文件的方式。

### 3.5.1　通过命令行方式操作 Pod

在 Kubernetes 中，Pod 被定义为创建和管理的最小计算单位，简单来说，Pod 在 Kubernetes 中是最小单位。Pod 本质上就是一个容器组，即一个 Pod 中可以有一个容器，也可以有多个容器。在实践中，通常情况下一个 Pod 中只有一个容器，当然这也算是为了最大程度的解耦合。

在 Kubernetes 中执行命令，都是要加上命名指定命令的操作对象所属的命名空间。如果不加命名空间，则表示在默认的 default 命名空间中操作，代码如下。可以看到，在 default 命名空间中是没有 Pod 的。

```
[root@master demo]#kubectl get ns
NAME                   STATUS   AGE
default                Active   5d23h
kube-node-lease        Active   5d23h
kube-public            Active   5d23h
kube-system            Active   5d23h
kubernetes-dashboard   Active   5d20h
[root@master demo]#kubectl get pod
```

```
No resources found in default namespace.
[root@master demo]#
```

指定 kube-system 命名空间时，可以看到在 kube-system 命名空间中已经存在多个 Pod 了，具体如下。

```
[root@master demo]#kubectl get pod -n kube-system
NAME                               READY   STATUS    RESTARTS   AGE
coredns-558bd4d5db-7vbmq           1/1     Running   0          5d23h
coredns-558bd4d5db-sps22           1/1     Running   0          5d23h
etcd-master                        1/1     Running   0          5d23h
kube-apiserver-master              1/1     Running   0          5d23h
kube-controller-manager-master     1/1     Running   0          5d23h
kube-flannel-ds-cd9qk              1/1     Running   0          5d23h
kube-flannel-ds-gg4jq              1/1     Running   0          5d23h
kube-flannel-ds-n76xj              1/1     Running   0          5d23h
kube-proxy-g4j5g                   1/1     Running   0          5d23h
kube-proxy-h27ms                   1/1     Running   0          5d23h
kube-proxy-tqzjl                   1/1     Running   0          5d23h
kube-scheduler-master              1/1     Running   0          5d23h
[root@master demo]#
```

为了方便查看，首先通过命令行的方式创建一个 dev 的命名空间，然后在 dev 的命令空间中创建一个 Nginx 的 Pod，run 后面的 nginx 即为创建一个名为 nginx 的 Pod，指定容器镜像为 nginx，端口为 80 端口，-n dev 表示在 dev 的命名空间中创建，具体如下。

```
[root@master demo]#kubectl create namespace dev
namespace/dev created
[root@master demo]#kubectl run nginx --image=nginx:latest --port=80 -n dev
pod/nginx created
[root@master demo]#
```

通过 get 命令可以查询创建的 Pod，如下所示。其中，当使用-o wide 参数时可以详细地显示 Pod 的信息，比如可以显示出 Pod 的 IP 地址以及在哪个节点上部署，这里是在 node2 上部署。

```
[root@master demo]#kubectl get pod -n dev
NAME    READY   STATUS    RESTARTS   AGE
nginx   1/1     Running   0          77s
[root@master demo]#kubectl get pod -n dev -o wide
NAME    READY   STATUS    RESTARTS   AGE   IP            NODE    NOMINATED NODE   READINESS GATES
nginx   1/1     Running   0          85s   10.244.2.16   node2   <none>           <none>
[root@master demo]#
```

删除 Pod 同样使用 delete 命令，如下所示。

```
[root@master demo]#kubectl delete pod nginx -n dev
pod "nginx" deleted
[root@master demo]#kubectl delete namespace dev
namespace "dev" deleted
[root@master demo]#
```

### 3.5.2 通过 yaml 配置文件的方式操作 Pod

创建 Pod 同样可以通过配置 yaml 文件的方式。前面通过命令行的方式创建 Pod 的时候，可以发现命令行的参数已经开始多了，如果再为 Pod 指定更多的属性，则命令行的参数会更多了，因此通过 yaml 配置文件是创建 Kubernetes 资源推荐的使用方式。同样在 dev 命令空间中创建一个 Nginx 镜像的 Pod，可以编写 yaml 配置文件如下。将命名空间 dev 的配置也一同写入 yaml 了，这样就可以确保在创建 Nginx 的 Pod 的时候 dev 命名空间是存在的，命令空间和 Pod 资源配置之间使用三个“-”间隔。然后对 yaml 文件进行保存，这里保存为 pod_nginx.yaml。yaml 的语法暂时不用理会，这里读者可先直接体验。

```
apiVersion: v1
kind: Namespace
metadata:
  name: dev
---
apiVersion: v1
kind: Pod
metadata:
  name:nginx
  namespace: dev
spec:
  containers:
  - image:nginx:1.17.1
    name: pod
    ports:
    - name:nginx-port
      containerPort: 80
      protocol: TCP
```

然后执行如下命令创建 Pod。如果 dev 命名空间不存在，则同步创建。

```
[root@master demo]#kubectl apply -f pod_nginx.yaml
namespace/dev created
pod/nginx created
[root@master demo]#
```

这里可以发现，Kubernetes 通过 yaml 配置文件的方式创建资源的命令都是类似的，基本都是通过 kubectl apply -f xxx.yaml 的方式创建或者更新资源。对于更新 Pod，比如这里将镜像版本修改为使用 nginx 的 1.17.3 的版本。

```
apiVersion: v1
kind: Namespace
metadata:
  name: dev
---
apiVersion: v1
kind: Pod
metadata:
  name:nginx
```

```
  namespace: dev
spec:
  containers:
  - image:nginx:1.17.3
    name: pod
    ports:
    - name:nginx-port
      containerPort: 80
      protocol: TCP
```

然后执行 kubectl apply 命令即可更新，如下所示。

```
[root@master demo]#kubectl apply -f pod_nginx.yaml
namespace/dev unchanged
pod/nginx configured
[root@master demo]#
```

更新完成后，可以通过执行 kubectl describe 命令查看 Pod 的详细信息，如下所示。这里可以发现镜像的版本号已经发生了改变，更新为 1.17.3 了。

```
[root@master demo]#kubectl describe pod nginx -n dev
Name:    nginx
Namespace:    dev
Priority:    0
Node:        node2/192.168.16.42
Start Time:   Sun, 20 Mar 2022 14:43:51 +0800
Labels:       <none>
Annotations:  <none>
Status:       Running
IP:          10.244.2.18
IPs:
  IP:  10.244.2.18
Containers:
  pod:
    Container ID:  docker://9edee9d176b0c6cdda342c161f51ac306211504d897755d7f2a1c874f10530c3
    Image:nginx:1.17.3
    Image ID:  docker-pullable://nginx@sha256:9688d0dae8812dd2437947b756393eb0779487e361aa2ff-
bc3a529dca61f102c
    Port:          80/TCP
    Host Port:       0/TCP
    State:          Running
      Started:       Sun, 20 Mar 2022 14:52:36 +0800
    Last State:     Terminated
      Reason:       Completed
      Exit Code:     0
      Started:       Sun, 20 Mar 2022 14:43:52 +0800
      Finished:     Sun, 20 Mar 2022 14:52:36 +0800
    Ready:          True
    Restart Count:  1
    Environment:     <none>
```

```
    Mounts:
      /var/run/secrets/kubernetes.io/serviceaccount from kube-api-access-rclxs (ro)
Conditions:
  Type              Status
  Initialized       True
  Ready             True
ContainersReady     True
PodScheduled        True
Volumes:
kube-api-access-rclxs:
    Type:                    Projected (a volume that contains injected data from multiple
sources)
    TokenExpirationSeconds:  3607
ConfigMapName:               kube-root-ca.crt
ConfigMapOptional:           <nil>
DownwardAPI:                 true
QoS Class:                   BestEffort
Node-Selectors:              <none>
Tolerations:                 node.kubernetes.io/not-ready:NoExecute op=Exists for 300s
                             node.kubernetes.io/unreachable:NoExecute op=Exists for 300s
Events:
  Type    Reason     Age     From      Message
  ----    ------     ----    ----      -------
  Normal  Scheduled  9m17s  default-scheduler  Successfully assigned dev/nginx to node2
  Normal  Pulled   9m16s  kubelet  Container image "nginx:1.17.1" already present on machine
  Normal  Created    32s (x2 over 9m16s) kubelet          Created container pod
  Normal  Started    32s (x2 over 9m16s) kubelet          Started container pod
  Normal  Killing    32s kubelet  Container pod definition changed, will be restarted
  Normal  Pulled     32s kubelet  Container image "nginx:1.17.3" already present on machine
[root@master demo]#
```

删除 Pod 也可以通过执行 delete -f 命令完成，如下所示。

```
[root@master demo]#kubectl delete -f pod_nginx.yaml
namespace "dev" deleted
pod "nginx" deleted
[root@master demo]#
```

删除的时候需要注意，虽然我们也可以通过 delete -f xxx.yaml 配置文件的方式进行删除，通过上面的执行回显可以看出，在删除 Pod 的时候，同时将 dev 命名空间也删除了。当然如果只是学习是完全没有问题的，但是在实际应用中，一个命名空间中往往有许多 Pod，因此删除的时候需要慎重使用 yanl 配置文件的方式，可以通过执行如下命令，只删除 nginx 的 Pod，而不会删除 dev 命名空间以及 dev 命名空间内的其他 Pod。

```
Kubectl delete pod nginx -n dev
```

### 3.5.3 Pod 的 yaml 配置文件的编写方法

前面一小节介绍了通过 yaml 配置文件的方式创建 Pod，在 yaml 文件中，存在一些固定格式或者固定字段的语法格式。本节将详细介绍如何定义和编写创建 Pod 的 yaml 文件。在 Kubernetes 中，创建任何资源的 yaml 的语法格式都是类似的，换言之，通过本节创建 Pod 资源的 yaml 语法格式的学习，后续创建其他 Kubernetes 资源方法都是相通的。

首先通过 kubectl explain pod 查看创建 Pod 资源的一级属性，具体如下。

```
[root@master ~]#kubectl explain pod
KIND:    Pod
VERSION:  v1
DESCRIPTION:
    Pod is a collection of containers that can run on a host.This resource is
    created by clients and scheduled onto hosts.
FIELDS:
    apiVersion  <string>
    APIVersion defines the versioned schema of this representation of an
    object.Servers should convert recognized schemas to the latest internal
    value, and may reject unrecognized values.More info:
     https://git. k8s. io/community/contributors/devel/sig-architecture/api-conventions. md
#resources
  kind <string>
    Kind is a string value representing the REST resource this object
    represents.Servers may infer this from the endpoint the client submits
    requests to.Cannot be updated.InCamelCase.More info:
     https://git. k8s. io/community/contributors/devel/sig-architecture/api-conventions. md #
types-kinds
  metadata    <Object>
    Standard object's metadata.More info:
     https://git. k8s. io/community/contributors/devel/sig-architecture/api-conventions.
md#metadata
  spec <Object>
    Specification of the desired behavior of the pod.More info:
     https://git. k8s. io/community/contributors/devel/sig-architecture/api-conventions.
md#spec-and-status
  status      <Object>
    Most recently observed status of the pod.This data may not be up to date.
    Populated by the system.Read-only.More info:
     https://git. k8s. io/community/contributors/devel/sig-architecture/api-conventions.
md#spec-and-status
[root@master ~]#
```

从上面的帮助信息可以看出，创建 Pod 的 yaml 文件中一级属性有 5 个，即 apiVersion、kind、metadata、spec 和 status。status 表示状态信息，由 Kubernetes 自动生成，不需要填写，因此创建 Pod 资源需要填写的一级属性就只剩 4 个了。此时再来观察前面创建 Nginx 的 Pod 的 yaml 配置文件，具体如下。这里的一级属性确实只有 4 个，即 apiVersion、kind、metadata 和 spec。至此创建 Pod 资源的 yaml 配置文件的一级属性就一目了然了。

```
apiVersion: v1
kind: Pod
metadata:
  name:nginx
  namespace: dev
spec:
  containers:
  - image:nginx:1.17.3
    name: pod
    ports:
    - name:nginx-port
      containerPort: 80
      protocol: TCP
```

接下来介绍每个一级属性如何编写。首先，apiVersion 可以通过如下命令查询得到。第一行是我们要查询的 Pod 资源的 api 版本号。即 v1，对于后续学习的其他资源，此字段的值查询方法都是一样的。

```
[root@master ~]#kubectl api-resources |grep Pod
pods                          po              v1          true            Pod
podtemplates                                  v1          true        PodTemplate
horizontalpodautoscalers    hpa autoscaling/v1          true        HorizontalPodAutoscaler
pods                  metrics.k8s.io/v1beta1            true        PodMetrics
podmonitors           monitoring.coreos.com/v1          true        PodMonitor
poddisruptionbudgets          pdb       policy/v1       true        PodDisruptionBudget
podsecuritypolicies     psp        policy/v1beta1       false       PodSecurityPolicy
[root@master ~]#
```

而对 Pod 资源，kind 字段对应的值就是 Pod，上面查询 apiVersion 命令的最后一列的值即为资源的 kind 值。metadata 是用来填充 Pod 资源的描述性信息，即元数据信息，可以通过 kubectl explain Pod.metadata 命令查询得到，如下所示。这里展示了很多字段，在实际应用中，最常用的 name 用来指定 Pod 的名称，namespace 用来指定 Pod 属于某个命名空间，而 labels 用来为 Pod 增加标签。其他的属性字段很少使用，这里可以直接忽略，待以后有更高级的定制化的使用需求时再仔细研读帮助信息即可。前面创建 Nginx 的 Pod 的 yaml 配置文件中，metadata 字段中我们也使用了 name 和 namespace 两个字段。

```
[root@master ~]#kubectl explain Pod.metadata
KIND:     Pod
VERSION:  v1

RESOURCE: metadata <Object>

DESCRIPTION:
    Standard object's metadata.More info:
     https://git. k8s. io/community/contributors/devel/sig-architecture/api-conventions.
md#metadata

    ObjectMeta is metadata that all persisted resources must have, which
```

```
    includes all objects users must create.

FIELDS:
  annotations  <map[string]string>
    Annotations is an unstructured key value map stored with a resource that
    may be set by external tools to store and retrieve arbitrary metadata.They
    are notqueryable and should be preserved when modifying objects.More
    info: http://kubernetes.io/docs/user-guide/annotations

clusterName  <string>
    The name of the cluster which the object belongs to.This is used to
    distinguish resources with same name and namespace in different clusters.
    This field is not set anywhere right now andapiserver is going to ignore
    it if set in create or update request.

creationTimestamp    <string>
    CreationTimestamp is a timestamp representing the server time when this
    object was created.It is not guaranteed to be set in happens-before order
    across separate operations.Clients may not set this value.It is
    represented in RFC3339 form and is in UTC.

    Populated by the system.Read-only.Null for lists.More info:
     https://git.k8s.io/community/contributors/devel/sig-architecture/api-conventions.
md#metadata

  deletionGracePeriodSeconds  <integer>
    Number of seconds allowed for this object to gracefully terminate before it
    will be removed from the system.Only set whendeletionTimestamp is also
    set.May only be shortened.Read-only.

deletionTimestamp    <string>
    DeletionTimestamp is RFC 3339 date and time at which this resource will be
    deleted.This field is set by the server when a graceful deletion is
    requested by the user, and is not directly settable by a client.The
    resource is expected to be deleted (no longer visible from resource lists,
    and not reachable by name) after the time in this field, once the
    finalizers list is empty.As long as the finalizers list contains items,
    deletion is blocked.Once thedeletionTimestamp is set, this value may not
    be unset or be set further into the future, although it may be shortened or
    the resource may be deleted prior to this time.For example, a user may
    request that a pod is deleted in 30 seconds.TheKubelet will react by
    sending a graceful termination signal to the containers in the pod.After
    that 30 seconds, theKubelet will send a hard termination signal (SIGKILL)
    to the container and after cleanup, remove the pod from the API.In the
    presence of network partitions, this object may still exist after this
    timestamp, until an administrator or automated process can determine the
    resource is fully terminated.If not set, graceful deletion of the object
    has not been requested.
```

```
    Populated by the system when a graceful deletion is requested.Read-only.
    More info:
    https://git.k8s.io/community/contributors/devel/sig-architecture/api-conventions.md-
#metadata

finalizers  <[]string>
    Must be empty before the object is deleted from the registry.Each entry is
    an identifier for the responsible component that will remove the entry from
    the list.If thedeletionTimestamp of the object is non-nil, entries in
    this list can only be removed.Finalizers may be processed and removed in
    any order.Order is NOT enforced because it introduces significant risk of
    stuckfinalizers.finalizers is a shared field, any actor with permission
    can reorder it.If the finalizer list is processed in order, then this can
    lead to a situation in which the component responsible for the first
    finalizer in the list is waiting for a signal (field value, external
    system, or other) produced by a component responsible for a finalizer later
    in the list, resulting in a deadlock.Without enforced orderingfinalizers
    are free to order amongst themselves and are not vulnerable to ordering
    changes in the list.

generateName <string>
GenerateName is an optional prefix, used by the server, to generate a
    unique name ONLY IF the Name field has not been provided.If this field is
    used, the name returned to the client will be different than the name
    passed.This value will also be combined with a unique suffix.The provided
    value has the same validation rules as the Name field, and may be truncated
    by the length of the suffix required to make the value unique on the
    server.

    If this field is specified and the generated name exists, the server will
    NOT return a 409 - instead, it will either return 201 Created or 500 with
    Reason Server Timeout indicating a unique name could not be found in the
    time allotted, and the client should retry (optionally after the time
    indicated in the Retry-After header).

    Applied only if Name is not specified.More info:
     https://git. k8s. io/community/contributors/devel/sig-architecture/api-conventions.
md#idempotency

  generation  <integer>
    A sequence number representing a specific generation of the desired state.
    Populated by the system.Read-only.

  labels      <map[string]string>
    Map of string keys and values that can be used to organize and categorize
    (scope and select) objects.May match selectors of replication controllers
    and services.More info: http://kubernetes.io/docs/user-guide/labels
```

```
managedFields        <[]Object>
ManagedFields maps workflow-id and version to the set of fields that are
    managed by that workflow.This is mostly for internal housekeeping, and
    users typically shouldn't need to set or understand this field.A workflow
    can be the user's name, a controller's name, or the name of a specific
    apply path like "ci-cd".The set of fields is always in the version that
    the workflow used when modifying the object.

  name <string>
    Name must be unique within a namespace.Is required when creating
    resources, although some resources may allow a client to request the
    generation of an appropriate name automatically.Name is primarily intended
    for creation idempotence and configuration definition.Cannot be updated.
    More info: http://kubernetes.io/docs/user-guide/identifiers#names

  namespace    <string>
    Namespace defines the space within which each name must be unique.An empty
    namespace is equivalent to the "default" namespace, but "default" is the
    canonical representation.Not all objects are required to be scoped to a
    namespace - the value of this field for those objects will be empty.

    Must be a DNS_LABEL.Cannot be updated.More info:
    http://kubernetes.io/docs/user-guide/namespaces

ownerReferences      <[]Object>
    List of objects depended by this object.If ALL objects in the list have
    been deleted, this object will be garbage collected.If this object is
    managed by a controller, then an entry in this list will point to this
    controller, with the controller field set to true.There cannot be more
    than one managing controller.

resourceVersion      <string>
    An opaque value that represents the internal version of this object that
    can be used by clients to determine when objects have changed.May be used
    for optimistic concurrency, change detection, and the watch operation on a
    resource or set of resources.Clients must treat these values as opaque and
    passed unmodified back to the server.They may only be valid for a
    particular resource or set of resources.

    Populated by the system.Read-only.Value must be treated as opaque by
    clients and .More info:
     https://git.k8s.io/community/contributors/devel/sig-architecture/api-conventions.
md#concurrency-control-and-consistency

selfLink    <string>
SelfLink is a URL representing this object.Populated by the system.
    Read-only.
```

```
    DEPRECATEDKubernetes will stop propagating this field in 1.20 release and
    the field is planned to be removed in 1.21 release.

uid  <string>
    UID is the unique in time and space value for this object.It is typically
    generated by the server on successful creation of a resource and is not
    allowed to change on PUT operations.

    Populated by the system.Read-only.More info:
    http://kubernetes.io/docs/user-guide/identifiers#uids

[root@master ~]#
```

spec 是创建 Pod 资源的 yaml 中最重要也是最复杂的字段。同样可以通过 kubectl explain Pod.spec 命令查询到帮助信息，如下所示。

```
[root@master ~]#kubectl explain Pod.spec
KIND:    Pod
VERSION:  v1
RESOURCE: spec <Object>
DESCRIPTION:
    Specification of the desired behavior of the pod.More info:
     https://git. k8s. io/community/contributors/devel/sig-architecture/api-conventions.
md#spec-and-status
PodSpec is a description of a pod.
FIELDS:
  activeDeadlineSeconds        <integer>
    Optional duration in seconds the pod may be active on the node relative to
StartTime before the system will actively try to mark it failed and kill
    associated containers.Value must be a positive integer.
  affinity    <Object>
    If specified, the pod's scheduling constraints
  automountServiceAccountToken <boolean>
    AutomountServiceAccountToken indicates whether a service account token
    should be automatically mounted.
  containers   <[]Object> -required-
    List of containers belonging to the pod.Containers cannot currently be
    added or removed.There must be at least one container in a Pod.Cannot be
    updated.
dnsConfig    <Object>
    Specifies the DNS parameters of a pod.Parameters specified here will be
    merged to the generated DNS configuration based onDNSPolicy.
dnsPolicy    <string>
    Set DNS policy for the pod.Defaults to "ClusterFirst".Valid values are
    'ClusterFirstWithHostNet','ClusterFirst','Default' or 'None'.DNS
    parameters given inDNSConfig will be merged with the policy selected with
DNSPolicy.To have DNS options set along with hostNetwork, you have to
    specify DNS policy explicitly to 'ClusterFirstWithHostNet'.
enableServiceLinks  <boolean>
```

```
EnableServiceLinks indicates whether information about services should be
   injected into pod's environment variables, matching the syntax of Docker
   links.Optional: Defaults to true.
ephemeralContainers  <[]Object>
   List of ephemeral containers run in this pod.Ephemeral containers may be
   run in an existing pod to perform user-initiated actions such as debugging.
   This list cannot be specified when creating a pod, and it cannot be
   modified by updating the pod spec.In order to add an ephemeral container
   to an existing pod, use the pod'sephemeralcontainers subresource.This
   field is alpha-level and is only honored by servers that enable the
EphemeralContainers feature.
hostAliases  <[]Object>
HostAliases is an optional list of hosts and IPs that will be injected into
   the pod's hosts file if specified.This is only valid for non-hostNetwork
   pods.
hostIPC      <boolean>
   Use the host's ipc namespace.Optional: Default to false.
hostNetwork  <boolean>
   Host networking requested for this pod.Use the host's network namespace.
   If this option is set, the ports that will be used must be specified.
   Default to false.
hostPID      <boolean>
   Use the host's pid namespace.Optional: Default to false.
  hostname     <string>
   Specifies the hostname of the Pod If not specified, the pod's hostname will
   be set to a system-defined value.
imagePullSecrets     <[]Object>
ImagePullSecrets is an optional list of references to secrets in the same
   namespace to use for pulling any of the images used by thisPodSpec.If
   specified, these secrets will be passed to individual puller
   implementations for them to use.For example, in the case of docker, only
DockerConfig type secrets are honored.More info:
    https://kubernetes.io/docs/concepts/containers/images#specifying-imagepullsecrets-
on-a-pod
initContainers       <[]Object>
   List of initialization containers belonging to the pod.Init containers are
   executed in order prior to containers being started.If any init container
   fails, the pod is considered to have failed and is handled according to its
restartPolicy.The name for an init container or normal container must be
   unique among all containers.Init containers may not have Lifecycle
   actions, Readiness probes, Liveness probes, or Startup probes.The
   resourceRequirements of an init container are taken into account during
   scheduling by finding the highest request/limit for each resource type, and
   then using the max off that value or the sum of the normal containers.
   Limits are applied to init containers in a similar fashion.Init containers
   cannot currently be added or removed.Cannot be updated.More info:
   https://kubernetes.io/docs/concepts/workloads/pods/init-containers/
nodeName     <string>
NodeName is a request to schedule this pod onto a specific node.If it is
```

```
    non-empty, the scheduler simply schedules this pod onto that node, assuming
    that it fits resource requirements.
nodeSelector <map[string]string>
NodeSelector is a selector which must be true for the pod to fit on a node.
    Selector which must match a node's labels for the pod to be scheduled on
    that node.More info:
    https://kubernetes.io/docs/concepts/configuration/assign-pod-node/
  overhead    <map[string]string>
    Overhead represents the resource overhead associated with running a pod for
    a given RuntimeClass.This field will be autopopulated at admission time by
    theRuntimeClass admission controller.If the RuntimeClass admission
    controller is enabled, overhead must not be set in Pod create requests.The
RuntimeClass admission controller will reject Pod create requests which
    have the overhead already set.If RuntimeClass is configured and selected
    in the PodSpec, Overhead will be set to the value defined in the
    corresponding RuntimeClass, otherwise it will remain unset and treated as
    zero.More info:
    https://git.k8s.io/enhancements/keps/sig-node/20190226-pod-overhead.md This
    field is alpha-level as ofKubernetes v1.16, and is only honored by servers
    that enable thePodOverhead feature.
preemptionPolicy    <string>
PreemptionPolicy is the Policy for preempting pods with lower priority.One
    of Never, PreemptLowerPriority.Defaults to PreemptLowerPriority if unset.
    This field is beta-level, gated by the NonPreemptingPriority feature-gate.
  priority    <integer>
    The priority value.Various system components use this field to find the
    priority of the pod.When Priority Admission Controller is enabled, it
    prevents users from setting this field.The admission controller populates
    this field from PriorityClassName.The higher the value, the higher the
    priority.
priorityClassName    <string>
    If specified, indicates the pod's priority."system-node-critical" and
    "system-cluster-critical" are two special keywords which indicate the
    highest priorities with the former being the highest priority.Any other
    name must be defined by creating aPriorityClass object with that name.If
    not specified, the pod priority will be default or zero if there is no
    default.
readinessGates    <[]Object>
    If specified, all readiness gates will be evaluated for pod readiness.A
    pod is ready when all its containers are ready AND all conditions specified
    in the readiness gates have status equal to "True" More info:
    https://git.k8s.io/enhancements/keps/sig-network/0007-pod-ready% 2B% 2B.md
restartPolicy    <string>
    Restart policy for all containers within the pod.One of Always,OnFailure,
    Never.Default to Always.More info:
    https://kubernetes.io/docs/concepts/workloads/pods/pod-lifecycle/#restart-policy
runtimeClassName    <string>
RuntimeClassName refers to a RuntimeClass object in the node.k8s.io group,
    which should be used to run this pod.If noRuntimeClass resource matches
```

```
    the named class, the pod will not be run.If unset or empty, the "legacy"
RuntimeClass will be used, which is an implicit class with an empty
    definition that uses the default runtime handler.More info:
    https://git.k8s.io/enhancements/keps/sig-node/runtime-class.md This is a
    beta feature as of Kubernetes v1.14.
schedulerName        <string>
    If specified, the pod will be dispatched by specified scheduler.If not
    specified, the pod will be dispatched by default scheduler.
securityContext      <Object>
SecurityContext holds pod-level security attributes and common container
    settings.Optional: Defaults to empty.See type description for default
    values of each field.
serviceAccount       <string>
    DeprecatedServiceAccount is a depreciated alias for ServiceAccountName.
    Deprecated: UseserviceAccountName instead.
serviceAccountName  <string>
ServiceAccountName is the name of the ServiceAccount to use to run this
    pod.More info:
    https://kubernetes.io/docs/tasks/configure-pod-container/configure-service-account/
setHostnameAsFQDN    <boolean>
    If true the pod's hostname will be configured as the pod's FQDN, rather
    than the leaf name (the default).In Linux containers, this means setting
    the FQDN in the hostname field of the kernel (thenodename field of struct
utsname).In Windows containers, this means setting the registry value of
    hostname for the registry key
    HKEY_LOCAL_MACHINE\SYSTEM\CurrentControlSet\Services\Tcpip\Parameters to
    FQDN.If a pod does not have FQDN, this has no effect.Default to false.
  shareProcessNamespace         <boolean>
    Share a single process namespace between all of the containers in a pod.
    When this is set containers will be able to view and signal processes from
    other containers in the same pod, and the first process in each container
    will not be assigned PID 1.HostPID and ShareProcessNamespace cannot both
    be set.Optional: Default to false.
  subdomain     <string>
    If specified, the fully qualified Pod hostname will be
    "<hostname>.<subdomain>.<pod namespace>.svc.<cluster domain>".If not
    specified, the pod will not have adomainname at all.
  terminationGracePeriodSeconds         <integer>
    Optional duration in seconds the pod needs to terminate gracefully.May be
    decreased in delete request.Value must be non-negative integer.The value
    zero indicates stop immediately via the kill signal (no opportunity to shut
    down).If this value is nil, the default grace period will be used instead.
    The grace period is the duration in seconds after the processes running in
    the pod are sent a termination signal and the time when the processes are
    forcibly halted with a kill signal.Set this value longer than the expected
    cleanup time for your process.Defaults to 30 seconds.
tolerations   <[]Object>
    If specified, the pod'stolerations.
  topologySpreadConstraints     <[]Object>
```

```
    TopologySpreadConstraints describes how a group of pods ought to spread
    across topology domains.Scheduler will schedule pods in a way which abides
    by the constraints.All topologySpreadConstraints areANDed.
  volumes       <[]Object>
    List of volumes that can be mounted by containers belonging to the pod.
    More info: https://kubernetes.io/docs/concepts/storage/volumes
[root@master ~]#
```

这里面的每个字段都很重要，后续将陆续介绍各个字段的作用以及用法，下面先简要解释一下。例如，containers 字段是用来定义容器的，nodeName 字段用来指定 Pod 在哪个 Kubernetes 集群节点上创建，nodeSelector 字段可以通过指定节点标签的方式调度 Pod 在哪个节点上创建，volumes 用来挂载目录，restartPolicy 用来指定重启策略，tolerations 又被称为污点，affinity 又被称为亲和性，initContainers 为一种特殊的容器，用来在 Pod 创建之前做一些初始化操作的容器等。每个字段具体有哪些子属性则可以通过 kubectl 命令来查询。

下面简要分析一下前面创建 Nginx 的 Pod 的 yaml 配置文件。apiVersion、kind 和 metadata 字段在前面已经分析过了，这里主要看一下 spec 字段，具体如下所示。spec 字段只使用了 containers 一个字段，下面一行紧跟“-”字段表示这是一个列表。这里定义的是第一个容器，也很好地诠释了 Pod 是容器组的概念。在第一个容器中，image 字段定义了容器使用的镜像，即 1.17.3 版本的 Nginx，name 定义了容器的名字。需要注意，这里 name 字段是容器的名字，而不是 Pod 的名字，Pod 的名字是在 metadata 字段中的 name 属性定义的。Ports 字段显然又是一个内置的列表，表示开放多个端口，同理紧跟一个“-”表示这是第一个端口。这里又出现一个 name，nginx-port 表示第一个端口的名字，containerPort 则表示容器的端口。至此，创建 nginx 的 Pod 资源的 yaml 文件就全部解释完了，此时看上去配置文件的语法就一目了然了。当然，要想实现更多、更复杂功能的 Pod，还需要继续深入研究 spec 字段中其他属性的含义和用法，后续章节将继续展开详细的介绍，这里不再赘述。

```
apiVersion: v1
kind: Pod
metadata:
  name:nginx
  namespace: dev
spec:
  containers:
  - image:nginx:1.17.3
    name: pod
    ports:
    - name:nginx-port
      containerPort: 80
```

## 3.6 Pod 中常用配置

在上一节，我们简要介绍了 Pod 的 yaml 配置文件的语法，本节将针对常用的 Pod 中 spec 字段包含的配置展开详细介绍。

### 3.6.1 Pod 中的容器名称和镜像配置

容器配置主要是 Pod.spec.containers 字段，通过 kubectl explasin Pod.spec.containers 命令可以查询容器配置的详细帮助信息，这里挑选一些常用且重要的字段进行讲解。最重要的有两个字段，即 name 和 image，换言之，containers 字段只要填写了 name 和 image 就可以进行创建容器了。在如下配置中，containers 字段只指定了 name 和 image，即创建了一个 Pod，Pod 中有一个 nginx 容器，容器使用的镜像是 nginx:1.17.1，容器的名字是 nginx。

```
apiVersion: v1
kind: Pod
metadata:
  name: pod-base
  namespace: dev
  labels:
    user:redrose2100
spec:
  containers:
  - name:nginx
    image:nginx:1.17.1
```

启动 Pod 的命令如下。

```
[root@master pod]#kubectl apply -f pod_base.yaml
namespace/dev created
pod/pod-base created
[root@master pod]#
```

查看 Pod 更详细的信息以及创建过程的命令如下。

```
[root@master pod]#kubectl describe pod pod-base -n dev
Name:         pod-base
Namespace:     dev
Priority:     0
Node:         node2/192.168.16.42
Start Time:   Mon, 21 Mar 2022 15:19:17 +0800
Labels:       user=redrose2100
Annotations:  <none>
Status:       Running
IP:           10.244.2.24
IPs:
  IP:  10.244.2.24
Containers:
  nginx:
    Container ID:docker://5d2b7707956c7fc91dfec0b705917bfa64bb91e618450e946482d5621659c9aa
    Image:          nginx:1.17.1
    Image ID:       docker-
      pullable://nginx@sha256:b4b9b3eee194703fc2fa8afa5b7510c77ae70cfba567af1376a573-
a967c03dbb
    Port:           <none>
```

```
    Host Port:       <none>
    State:           Running
      Started:       Mon, 21 Mar 2022 15:19:18 +0800
    Ready:           True
    Restart Count:  0
    Environment:     <none>
    Mounts:
      /var/run/secrets/kubernetes.io/serviceaccount from kube-api-access-42jtr (ro)
Conditions:
  Type              Status
  Initialized       True
  Ready             True
  ContainersReady   True
  PodScheduled      True
Volumes:
  kube-api-access-42jtr:
    Type:              Projected (a volume that contains injected data from multiple sources)
    TokenExpirationSeconds:  3607
    ConfigMapName:           kube-root-ca.crt
    ConfigMapOptional:       <nil>
    DownwardAPI:             true
QoS Class:                   BestEffort
Node-Selectors:              <none>
Tolerations:                 node.kubernetes.io/not-ready:NoExecute op=Exists for 300s
                             node.kubernetes.io/unreachable:NoExecute op=Exists for 300s
Events:
  Type    Reason     Age  From               Message
  ----    ------     ---- ----               -------
  Normal  Scheduled  94s  default-scheduler  Successfully assigned dev/pod-base to node2
  Normal  Pulled     93s  kubelet            Container image "nginx:1.17.1" already present
on machine
  Normal  Created    93s  kubelet            Created container nginx
  Normal  Started    93s  kubelet            Started container nginx
[root@master pod]#
```

### 3.6.2 Pod 中容器镜像拉取策略配置

通过 imagePullPolicy 字段可以指定镜像的下载策略。下载策略有 3 个可选项，分别是 Always、Never 和 IfNotPresent。该功能可根据实际应用场景来选择，因为对同一个具体 tag 值的镜像，一般来说都是相同的，当镜像指定具体 tag 值时，可以设置 IfNotPresent，即本地镜像不存在时才去下载镜像。当使用类似于 latest 标签的镜像，又希望每次能更新到最新的 latest 标签的镜像时，就需要设置为 Always。Never 则主要用于使用本地镜像，此时若我们编译了一个和 dockerhub 上同名的镜像，如果不设置为 Never，则很容易导致下载了 dockerhub 上的镜像。当不指定选项时，默认的是 IfNotPresent，即使用本地已有的镜像。

以下配置即优先使用本地已有镜像，当本地不存在镜像时再下载 dockerhub 上的镜像。

```
apiVersion: v1
kind: Pod
```

```
metadata:
  name: pod-image-pull-policy
  namespace: dev
  labels:
    user:redrose2100
spec:
  containers:
  - name:nginx
    image:nginx:1.17.1
    imagePullPolicy: IfNotPresent
```

我们可以通过多次创建 Pod，然后通过 kubectl describe pod xxx -n dev 命令观察 Pod 创建过程，以验证各种镜像拉取策略。这里不再详细演示。

### 3.6.3　Pod 中容器的环境变量配置

通过 env 字段可以向容器预定义一些环境变量，即向容器中注入两个环境变量 username 和 password，如下所示。

```
apiVersion: v1
kind: Pod
metadata:
  name: pod-env
  namespace: dev
  labels:
    user:redrose2100
spec:
  containers:
  - name:nginx
    image:nginx:1.17.1
    env:
    - name: "username"
      value: "admin"
    - name: "password"
      value: "admin123"
```

此时可以通过如下命令创建 Pod。

```
[root@master pod]#kubectl apply -f pod_env.yaml
namespace/dev created
pod/pod-env created
[root@master pod]#
```

然后通过如下方式进入 Pod 中，并打印变量 username 和 password。此时可以看出容器中已经存在了 username 和 password 变量值。

```
[root@master pod]#kubectl get pod -n dev
NAME      READY  STATUS    RESTARTS  AGE
pod-env    1/1   Running      0       3m
[root@master pod]#kubectl exec pod-env -n dev -it -c nginx /bin/bash
```

```
kubectl exec [POD] [COMMAND] is DEPRECATED and will be removed in a future version.Use
kubectl exec
    [POD] -- [COMMAND] instead.
root@pod-env:/# echo $username
admin
root@pod-env:/# echo $password
admin123
root@pod-env:/#
```

### 3.6.4 Pod 中容器启动命令配置

通过 command 字段可以设置容器在启动时执行的命令。在容器启动时向/tmp/hello.txt 文件中写入时间，每隔 3 秒写一次，如下所示。

```
apiVersion: v1
kind: Pod
metadata:
  name: pod-command
  namespace: dev
  labels:
    user:redrose2100
spec:
  containers:
  - name:busybox
    image:busybox:1.30
    command: ["/bin/sh","-c","touch /tmp/hello.txt;while true;do /bin/echo $(date +%T) >
> /tmp/hello.txt;sleep 3;done;"]
```

启动 Pod 后，查看此文件，具体如下。可以看到正在不断地向此文件中写入时间，而且是每 3 秒写入一次。

```
[root@master pod]#kubectl apply -f pod_command.yaml
namespace/dev created
pod/pod-command created
[root@master pod]#
[root@master pod]#kubectl get pod -n dev
NAME           READY   STATUS     RESTARTS   AGE
pod-command     1/1    Running        0       6s
[root@master pod]#kubectl exec pod-command -n dev -it -c busybox /bin/sh
kubectl exec [POD] [COMMAND] is DEPRECATED and will be removed in a future version.Use
kubectl exec
    [POD] -- [COMMAND] instead.
/ # tail -n 5 /tmp/hello.txt
15:13:58
15:14:01
15:14:04
15:14:07
15:14:10
/ #
```

### 3.6.5　Pod 中容器的端口配置

通过 ports 字段可以设置容器需要对外开放的端口，以下为开放 80 端口。端口配置中可以配置端口号、端口名称以及端口协议，当然也可以配置多个端口。

```
apiVersion: v1
kind: Pod
metadata:
  name: pod-ports
  namespace: dev
  labels:
    user:redrose2100
spec:
  containers:
  - name:nginx
    image:nginx:1.17.1
    ports:
    - containerPort: 80
      name:nginx-port
      protocol: TCP
```

### 3.6.6　Pod 中容器的配额配置

通过 resources 可以设置容器的配额，其中 limits 字段用于限制运行容器的最大占用资源。当容器占用资源超过 limits 时会被停止，并进行重启。而 requests 字段则表示该容器需要的最小资源，当环境资源无法满足 requests 要求时，容器无法启动或被调度到其他节点。以下代码配置最小资源为 1 个 cpu 和 100MB 内存，限制该容器最大使用 2 个 cpu 和 512MB 内存。

```
apiVersion: v1
kind: Pod
metadata:
  name: pod-resources
  namespace: dev
  labels:
    user:redrose2100
spec:
  containers:
  - name:nginx
    image:nginx:1.17.1
    resources:
      requests:
        cpu: "1"
        memory: "100M"
      limits:
        cpu: "2"
        memory: "512M"
```

这里可以做个实验，将 cpu 下限修改为 10、上限修改为 20，如下所示。然后再次尝试运行代码，因为这里虚拟机的核数是 4，下限修改为 10 后明显不能满足要求。

```
apiVersion: v1
kind: Namespace
metadata:
  name: dev
---
apiVersion: v1
kind: Pod
metadata:
  name: pod-resources
  namespace: dev
  labels:
    user:redrose2100
spec:
  containers:
  - name:nginx
    image:nginx:1.17.1
    resources:
      requests:
        cpu: "10"
        memory: "100M"
      limits:
        cpu: "20"
        memory: "512M"
```

通过如下命令创建 Pod。

```
[root@master pod]#kubectl apply -f pod_resources.yaml
namespace/dev created
pod/pod-resources created
[root@master pod]#
```

然后查看 Pod 的状态以及创建过程，如下所示。此时 Pod 的状态一直显示为 Pending，而创建过程中也明显提示 3 个节点中没有节点能满足这个配额要求。

```
[root@master pod]#kubectl get pod -n dev
NAME           READY   STATUS     RESTARTS   AGE
pod-resources  0/1     Pending    0          17m
[root@master pod]#kubectl describe pod pod-resources -n dev
Name:         pod-resources
Namespace:    dev
Priority:     0
Node:         <none>
Labels:       user=redrose2100
Annotations:  <none>
Status:       Pending
IP:
IPs:          <none>
Containers:
  nginx:
```

```
    Image:  nginx:1.17.1
    Port:       <none>
    Host Port:  <none>
    Limits:
      cpu:    20
      memory:  512M
    Requests:
      cpu:        10
      memory:    100M
    Environment:  <none>
    Mounts:
      /var/run/secrets/kubernetes.io/serviceaccount from kube-api-access-8kvvb (ro)
Conditions:
  Type          Status
  PodScheduled  False
Volumes:
  kube-api-access-8kvvb:
    Type:          Projected (a volume that contains injected data from multiple sources)
    TokenExpirationSeconds:  3607
    ConfigMapName:           kube-root-ca.crt
    ConfigMapOptional:        <nil>
    DownwardAPI:             true
QoS Class:      Burstable
Node-Selectors:              <none>
Tolerations:                 node.kubernetes.io/not-ready:NoExecute op=Exists for 300s
                           node.kubernetes.io/unreachable:NoExecute op=Exists for 300s
Events:
  Type    Reason            Age              From              Message
  ----    ------            ----             ----              -------
  WarningFailedScheduling  38s (x19 over 18m)  default-scheduler  0/3 nodes are available:
    1 node(s) had taint {node-role.kubernetes.io/master: }, that the pod didn't tolerate, 2
    Insufficient cpu.
[root@master pod]#
```

### 3.6.7 Pod 中的容器探针配置

Pod 中的容器探针有两种方式：一种是 livenessProbe，即探测决定容器是否 running，换言之，当使用了 livenessProbe 探测，则需要 livenessProbe 探测部分都正常后，Pod 的状态才是 running；另外一种是 readnessProbe，即探测容器的服务是否已经就绪，也就是当 readnessProbe 都正常后，Pod 才会将外部请求转发给容器。

探针的方式有以下 3 种。

1）exec 命令：即在容器中执行一次命令，如果命令执行的状态码为 0，则认为探针结果正常，否则不正常，如下所示。

```
livenessProbe:
  exec:
    command:
```

```
    - cat
    - /var/lib/redis.conf
```

2）tcpSocket：将会尝试与容器的一个端口建立 tcp 连接，如果能正常建立，则探针正常，否则异常，如下所示。

```
livenessProbe:
  tcpSocket:
    port: 8000
```

3）httpGet：向容器内发送 http 的 Get 请求，如果返回的状态码在 200～399 之间，则认为探针结果正常，否则异常，如下所示。

```
livenessProbe:
  httpGet:
    path: /users
    port: 80
    scheme: HTTP   #或者 HTTPS
```

在实际应用中，当容器中部署服务时，一般 httpGet 的方式使用较多，这里以 httpGet 的方式演示，配置如下。即只有当检测到容器的 80 端口通了，相当于在容器中执行 curl 127.0.0.1:80 的返回码为 200-399 时，Pod 的状态才会显示 running，否则 Pod 的状态将一直显示异常。

```
apiVersion: v1
kind: Namespace
metadata:
  name: dev
---
apiVersion: v1
kind: Pod
metadata:
  name: pod-nginx
  namespace: dev
  labels:
    user:redrose2100
spec:
  containers:
  - name:nginx
    image:nginx:1.17.1
    livenessProbe:
      httpGet:
        scheme: HTTP
        port: 80
        path: /
```

然后通过如下命令创建资源。

```
[root@master pod]#kubectl apply -f pod_liveness_http.yaml
namespace/dev created
pod/pod-nginx created
[root@master pod]#
```

最后通过如下命令查看 Pod 的状态，可以看到这里 80 端口服务是通的。

```
[root@master pod]#kubectl get pod -n dev
NAME        READY   STATUS    RESTARTS   AGE
pod-nginx   1/1     Running   0          90s
```

如果想验证异常的场景，可以将 Pod 的 yaml 配置文件中探针部分的端口修改为除了 80 以外的其他端口。此时 Pod 的状态不会显示 running，执行 kubectl describe pod xxx -n dev 命令可以看到状态异常的原因。这里不再详细演示。

### 3.6.8　Pod 中的初始化容器

Pod 中的初始化容器，即 Pod.spec.initContainers 字段。它运行在主容器启动之前，因此可以用于做一些为主容器服务的初始化操作，比如环境检查等。在如下配置中，启动主容器之前，若我们希望 192.168.1.100 这台服务器能够 ping 通，则可以通过 initContainers 来实现。

```
apiVersion: v1
kind: Namespace
metadata:
  name: dev
---
apiVersion: v1
kind: Pod
metadata:
  name: pod-init-container
  namespace: dev
  labels:
    user:redrose2100
spec:
  containers:
  - name:nginx
    image:nginx:1.17.1
    ports:
    - name:nginx-port
      containerPort: 80
      protocol: TCP
initContainers:
  - name: test-ping
    image:busybox:1.30
    command: ["sh","-c","until ping 192.168.1.100 -c 1 ; do echo 'waiting for ping...'; sleep
2; done;"]
```

我们可以通过 kubectl describe pod pod-init-container -n dev 查看 Pod 的状态。如果 192.168.1.100可以 ping 通，则可以看到很快 Pod 就 running 了；如果不可以 ping 通，则可以看到 Pod 状态一直不是 running，因为只有 initContainers 成功了才会启动主容器。

### 3.6.9　Pod 中的钩子函数

Pod 中的钩子函数主要有 postStart 和 preStop 两个，postStart 在容器创建之后执行，preStop 则在容器销毁之前执行。换言之，钩子函数可以作为容器的初始化操作和环境恢复操作。钩子函数的用法类似于容器的探针，分为 exec 命令、tcpSoccket 和 httpGet 三类。

1）exec 命令：在容器内执行一次命令，如下所示。

```
lifecycle:
  postStart:
    exec:
      command:
      - cat
      - /var/lib/redis.conf
```

2）tcpSocket：在当前容器中尝试访问指定的 socket，如下所示。

```
lifecycle:
  postStart:
    tcpSocket:
      port: 8000
```

3）httpGet：在当前容器中向指定 url 发起 http 请求，如下所示。

```
lifecycle:
  postStart:
    httpGet:
      path: /users
      port: 80
      host: 192.168.2.150
      scheme: HTTP  #或者 HTTPS
```

下面以执行 Linux 命令为例，在启动 nginx 的容器后，向/opt/demo.txt 文件写入 hello world，在 nginx 容器销毁之前，停止 nginx 进程的运行，具体如下。

```
apiVersion: v1
kind: Namespace
metadata:
  name: dev
---
apiVersion: v1
kind: Pod
metadata:
  name:nginx
  namespace: dev
  labels:
    user:redrose2100
spec:
  containers:
  - name:nginx
    image:nginx:1.17.1
    lifecycle:
      postStart:
        exec:
          command: ["/bin/sh","-c","echo 'hello world...' > /opt/demo.txt"]
      preStop:
```

```
      exec:
        command: ["/usr/sbin/nginx","-s","quit"]
```

首先使用如下命令创建 Pod。

```
[root@master pod]#kubectl apply -f pod_hook_command.yaml
namespace/dev created
pod/nginx created
[root@master pod]#
```

然后进入 Pod 中，查看/opt/demo.txt 文件的内容，如下所示。可以看到/opt/demo.txt 文件中已经存在 hello world 字符串了。

```
[root@master pod]#kubectl get pod -n dev
NAME    READY  STATUS    RESTARTS  AGE
nginx   1/1    Running   0         26m
[root@master pod]#
[root@master pod]#kubectl exec nginx -n dev -it -c nginx /bin/sh
kubectl exec [POD] [COMMAND] is DEPRECATED and will be removed in a future version.Use ku-
bectl exec
    [POD] -- [COMMAND] instead.
# cat /opt/demo.txt
hello world...
#
```

可以发现钩子函数按照前面的分析结论执行了，因此在实际应用中可以根据具体业务场景，灵活选择 exec 命令行或者 httpGet 等方式执行钩子函数。

### 3.6.10 Pod 的定向调度方式

在默认情况下，Pod 具体在哪个节点上运行是自动调度的，是由 Scheduler 组件根据一定的算法计算出来的。在实际应用中，有时候需要人工去干预，这就涉及 Pod 的调度方式了。在 Kubernetes 中，除了自动调度外，还有定向调度、亲和性调度、污点和容忍调度。

定向调度是指指定节点名称或者指定节点标签来定向调度。以下是通过 nodeName 字段直接将 Pod 的创建约束到 node2 节点上。

```
apiVersion: v1
kind: Pod
metadata:
  name: pod-nginx
  namespace: dev
spec:
  containers:
  - name:nginx
    image:nginx:1.17.1
  nodeName: node2
```

此外，定向调度还可以通过 nodeSelector 字段约束 Pod 到指定节点标签的节点上创建。这里首先需要对节点进行打标签，标签格式为 key=value。比如现在给 node1 节点打标签，标签为 nodeenv=test，给 node2 节点打标签，标签值为 nodeenv=demo，则执行如下命令即可。

```
kubectl label nodes node1 nodeenv=test
kubectl label nodes node2 nodeenv=demo
```

查看节点标签的命令如下。

```
[root@master resource_manage]#kubectl get node --show-labels
NAME    STATUS  ROLES                  AGE  VERSION  LABELS
master  Ready   control-plane,master   10d  v1.21.2
    beta.kubernetes.io/arch=amd64,beta.kubernetes.io/os=linux,kubernetes.io/arch=
    amd64,kubernetes.io/hostname=master,kubernetes.io/os=linux,node-role.kubernetes.
    io/control-plane=,node-role.kubernetes.io/master=,node.kubernetes.io/exclude-from-
    external-load-balancers=
node1   Ready   <none>         10d  v1.21.2
    beta.kubernetes.io/arch=amd64,beta.kubernetes.io/os=linux,kubernetes.io/arch=
    amd64,kubernetes.io/hostname=node1,kubernetes.io/os=linux,nodeenv=test
node2   Ready   <none>         10d  v1.21.2
    beta.kubernetes.io/arch=amd64,beta.kubernetes.io/os=linux,kubernetes.io/arch=
    amd64,kubernetes.io/hostname=node2,kubernetes.io/os=linux,nodeenv=demo
[root@master resource_manage]#
```

yaml 配置文件是通过 nodeSelector 字段指定 Pod 到 nodeenv=demo 标签的节点上创建的，即节点 node2 上，具体如下。

```
apiVersion: v1
kind: Pod
metadata:
  name: pod-nginx
  namespace: dev
spec:
  containers:
  - name:nginx
    image:nginx:1.17.1
  nodeSelector:
    nodeenv: demo
```

### 3.6.11 Pod 的亲和性调度方式

亲和性（Affinity）调度分为三类，即节点亲和性、Pod 亲和性以及 Pod 反亲和性。

#### 1. 节点亲和性

节点亲和性（nodeAffinity）通俗点说就是 Pod 喜欢到哪些节点上创建，又分为限制性条件（即必须满足哪些条件的节点上创建）和倾向性条件（即优先在哪些节点上创建）。使用的语法格式伪代码如下。

```
requiredDuringSchedulingIgnoredDuringExecution  Node 节点必须满足指定的所有规则才可以，相当
    于硬限制
  nodeSelectorTerms    节点选择列表
    matchFields    按节点字段列出的节点选择器要求列表
```

```
  matchExpressions    按节点标签列出的节点选择器要求列表(推荐)
    key 键
    values 值
    operator 关系符,支持 Exists、DoesNotExist、In、NotIn、Gt、Lt
preferredDuringSchedulingIgnoredDuringExecution 优先调整到满足指定的规则的 Node,相当于软限
制(倾向)
  preference 一个节点选择器,与相应的权重相关联
    matchFields  按节点字段列出的节点选择器要求列表
    matchExpressions    按节点标签列出的节点选择器要求列表(推荐)
      key 键
      values 值
      operator 关系符,支持 In、NotIn、Exists、DoesNotExist、Gt、Lt
  weight 倾向权重,范围 1~100
```

如下配置为限制性亲和性，即必须在有 nodeenv = demo 或者 nodeenv = demo1 标签的节点上创建 Pod。

```
apiVersion: v1
kind: Pod
metadata:
  name: pod-nginx
  namespace: dev
spec:
  containers:
  - name:nginx
    image:nginx:1.17.1
  affinity:
    nodeAffinity:
      requiredDuringSchedulingIgnoredDuringExecution:
        nodeSelectorTerms:
        -matchExpressions:
          - key:nodeenv
            operator: In
            values: ["demo","demo1"]
```

如下则是倾向性节点亲和性，即 Pod 优先在打了 nodeenv = demo2 和 nodeenv = demo1 标签的节点上创建。

```
apiVersion: v1
kind: Pod
metadata:
  name: pod-nginx
  namespace: dev
spec:
  containers:
  - name:nginx
    image:nginx:1.17.1
  affinity:
    nodeAffinity:
      preferredDuringSchedulingIgnoredDuringExecution:
```

```
- weight: 10
  preference:
    matchExpressions:
    - key:nodeenv
      operator: In
      values: ["demo2","demo1"]
```

**2. Pod 亲和性**

Pod 亲和性是指创建多个副本时，Pod 喜欢和哪些 Pod 在相同的节点上部署，也分为限制性和倾向性两类。Pod 亲和性的语法如下。注意这里多了一个 topologyKey 字段。topologyKey 字段用于指定调度的作用域，一般有两个值。当指定为 Kubernetes.io/hostname 时，表示以节点为作用范围，即 Pod 喜欢与哪些 Pod 在同一个节点上创建；当指定为 beta.kubernets.io/os 时，则表示以节点的操作系统类型为调度范围，即 Pod 喜欢与哪些已经存在的 Pod 在同一类操作系统的节点上运行。使用的语法格式伪代码如下。

```
requiredDuringSchedulingIgnoredDuringExecution 硬限制
  namespace  指定参照 pod 的 namespace
  topologyKey    指定调度作用域
  labelSelector  标签选择器
  matchExpressions     按节点标签列出的节点选择器要求列出(推荐)
    key 键
    values 值
    operator 关系符,支持 In,NotIn,Exists,NoesNotExist
  matchLabels  指多个 matchExpressions 映射的内容
preferredDuringSchedulingIgnoredDuringExecution 软限制
  PodAffinityTerm  选项
    namespace
    topologyKey
    labelSelector
      matchExpressions:
        key 键
        values 值
        operator
  matchLabels
```

以下配置要求 Pod 要在已经存在并且打了 podenv=pro 标签的 Pod 在同一个节点上创建。

```
apiVersion: v1
kind: Pod
metadata:
  name: pod-podaffinity-required
  namespace: dev
spec:
  containers:
  - name:nginx
    image:nginx:1.17.1
  affinity:
    podAffinity:
```

```
    requiredDuringSchedulingIgnoredDuringExecution:
    -labelSelector:
      matchExpressions:
      - key:podenv
        operator: In
        values: ["pro"]
      topologyKey: kubernetes.io/hostname
```

**3. Pod 反亲和性**

Pod 反亲和性（podAntiAffinity）就是 Pod 不喜欢与那些已经存在的 Pod 在同一个节点上或同一类操作系统的节点上部署。如下配置要求创建的 Pod 不能与已经存在的并且打了 pod-env=pro 标签的 Pod 在同一个节点上运行。

```
apiVersion: v1
kind: Pod
metadata:
  name: pod-podaffinity-required
  namespace: dev
spec:
  containers:
  - name:nginx
    image:nginx:1.17.1
  affinity:
    podAntiAffinity:
      requiredDuringSchedulingIgnoredDuringExecution:
      -labelSelector:
        matchExpressions:
        - key:podenv
          operator: In
          values: ["pro"]
        topologyKey: kubernetes.io/hostname
```

### 3.6.12　污点与容忍的调度方式

污点和亲和性类似。亲和性都是站在 Pod 的角度，即新建的 Pod 喜欢在哪些节点创建（喜欢跟哪些已经存在 Pod 在一个节点上），不喜欢和哪些已经存在 Pod 在一个节点上。而污点可以理解为站在 Node 节点的角度，即可以设置节点不喜欢哪些 Pod 过来运行。这样就很容易理解了。设置污点的命令语法格式如下。

```
kubectl taint nodes node1 key=value:effect
```

其中的 effect 字段有 3 个可选值，分别是：PreferNoSchedule、NoSchedule 和 NoExecute。其中 PreferNoSchedule 的含义是尽量不要到本节点创建，除非找不到其他节点了；NoSchedule 表示新建的 Pod 不要来本节点创建了，除非之前已经在本节点创建了；NoExecute 则最“绝情”，表示新建的 Pod 不允许来本节点创建，之前在本节点创建的 Pod 也要驱离。

首先通过如下命令为节点 1 设置污点，表示当创建 name=nginx 的 Pod，尽量不要在本节点创建，除非其他节点都不可以创建了。

```
[root@master resource_manage]#kubectl taint nodes node1 name=nginx:PreferNoSchedule
node/node1 tainted
[root@master resource_manage]#
```

然后通过如下命令创建一个 name=nginx 的 Pod。

```
[root@master resource_manage]#kubectl run nginx --image=nginx:1.17.1 --port=80
pod/nginx created
[root@master resource_manage]#
```

接下来通过如下命令查看 Pod 创建的节点，可以发现这里并没有在节点 1 上创建，而是在 node2 上创建了 Pod。

```
[root@master resource_manage]#kubectl get pod -o wide
NAME     READY   STATUS     RESTARTS   AGE   IP              NODE     NOMINATED NODE
READINESS GATES
nginx   1/1     Running  0          7s    10.244.2.48  node2   <none>          <none>
[root@master resource_manage]#
```

删除污点的语法格式如下。

```
kubectl taint nodes node1 key:effect-
```

删除所有污点的语法格式如下。

```
kubectl taint nodes node1 key-
```

删除刚刚设置的污点如下。

```
[root@master resource_manage]#kubectl taint nodes node1 name:PreferNoSchedule-
node/node1 untainted
[root@master resource_manage]#
```

至此，可以解释在使用 Kubernetes 的时候，为什么创建的 Pod 都没有在 master 节点上。下面通过执行 kubectl describe nodes master 命令查看 master 节点的污点，从命令执行结果中可以看到有如下一行内容，master 节点默认设置了 NoSchedule 污点，即创建 Pod 的时候默认不会往 master 节点调度。

```
Taints:             node-role.kubernetes.io/master:NoSchedule
```

污点是从 Node 节点的角度来设置的，即节点不喜欢 Pod 过来创建，而容忍（Tolerations）从 Pod 的角度指定。这就好比人一样，节点不喜欢某一些 Pod，正常来说这些 Pod 再去不喜欢自己的节点上创建就很无趣了。但是 Pod 也可以选择容忍，即可以忽略某些 node 的不喜欢（污点）。下面就通过一个实例来演示容忍的用法。

1）给 node1 设置污点（为了演示效果，可以先保持只有 node1 一个节点在线，将其他节点关闭），此时 node1 设置了 NoSchedule 污点，即 node1 节点不喜欢 name=nginx 的 Pod，相当于告诉 name=nginx 的 Pod 不要来 node1 创建。

```
[root@master resource_manage]#kubectl taint nodes node1 name=nginx:NoSchedule
node/node1 tainted
[root@master resource_manage]#
```

2）以下创建 Pod 的配置文件则指定了容忍，即设置了 name=nginx 污点的节点能容忍它们的不喜欢。

```
apiVersion: v1
kind: Namespace
metadata:
  name: dev
---
apiVersion: v1
kind: Pod
metadata:
  name:nginx-pod
  namespace: dev
spec:
  containers:
  - name:nginx
    image:nginx:1.17.1
  tolerations:
  - key: "name"
    operator: "Equal"
    value: "nginx"
    effect: "NoSchedule"
```

3）执行如下命令创建。

```
[root@master resource_manage]#kubectl apply -f pod_toleration.yaml
namespace/dev created
pod/nginx-pod created
[root@master resource_manage]#
```

4）查看 Pod 信息，我们发现此时仍然可以调度到 node1 节点上。

```
[root@master resource_manage]#kubectl get pod -n dev -o wide
NAME      READY  STATUS     RESTARTS  AGE  IP          NODE    NOMINATED NODE  READINESS GATES
nginx-pod  1/1   Running  0           13s  10.244.2.49  node1  <none>          <none>
[root@master resource_manage]#
```

以上就是污点和容忍的调度方式。

## 3.7 Pod 控制器

Pod 控制器是 Kubernetes 非常重要的一个部分，尤其是当下比较火热的金丝雀发布、灰度发布、滚动升级与回退等部署方式，都与控制器有关。本节将对控制器的应用展开介绍。

### 3.7.1 Pod 控制器简介

在 Kubernetes 中创建 Pod 有两种方式，一种就是上一节介绍的直接创建 Pod，这种方式如果 Pod 被删除就彻底不存在了，也不会有重建等过程；另外一种方式就是接下来介绍的通过 Pod 控制器创建 Pod，这种方式在 Pod 被删除后可以自动重新创建。在实际应用中，我们很少直接创建 Pod，多数情况下是通过 Pod 控制器创建 Pod 的，因为 Kubernetes 提供了若干类具有不同特色的 Pod 控制器。在不同的应用场景下，可以选择不同类型的 Pod 控制器。Pod 控制器类型主要有以下几种。

#### 1. ReplicaSet 控制器

ReplicaSet 控制器可以保证指定数量的 Pod 运行，并支持 Pod 数量的变更、镜像版本的变更等。

#### 2. Deployment 控制器

Deployment 控制器通过控制 ReplicaSet 来控制 Pod，并支持滚动升级、版本回退等。

#### 3. Horizontal Pod Autoscaler 控制器

Horizontal Pod Autoscaler 控制器可以根据集群负载自动调整 Pod 的数量，实现真正全自动动态的扩缩容。

#### 4. DaemonSet 控制器

DaemonSet 控制器在集群指定的每个节点上都运行一个副本，一般可应用于守护进程类的任务。

#### 5. Job 控制器

Job 控制器创建的 Pod 只要完成任务就立即退出，用于执行一次性任务。

#### 6. CronJob 控制器

CronJob 控制器创建的 Pod 可以周期性执行，主要用于执行定时或者周期性任务。

#### 7. StatefulSet 控制器

StatefulSet 控制器主要用于管理有状态的应用程序，通常用于部署数据库、缓存、消息队列等有状态应用程序的场景。

### 3.7.2 ReplicaSet 控制器

在以下的 ReplicaSet 控制器的 yaml 配置文件中，kind 字段的值为 ReplicaSet，metadata 字段和 Pod 资源类似，指明 ReplicaSet 控制器的名字和所属的命名空间，spec 字段定义的是 ReplicaSet 控制的内容，spec.replicas 字段指明当前控制器要创建几个 Pod，这里是 3 个，selector字段则是用于指明哪些 Pod 是归属于当前控制器管理的，通过匹配标签的方式，template 字段的内容就很熟悉了，它实质上就是 Pod 资源配置的内容。这里 metadata 中只需要指明标签即可，此处设置的标签就是为了给上面 ReplicaSet 控制器中的 selector 字段匹配用的，而 template 中的 spec 字段则和 Pod 资源配置中的 spec 字段完全一样。当然，本实例只展示了使用最基本的 name 和 image 字段。

```
apiVersion: v1
kind: Namespace
metadata:
  name: dev
```

```
---
apiVersion: apps/v1
kind:ReplicaSet
metadata:
  name: pc-replicaset
  namespace: dev
spec:
  replicas: 3
  selector:
    matchLabels:
      app:nginx-pod
  template:
    metadata:
      labels:
        app:nginx-pod
    spec:
      containers:
      - name:nginx
        image:nginx:1.17.1
```

然后执行如下命令，即可创建 ReplicaSet 控制器以及包含的 Pod 资源。

```
[root@master pod_controller]#kubectl apply -f replicaset.yaml
namespace/dev created
replicaset.apps/pc-replicaset created
[root@master pod_controller]#
```

通过如下命令可以查看 ReplicaSet 控制器和其中的 Pod，这里 rs 是 replicaset 的简写。首先显示的是 Replicaset 的信息，然后列举了 3 个 Pod 信息，它们分布在不同的节点。也就是说，此时只执行了一条命令就创建了 3 个 Pod，这就是 Pod 控制器的作用，可以非常方便地管理 Pod。

```
[root@master pod_controller]#kubectl get rs,pod -n dev -o wide
NAME          DESIRED  CURRENT  READY  AGE    CONTAINERS  IMAGES
SELECTOR
replicaset.apps/pc-replicaset  3    3    3  2m57s  nginx    nginx:1.17.1  app=nginx-pod
NAME          READY    STATUS      RESTARTS   AGE      IP          NODE      NOMINATED NODE
READINESS GATES
pod/pc-replicaset-74djl  1/1  Running  0    2m57s  10.244.2.50  node2  <none>    <none>
pod/pc-replicaset-m5tmz  1/1  Running  0    2m57s  10.244.1.23  node1  <none>    <none>
pod/pc-replicaset-wlvcm  1/1  Running  0    2m57s  10.244.1.24  node1  <none>    <none>
[root@master pod_controller]#
```

ReplicaSet 控制器也可以实现扩缩容，而且扩缩容方式非常简单。例如，我们只需要将 yaml 配置文件中 replicas 字段的值修改即可，比如这里扩容到 6 个 Pod，具体如下。

```
apiVersion: v1
kind: Namespace
metadata:
```

```
  name: dev
---
apiVersion: apps/v1
kind:ReplicaSet
metadata:
  name: pc-replicaset
  namespace: dev
spec:
  replicas: 6
  selector:
    matchLabels:
      app:nginx-pod
  template:
    metadata:
      labels:
        app:nginx-pod
    spec:
      containers:
      - name:nginx
        image:nginx:1.17.1
```

然后执行如下命令即可。

```
[root@master pod_controller]#kubectl apply -f replicaset.yaml
namespace/dev unchanged
replicaset.apps/pc-replicaset configured
[root@master pod_controller]#
```

再次查看 ReplicaSet 和 Pod，可以发现此时已经存在 6 个 Pod 了，具体如下。

```
[root@master pod_controller]#kubectl get rs,pod -n dev
NAME                            DESIRED   CURRENT   READY   AGE
replicaset.apps/pc-replicaset   6         6         6       8m43s
NAME                         READY   STATUS    RESTARTS    AGE
pod/pc-replicaset-2bcwc      1/1     Running   0           39s
pod/pc-replicaset-74djl      1/1     Running   0           8m43s
pod/pc-replicaset-7744x      1/1     Running   0           39s
pod/pc-replicaset-7rqz2      1/1     Running   0           39s
pod/pc-replicaset-m5tmz      1/1     Running   0           8m43s
pod/pc-replicaset-wlvcm      1/1     Running   0           8m43s
[root@master pod_controller]#
```

假如业务量收缩需要缩容，同样只需要将此处的数值改小即可。此外，在实际研发过程中，通过 Pod 控制器升级应用也是非常简单的，我们只需要将 yaml 配置文件中的镜像的 tag 值修改要升级的 tag，然后执行 kubectl apply -f xxx.yaml 命令即可。

### 3.7.3 Deployment 控制器

Deployment 控制器并不直接管理 Pod，而是管理 ReplicaSet 控制器，因此 Deployment 控制器功能比 ReplicaSet 更强大。基本使用的时候，Deployment 控制器的配置文件和 ReplicaSet

控制器几乎一样，如下所示。这里 kind 指定为 Deployment，其他配置和 ReplicaSet 控制器几乎一致。这里就不再详细展开了。

```
apiVersion: v1
kind: Namespace
metadata:
  name: dev
---
apiVersion: apps/v1
kind: Deployment
metadata:
  name: pc-deployment
  namespace: dev
spec:
  replicas: 3
  selector:
    matchLabels:
      app:nginx-pod
  template:
    metadata:
      labels:
        app:nginx-pod
    spec:
      containers:
      - name:nginx
        image:nginx:1.17.1
```

在实际应用中，一般很少直接使用 ReplicaSet 控制器，大多数情况下是使用 Deployment 控制器。同样 Deployment 控制器的扩容缩容和升降级的方法和原理与 ReplicaSet 控制器也是完全一样的，当然 Deployment 还提供了更加高级的应用，这将在后续小节中详细展开介绍。

### 3.7.4　Deployment 控制器实现滚动发布

滚动发布，实质就是在业务无中断升级。以前，比如直接在 Linux 服务器上部署应用时，如果想实现业务无中断升级几乎是不可能做到的，因为要想升级必然要服务停止，然后升级安装包后再启动新的服务。现在，在 Kubernetes 中借助 Deployment 控制器，实现业务无中断升级是件很容易的事。

下面直接用实例进行演示。在如下配置文件中，主要是将 strategy 字段中的 type 字段设置为 RollingUpdate 类型。此外，通过 maxUnavailable 字段和 maxSurge 字段，可以设置每次升级的比例，这两个字段默认值为 25%。设置 maxUnavailable 的值为 25%，表示一次最大让 25%的 Pod 不可用，换言之就是每次升级比例为 25%；设置 maxSurge 为 25%，表示每次升级过程中最大可以升级 25%的 Pod。这么看来，这两个字段的作用是差不多的。这里还需要滚动升级的过程，比如共有 4 个 Pod，那么 Deployment 首先创建 1 个 Pod，当新创建的 Pod 的状态为 running 后，开始停止一个 Pod。然后再创建一个 Pod，当 Pod 的状态为 running 后，同样再停止一个 Pod，以此类推。这样一来就保证了在整个升级过程中，一直有 75%的 Pod 是正常的，这也从一定意义上实现了业务中断升级，即滚动发布。

```
apiVersion: v1
kind: Namespace
metadata:
  name: dev
---
apiVersion: apps/v1
kind: Deployment
metadata:
  name: pc-deployment
  namespace: dev
spec:
  replicas: 3
  strategy:
    type:RollingUpdate
  rollingUpdate:
    maxUnavailable: 25%
    maxSurge: 25%
  selector:
    matchLabels:
      app:nginx-pod
  template:
    metadata:
      labels:
        app:nginx-pod
    spec:
      containers:
      - name:nginx
        image:nginx:1.17.1
```

我们可以执行以下命令开始创建。

```
[root@master pod_controller]#kubectl apply -f pc_deployment.yaml
namespace/dev created
deployment.apps/pc-deployment created
[root@master pod_controller]#
```

此时已经有 3 个 Pod 正常运行了，为了演示滚动发布过程，这里修改镜像的 tag 值（即升级过程），然后再执行如下命令，开始了滚动发布过程。

```
kubectl apply -f pc_deployment.yaml
```

我们可以通过如下命令检测 Pod 的创建和销毁过程。即先创建一个 pod，然后停一个 pod；接着创建一个 pod，然后停一个 pod；再创建一个 pod，再停一个 pod。

```
[root@master ~]#kubectl get pod -n dev -w
NAME                            READY   STATUS    RESTARTS   AGE
pc-deployment-5d9c9b97bb-pqm9j  1/1     Running   0          59s
pc-deployment-5d9c9b97bb-ql5ps  1/1     Running   0          60s
pc-deployment-5d9c9b97bb-w49wz  1/1     Running   0          61s
pc-deployment-76fd8c7f84-w4pw7  0/1     Pending   0          0s
pc-deployment-76fd8c7f84-w4pw7  0/1     Pending   0          0s
```

```
pc-deployment-76fd8c7f84-w4pw7  0/1   ContainerCreating  0        0s
pc-deployment-76fd8c7f84-w4pw7  1/1   Running            0        1s
pc-deployment-5d9c9b97bb-pqm9j  1/1   Terminating        0        67s
pc-deployment-76fd8c7f84-kmrb7  0/1   Pending            0        0s
pc-deployment-76fd8c7f84-kmrb7  0/1   Pending            0        0s
pc-deployment-76fd8c7f84-kmrb7  0/1   ContainerCreating  0        0s
pc-deployment-5d9c9b97bb-pqm9j  0/1   Terminating        0        67s
pc-deployment-5d9c9b97bb-pqm9j  0/1   Terminating        0        68s
pc-deployment-5d9c9b97bb-pqm9j  0/1   Terminating        0        68s
pc-deployment-76fd8c7f84-kmrb7  1/1   Running            0        1s
pc-deployment-5d9c9b97bb-ql5ps  1/1   Terminating        0        69s
pc-deployment-76fd8c7f84-h4d87  0/1   Pending            0        0s
pc-deployment-76fd8c7f84-h4d87  0/1   Pending            0        0s
pc-deployment-76fd8c7f84-h4d87  0/1   ContainerCreating  0        0s
pc-deployment-5d9c9b97bb-ql5ps  0/1   Terminating        0        70s
pc-deployment-76fd8c7f84-h4d87  1/1   Running            0        1s
pc-deployment-5d9c9b97bb-w49wz  1/1   Terminating        0        71s
pc-deployment-5d9c9b97bb-ql5ps  0/1   Terminating        0        71s
pc-deployment-5d9c9b97bb-ql5ps  0/1   Terminating        0        71s
pc-deployment-5d9c9b97bb-w49wz  0/1   Terminating        0        72s
pc-deployment-5d9c9b97bb-w49wz  0/1   Terminating        0        84s
pc-deployment-5d9c9b97bb-w49wz  0/1   Terminating        0        84s
```

### 3.7.5 Deployment 控制器实现版本回退

版本回退一般应用在版本升级后发现有重大 Bug，而解决此 Bug 需要一定的时间，但是线上环境又不允许此 Bug 的存在，此时就需要直接回退到上个版本。当然也存在发现 Bug 后紧急又升了一个版本，或者连续升了几个版本后发现 Bug 还是未解决的情况。此时就需要回退到上上个版本，或者往前回退到第 n 个版本。借助 Deployment 控制器，可以很容易实现版本回退，下面通过一个实例演示如何进行版本回退。

1）准备一个 yaml 配置文件，如下所示。

```
apiVersion: v1
kind: Namespace
metadata:
  name: dev
---
apiVersion: apps/v1
kind: Deployment
metadata:
  name: pc-deployment
  namespace: dev
spec:
  replicas: 3
  strategy:
    type:RollingUpdate
    rollingUpdate:
      maxUnavailable: 25%
```

```
      maxSurge: 25%
  selector:
    matchLabels:
      app:nginx-pod
  template:
    metadata:
      labels:
        app:nginx-pod
    spec:
      containers:
      - name:nginx
        image:nginx:1.17.1
```

2）执行如下命令部署应用。注意，这里的 --record 参数用于记录创建记录信息。

```
kubectl apply -f pc_deployment.yaml --record=true
```

3）编辑 yaml 配置文件，将 nginx 镜像的 tag 值依次修改为 1.17.2、1.17.3、1.17.4，每次修改后都执行一次上述命令。然后执行如下命令，可以看到每次的升级记录，这里有 4 次升级记录。

```
[root@master pod_controller]#kubectl rollout history deployment pc-deployment -n dev
deployment.apps/pc-deployment
REVISION  CHANGE-CAUSE
1     kubectl apply --filename=pc_deployment.yaml --record=true
2     kubectl apply --filename=pc_deployment.yaml --record=true
3     kubectl apply --filename=pc_deployment.yaml --record=true
4     kubectl apply --filename=pc_deployment.yaml --record=true
[root@master pod_controller]#
```

4）若想将应用回退到上一个版本，则只需执行如下命令即可。

```
[root@master pod_controller]#kubectl rollout undo deployment pc-deployment -n dev
deployment.apps/pc-deployment rolled back
[root@master pod_controller]#
```

5）再次查看升级记录，具体如下。可以看到序号 3 的记录没有了，多出来了一个序号 5 的记录，其实序号 5 的版本就是之前序号 3 的版本。因为此次版本回退是从 4 回退到 3，只不过为了更好地记录版本顺序，这里显示 5，而 3 消失了。

```
[root@master pod_controller]#kubectl rollout history deployment pc-deployment -n dev
deployment.apps/pc-deployment
REVISION  CHANGE-CAUSE
1     kubectl apply --filename=pc_deployment.yaml --record=true
2     kubectl apply --filename=pc_deployment.yaml --record=true
4     kubectl apply --filename=pc_deployment.yaml --record=true
5     kubectl apply --filename=pc_deployment.yaml --record=true
[root@master pod_controller]#
```

6）倘若希望将版本回退到序号 1 的版本上，则只需要执行如下命令即可。

```
[root@master pod_controller]#kubectl rollout undo deployment pc-deployment --to-revision=
1 -n dev
```

```
deployment.apps/pc-deployment rolled back
[root@master pod_controller]#
```

7）再次查看版本升级记录，可以发现此时序号 1 的记录没有了，多出了序号 6。同理，这里的 6 其实就是 1 的版本。

```
[root@master pod_controller]#kubectl rollout history deployment pc-deployment -n dev
deployment.apps/pc-deployment
REVISION  CHANGE-CAUSE
2     kubectl apply --filename=pc_deployment.yaml --record=true
4     kubectl apply --filename=pc_deployment.yaml --record=true
5     kubectl apply --filename=pc_deployment.yaml --record=true
6     kubectl apply --filename=pc_deployment.yaml --record=true
[root@master pod_controller]#
```

至此可以看出，通过 Deployment 控制器可以很容易将版本回退。需要注意的是，在部署的时候要多使用一个--record 参数。

### 3.7.6 Deployment 控制器实现金丝雀发布

首先，我们了解一下什么是金丝雀发布。金丝雀发布又名灰度发布，起源于 17 世纪。当时英国矿井工人发现，金丝雀对瓦斯气体十分敏感。空气中哪怕有极其微量的瓦斯，金丝雀也会停止歌唱；而当瓦斯含量超过一定限度时，虽然人类毫无察觉，金丝雀却早已毒发身亡。当时在采矿设备相对简陋的条件下，矿井工人每次下井都会带上一只金丝雀作为“瓦斯检测指标”，以便在危险状况下紧急撤离。

在金丝雀发布开始后，先启动一个新版本应用，但是并不直接将用户流量切换过来，而是让测试人员对新版本进行线上测试，启动的这个新版本应用，就是我们的“金丝雀”。如果没有问题，就可以将少量的用户流量导入到新版本上，然后再观察新版本的运行状态，收集各种运行的数据。此时可以对新旧版本做各种数据对比，就是所谓的 A/B 测试。当确认新版本运行良好后，再逐步将更多的流量导入到新版本上。在此期间，还可以不断地调整新旧两个版本运行的服务器副本数量，以使得新版本能够承受越来越大的流量压力。直到将 100%的流量切换到新版本上。最后关闭剩下的老版本服务，完成金丝雀发布。如果在金丝雀发布过程中（灰度期）发现了新版本有问题，就应该立即将流量切回老版本上，这样就会将负面影响控制在最小范围内。

接下来通过一个实例演示如何实现金丝雀发布。

1）准备一个 yaml 配置文件，如下所示。

```
apiVersion: v1
kind: Namespace
metadata:
  name: dev
---
apiVersion: apps/v1
kind: Deployment
metadata:
  name: pc-deployment
```

```
  namespace: dev
spec:
  replicas: 3
  strategy:
    type:RollingUpdate
    rollingUpdate:
    maxUnavailable: 25%
    maxSurge: 25%
  selector:
    matchLabels:
      app:nginx-pod
  template:
    metadata:
      labels:
        app:nginx-pod
    spec:
      containers:
      - name:nginx
        image:nginx:1.17.1
```

2）执行如下命令创建资源。

```
[root@master pod_controller]#kubectl apply -f pc_deployment.yaml
namespace/dev configured
deployment.apps/pc-deployment configured
[root@master pod_controller]#
```

3）此时，若采用金丝雀发布将 nginx 从 1.17.1 升级到 1.17.3，只需要执行如下命令即可。

```
[root@master pod_controller]#kubectl set image deployment pc-deployment nginx=nginx:
  1.17.3 -n dev && kubectl rollout pause deployment pc-deployment -n dev
deployment.apps/pc-deployment image updated
deployment.apps/pc-deployment paused
[root@master pod_controller]#
```

金丝雀发布的原理就是利用 Deployment 控制器升级过程中可以暂停的机制。在升级的时候，首先创建升级版本后的 Pod。当创建的 Pod 的状态为 running 后，如果不做任何干预，Deployment 控制器会停止老版本的 Pod。而此时通过执行命令将停止的老版本 Pod 的过程也停止，即创建了新版本的 Pod，而未销毁老版本的 Pod。这样一来，就实现了将一部分流量分配到新版本的 Pod 上。此时相当于老版本和新版本的服务共存，在这种场景下进行新版本的在线测试。

4）此时，Pod 的状态如下，可见有 4 个 Pod 在 running。

```
[root@master pod_controller]#kubectl get deploy,rs,pod -n dev
NAME                              READY   UP-TO-DATE   AVAILABLE   AGE
deployment.apps/pc-deployment           4/3          1           4        6m8s
NAME                                    DESIRED   CURRENT   READY    AGE
replicaset.apps/pc-deployment-5d9c9b97bb   3         3         3        6m8s
replicaset.apps/pc-deployment-76fd8c7f84   1         1         1        17s
```

```
NAME                                  READY   STATUS    RESTARTS    AGE
pod/pc-deployment-5d9c9b97bb-brkjg     1/1    Running      0        6m8s
pod/pc-deployment-5d9c9b97bb-kplcw     1/1    Running      0        6m8s
pod/pc-deployment-5d9c9b97bb-wwvqp     1/1    Running      0        6m8s
pod/pc-deployment-76fd8c7f84-sxcfg     1/1    Running      0        17s
[root@master pod_controller]#
```

5）在新版本和老版本服务共存的情况下，通过在线测试发现新版本没有问题，即可以继续升级，即继续执行如下命令。

```
[root@master pod_controller]#kubectl rollout resume deployment pc-deployment -n dev
deployment.apps/pc-deployment resumed
[root@master pod_controller]#
```

6）待命令执行完成，就完成了整个新版本的上线发布。再次查看 Pod 等的状态，可以发现此时所有的 Pod 均为新版本的镜像。

```
[root@master pod_controller]#kubectl get deploy,rs,pod -n dev
NAME                            READY  UP-TO-DATE  AVAILABLE    AGE
deployment.apps/pc-deployment    3/3    3            3          8m17s
NAME                                       DESIRED  CURRENT  READY      AGE
replicaset.apps/pc-deployment-5d9c9b97bb    0        0        0         8m17s
replicaset.apps/pc-deployment-76fd8c7f84    3        3        3         2m26s
NAME                                READY    STATUS    RESTARTS      AGE
pod/pc-deployment-76fd8c7f84-fl2rc   1/1     Running      0          14s
pod/pc-deployment-76fd8c7f84-sxcfg   1/1     Running      0          2m26s
pod/pc-deployment-76fd8c7f84-v8f2p   1/1     Running      0          13s
[root@master pod_controller]#
```

通过上述金丝雀发布过程的演示，我们可以发现金丝雀发布本质上就是在 Deployment 控制的升级过程中，当新版本的 Pod 创建完成后暂停，然后对新版本进行在线测试。待测试完成后再将 Deployment 控制器的升级过程继续，最后完成整个服务的升级上线。

### 3.7.7　HPA 控制器实现全自动动态扩缩容

HPA 全称为 Horizontal Pod Autoscaler，该控制器用以获取 Pod 利用率，然后和 HPA 中定义的指标进行对比，同时计算出需要伸缩的具体值，实现 Pod 数量的调整。HPA 控制器与之前的 Deployment 一样，也属于一种 Kubernetes 对象，它通过追踪分析目标 Pod 的负载变化情况，来确定是否需要针对性地调整目标 Pod 的副本数。

#### 1. 安装 metric-server

HPA 控制器在使用之前，需要安装 metric-server。

1）执行如下命令，下载 metric-server。

```
git clone -b v0.3.6 https://github.com/kubernetes-incubator/metrics-server
```

2）修改配置文件，如下所示。

```
cd metrics-server/deploy/1.8+/
vi metrics-server-deployment.yaml
```

3）在配置文件中，修改如下内容。

```
hostNetwork: true
image: registry.cn-hangzhou.aliyuncs.com/google_containers/metrics-server-amd64:v0.3.6
- --kubelet-insecure-tls
- --kubelet-preferred-address-types = InternalIP, Hostname, InternalNDS, ExternalDNS, Exter-
nalIP
```

具体修改位置如图 3-9 所示。

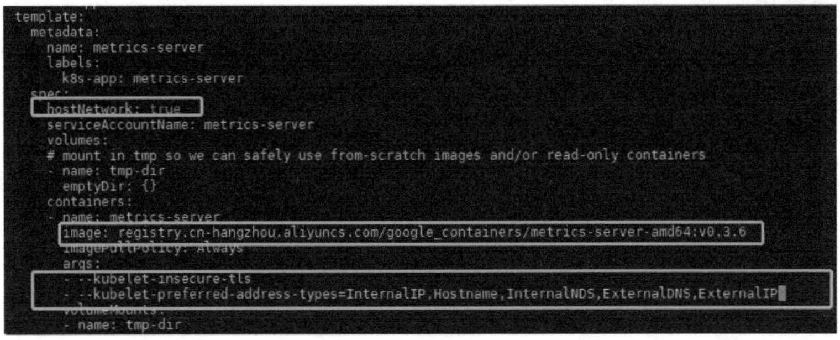

```
template:
  metadata:
    name: metrics-server
    labels:
      k8s-app: metrics-server
  spec:
    hostNetwork: true
    serviceAccountName: metrics-server
    volumes:
    # mount in tmp so we can safely use from-scratch images and/or read-only containers
    - name: tmp-dir
      emptyDir: {}
    containers:
    - name: metrics-server
      image: registry.cn-hangzhou.aliyuncs.com/google_containers/metrics-server-amd64:v0.3.6
      imagePullPolicy: Always
      args:
      - --kubelet-insecure-tls
      - --kubelet-preferred-address-types=InternalIP,Hostname,InternalNDS,ExternalDNS,ExternalIP
      volumeMounts:
      - name: tmp-dir
```

图 3-9　配置文件具体修改位置

4）执行如下命令部署 metric-server。

```
kubectl apply -f ./
```

5）查看 metric 状态，已经部署成功了，具体如下。

```
[root@master 1.8+]#kubectl get pod -n kube-system
NAME                                READY   STATUS    RESTARTS   AGE
coredns-558bd4d5db-7vbmq            1/1     Running   0          12d
coredns-558bd4d5db-sps22            1/1     Running   0          12d
etcd-master                         1/1     Running   0          12d
kube-apiserver-master               1/1     Running   0          12d
kube-controller-manager-master      1/1     Running   0          12d
kube-flannel-ds-cd9qk               1/1     Running   0          12d
kube-flannel-ds-gg4jq               1/1     Running   0          12d
kube-flannel-ds-n76xj               1/1     Running   0          12d
kube-proxy-g4j5g                    1/1     Running   0          12d
kube-proxy-h27ms                    1/1     Running   0          12d
kube-proxy-tqzjl                    1/1     Running   0          12d
kube-scheduler-master               1/1     Running   0          12d
metrics-server-669dfc56ff-v6drv     1/1     Running   0          56s
[root@master 1.8+]#
```

### 2. HPA 控制器实现自动动态扩缩容

下面通过一个实例，演示 HPA 控制器是如何自动进行动态扩缩容的。

1）编写如下配置文件。其中的 Service 资源在后续小节详细展开，这里只需要知道外界是通过 30030 端口访问这里的 Nginx 服务即可。下面重点解释一下 HPA 的配置。HPA 配置中 minReplicas 和 maxReplicas 参数分别设置副本的最小数量和最大数量。targetCPUUtilizationPercentage 字段则用于设置扩容的标准，这里设置的 1%表示 CPU 使用率超过 1%则进行扩容。当然这里仅仅是为了测试演示用，在实际应用中，这个参数可以设置为 80%或者 90%等。scaleTargetRef 字段则用于指定具体的 Deployment 进行扩缩容。

```
apiVersion: v1
kind: Namespace
metadata:
  name: dev
---
apiVersion: apps/v1
kind: Deployment
metadata:
  name: deploy-nginx
  namespace: dev
spec:
  replicas: 1
  selector:
    matchLabels:
      run:nginx
  template:
    metadata:
      labels:
        run:nginx
    spec:
      containers:
      - name:nginx
        image:nginx:1.17.1
        ports:
        - containerPort: 80
          protocol: TCP
---
apiVersion: v1
kind: Service
metadata:
  name: service-nginx
  namespace: dev
spec:
  ports:
  - port: 80
    protocol: TCP
    targetPort: 80
    nodePort: 30030
  selector:
    run:nginx
  type:NodePort
---
apiVersion: autoscaling/v1
kind: HorizontalPodAutoscaler
```

```
metadata:
  name: pc-hpa
  namespace: dev
spec:
  minReplicas: 1
  maxReplicas: 10
  targetCPUUtilizationPercentage: 1
  scaleTargetRef:
    apiVersion: apps/v1
    kind: Deployment
    name: deploy-nginx
```

2）执行 kubectl apply -f pc_hpa.yaml 命令进行部署。然后新打开一个窗口，执行如下命令，对 Deployment 的状态进行实时观测。

```
kubectl get deploy -n dev -w
```

3）要实现扩容，需要对服务进行大量请求。这里编写了一个 shell 脚本，对部署的 Nginx 服务进行大量请求，具体如下。这里 192.168.2.150 为 K8s 集群的 master 节点的 ip，30030 端口则是上面配置文件 Service 中设置部署的 Nginx 对外提供访问的端口。

```
#! /bin/bash
for((i=1;i<1000000;i++));
do
curl http://192.168.2.150:30030;
done
```

4）执行测试 shell 脚本后，Deployment 的变化如下。当访问量增加时，HPA 就可以动态扩容；同理，当访问量变小时，HPA 又可以动态的缩容。

```
[root@master ~]#kubectl get deploy -n dev -w
NAME          READY   UP-TO-DATE   AVAILABLE   AGE
deploy-nginx  1/1     1            1           82m
deploy-nginx  1/3     1            1           84m
deploy-nginx  1/3     1            1           84m
deploy-nginx  1/3     1            1           84m
deploy-nginx  1/3     3            1           84m
deploy-nginx  2/3     3            2           84m
deploy-nginx  3/3     3            3           84m
```

以上就是 HPA 控制器实现的自动动态扩缩容。

### 3.7.8 DaemonSet 控制器

DaemonSet 控制器一个非常典型的特点就是可以保证每个节点运行一个 Pod，这个特点非常适合应用于日志采集或者节点监控等场景。

这里仍然以 Nginx 为例演示，编写配置 yaml 文件如下所示。可以看出 DaemonSet 控制器的配置与 Deployment 控制器的配置是差不多的，只是 kind 类型为 DaemonSet。

```
apiVersion: v1
kind: Namespace
```

```
metadata:
  name: dev
---
apiVersion: apps/v1
kind:DaemonSet
metadata:
  name: pc-daemonset
  namespace: dev
spec:
  selector:
    matchLabels:
      app:nginx-pod
  template:
    metadata:
      labels:
        app:nginx-pod
    spec:
      containers:
      - name:nginx
        image:nginx:1.17.
```

部署同样是使用 kubectl apply 命令，如下所示。

```
kubectl apply -f pod_daemonset.yaml
```

此时查看 Pod，可以看到除了 master 节点，其他每个节点部署了一个 Pod，如下所示。

```
[root@master pod_controller]#kubectl get pod -n dev -o wide
NAME    READY  STATUS    RESTARTS  AGE    IP       NODE    NOMINATED NODE
    READINESS GATES
pc-daemonset-4rlpt  1/1  Running  0    113s  10.244.1.71  node1  <none>    <none>
pc-daemonset-9px7p  1/1  Running  0    113s  10.244.2.87  node2  <none>    <none>
[root@master pod_controller]#
```

在实际应用中，需要根据具体业务选择合适的 Pod 控制器类型。比如希望在每个节点上都进行的操作，或者采集日志或者监控 CPU、内存等资源的使用率等，使用 DaemonSet 控制器就是最佳选择。

### 3.7.9 Job 和 CronJob 控制器

Job 和 CronJob 都是用于执行任务的控制器，Job 是用于执行一次任务的控制器，而 CronJob 则是用于执行定时任务的控制器。很明显，CronJob 比 Job 要更加常用一些。前面介绍的 ReplicaSet、Deployment 和 DaemonSet 控制器都是用于部署应用的，而 Job 和 CronJob 很明显不是用于部署应用的，而是用于类似执行脚本的，即脚本执行完成任务完成。

在 Job 控制器的配置文件中，completions 参数用于指定 Job 需要成功运行 Pod 的数量，parallelism 参数用于设置并发运行的数量，backoffLimit 参数则可以设置 Pod 失败后重新运行的次数。以下为 Job 控制配置文件的一个示例，这个示例中设置了需要成功运行 6 个 Pod 此任务才算成功，设置了并发运行 Pod 的数量为 3。同样，容器中也并不是启动一个应用，而是执行了一段 shell 脚本。

```
apiVersion: batch/v1
kind: Job
metadata:
  name: pc-job
  namespace: dev
spec:
  manualSelector: true
  completions: 6
  parallelism: 3
  selector:
    matchLabels:
    app: counter-pod
  template:
    metadata:
      labels:
        app: counter-pod
    spec:
      restartPolicy: Never
      containers:
      - name: counter
        image:busybox:1.30
        command: ["/bin/sh","-c","for i in 9 8 7 6 5 4 3 2 1;  do echo $i;sleep 3;done"]
```

CronJob 是在 Job 的基础之上的。在 CronJob 的配置文件中，jobTemplate 字段的内容基本上就是 Job 控制器配置文件的内容。在此基础之上，CronJob 还提供了 schedule 字段用于设置定时执行时间，concurrencyPolicy 并发执行策略，startingDeadlineSeconds 用于设置任务启动失败后的超时时间。如下为一个 Crontab 实例，这里通过 schedule 字段定义了定时执行策略。jobTemplate 字段中完全是 Job 中的配置。

```
apiVersion: batch/v1beta1
kind:CronJob
metadata:
  name:cronjob
  namespace:  dev
  labels:
    controller:cronjob
spec:
  schedule:  "* /1 * * * * "
  jobTemplate:
    metadata:
    spec:
      template:
        spec:
          restartPolicy: Never
          containers:
          - name: counter
            image:busybox:1.30
            command: ["/bin/sh","-c","for i in 9 8 7 6 5 4 3 2 1;  do echo $i;sleep 3;done"]
```

因为是定时任务，这里就不再演示了，有兴趣的读者可以定时执行尝试。

### 3.7.10　StatefulSet 控制器

前面介绍的 ReplicaSet、Deployment 和 DaemonSet 控制器等都是无状态的，而 StatefulSet 控制器是一种用来创建有状态的 Pod 的控制器。StatefulSet 控制器主要用于部署 MySQL、MongoDB 等数据库，此时需要控制器有稳定的网络标识符。

下页为一个部署 MySQL 的配置文件，可以看到其他控制器的配置文件类似。kind 指定了 StatefulSet 控制器。这里使用的存储挂载暂时先不用关注，在后续章节将展开详细介绍。配置文件中设置了启动 3 个副本，即启动 3 个 Pod，每个 Pod 中都有一个 MySQL 数据库容器。而对外，则是一个 MySQL 数据库。这种数据库类型的部署本身就非常适合使用 StatefulSet 控制器。

```
apiVersion: apps/v1
kind:StatefulSet
metadata:
  name: mysql
spec:
  serviceName: mysql
  replicas: 3
  selector:
    matchLabels:
      app: mysql
  template:
    metadata:
      labels:
        app: mysql
    spec:
      containers:
      - name: mysql
        image: mysql:5.7
        ports:
        - containerPort: 3306
          name: mysql
        env:
        - name: MYSQL_ROOT_PASSWORD
          value: password
        volumeMounts:
        - name: data
          mountPath: /var/lib/mysql
  volumeClaimTemplates:
  - metadata:
      name: data
    spec:
      accessModes: [ "ReadWriteOnce" ]
      resources:
        requests:
          storage: 10Gi
```

## 3.8 Kubernetes 中 Service 服务组件

在前面的章节，我们详细介绍了 Pod 以及 Pod 控制器。Pod 是应用程序的载体，当请求想访问应用程序时，通过 Pod 的 IP 地址访问是不显示的。一是每个应用一般都会部署多个 Pod；二是 Pod 的 ip 地址是会变化的，当 Pod 重新部署后 ip 地址就发生了变化。这时就需要 Service 为访问 Pod 提供统一的入口。常用 Service 的类型有 ClusterIP、Headless、NodePort 和 ExternalName 几种。

### 3.8.1 ClusterIP 类型的 Service

ClusterIP 类型的 Service，Kubernetes 会自动分配一个虚拟机 IP。在 Kubernetes 集群内部，通过 ClusterIP 和端口就可以访问应用。在以下配置文件中，Service 资源中 type 字段指定了 ClusterIP 类型，port:80 即 ClusterIP 是 80 端口，targetPort 则表示从 ClusterIP 加 80 端口进来的流量会被转发到容器的 80 端口，在 deployment 中则声明了容器端口为 80。

```
apiVersion: v1
kind: Namespace
metadata:
  name: dev
---
apiVersion: apps/v1
kind: Deployment
metadata:
  name: pc-deployment
  namespace: dev
spec:
  replicas: 3
  selector:
    matchLabels:
      app:nginx-pod
  template:
    metadata:
      labels:
        app:nginx-pod
    spec:
      containers:
      - name:nginx
        image:nginx:1.17.1
        ports:
        - containerPort: 80
---
apiVersion: v1
kind: Service
metadata:
  name: cluster-ip
  namespace: dev
```

```
spec:
  selector:
    app:nginx-pod
  type:ClusterIP
  ports:
  - port: 80
  targetPort: 80
```

同样通过 kubectl apply -f cluster_ip.yaml 命令部署后，查看 Service、Deployment 和 Pod 资源，如下所示。这里有 3 个 Pod、1 个 Deployment、1 个 Service，Service 中有个集群 IP 地址 10.110.180.51。

```
[root@master service]#kubectl get service,deployment,pod -n dev -o wide
NAME        TYPE          CLUSTER-IP      EXTERNAL-IP  PORT(S)  AGE  SELECTOR
service/cluster-ipClusterIP  10.110.180.51  <none>       80/TCP    20s  app=nginx-pod
NAME              READY  UP-TO-DATE  AVAILABLE  AGE  CONTAINERS  IMAGES
    SELECTOR
deployment.apps/pc-deployment  3/3    3    3    18m  nginx  nginx:1.17.1  app=nginx-pod
NAME          READY  STATUS     RESTARTS  AGE  IP         NODE     NOMINATED NODE
    READINESS GATES
pod/pc-deployment-5ffc5bf56c-gvgts  1/1  Running  0    18m  10.244.2.144  node2  <none>
    <none>
pod/pc-deployment-5ffc5bf56c-l6dln  1/1  Running  0    18m  10.244.2.145  node2  <none>
    <none>
pod/pc-deployment-5ffc5bf56c-q2pbn  1/1  Running  0    18m  10.244.1.16  node1  <none>
    <none>
[root@master service]#
```

然后，我们就可以通过集群 IP 访问 Nginx 了，如下所示。这里需要注意的是，ClusterIP 只能在 Kubernetes 集群内访问，在 Kubernetes 集群外是不能访问的，因此 ClusterIP 类型的服务主要用于在 Kubernetes 集群内部提供的应用。在实际应用中，数据库、后端服务、中间件等服务均不用对外开放，只需要对前端应用开放即可，此时这些内部应用的服务就可以使用 ClusterIP 类型。

```
[root@master service]# curl 10.110.180.51:80
<! DOCTYPE html>
<html>
<head>
<title>Welcome tonginx! </title>
<style>
  body {
    width: 35em;
    margin: 0 auto;
    font-family:Tahoma, Verdana, Arial, sans-serif;
  }
</style>
</head>
<body>
<h1>Welcome tonginx! </h1>
```

```
<p>If you see this page, thenginx web server is successfully installed and
working.Further configuration is required.</p>
<p>For online documentation and support please refer to
<a href="http://nginx.org/">nginx.org</a>.<br/>
Commercial support is available at
<a href="http://nginx.com/">nginx.com</a>.</p>
<p><em>Thank you for usingnginx.</em></p>
</body>
</html>
[root@master service]#
```

### 3.8.2 Headless 类型的 Service

Headless 类型的 Service 本质上还是 ClusterIP 类型，只不过是指定 ClusterIP 为空，即 Headless 类型就是没有集群 IP 的 ClusterIP 类型。以下为配置 Headless 类型的实例，这里 Service 中的 type 仍然指定的是 ClusterIP 类型，只不过将 ClusterIP 字段的值设置为 None。

```
apiVersion: v1
kind: Namespace
metadata:
  name: dev
---
apiVersion: apps/v1
kind: Deployment
metadata:
  name: pc-deployment
  namespace: dev
spec:
  replicas: 3
  selector:
    matchLabels:
      app:nginx-pod
  template:
    metadata:
      labels:
        app:nginx-pod
    spec:
      containers:
      - name:nginx
        image:nginx:1.17.1
        ports:
        - containerPort: 80
---
apiVersion: v1
kind: Service
metadata:
  name: service-headless
  namespace: dev
```

```
spec:
  selector:
    app:nginx-pod
  clusterIP: None
  type:ClusterIP
  ports:
  - port: 80
    targetPort: 80
```

执行 kubectl apply -f headless. yaml 部署，然后查看资源信息，具体如下。需要注意 Pod 的 IP 地址，后面将通过域名进行 dns 解析出来这些 IP 地址。

```
[root@master service]#kubectl get service,deployment,pod -n dev -o wide
NAME                TYPE      CLUSTER-IP  EXTERNAL-IP  PORT(S)  AGE   SELECTOR
service/service-headlessClusterIP  None     <none>      80/TCP    99s  app=nginx-pod
NAME              READY  UP-TO-DATE  AVAILABLE  AGE    CONTAINERS  IMAGES
    SELECTOR
deployment.apps/pc-deployment  3/3  3  3  8m50s  nginx  nginx:1.17.1  app=nginx-pod
NAME              READY  STATUS     RESTARTS  AGE    IP    NODE    NOMINATED
    NODE  READINESS GATES
pod/pc-deployment-5ffc5bf56c-mqwst  1/1  Running  0  8m50s  10.244.2.191  node2  <none>
    <none>
pod/pc-deployment-5ffc5bf56c-qbznm  1/1  Running  0   8m50s  10.244.1.53  node1  <none>
    <none>
pod/pc-deployment-5ffc5bf56c-zxnsx  1/1  Running  0  8m50s  10.244.2.190  node2  <none>
    <none>
[root@master service]#
```

此时 Service 没有配置集群 IP 地址，因此只能通过域名的方式访问了。Kubernetes 中，域名的格式如下。

```
[service 的名字].[命名空间].svc.cluster.local
```

这里 service-headless. dev. svc. cluster. local 就是在 Pod 中访问 service-headless. dev. svc. cluster.local 这个域名，即会访问上面 3 个 Pod 中的应用。

将上面的域名进行 DNS 解析，可以看到这里将上面的 3 个 Pod 的 IP 地址解析出来了。解析命令如下。

```
[root@master service]# dig @10.96.0.10 service-headless.dev.svc.cluster.local
; <<>> DiG 9.11.4-P2-RedHat-9.11.4-26.P2.el7_9.9 <<>> @10.96.0.10 service-headless.dev.
svc.cluster.local
; (1 server found)
;; global options: +cmd
;; Got answer:
;; WARNING: .local is reserved for Multicast DNS
;; You are currently testing what happens when anmDNS query is leaked to DNS
;; ->>HEADER<<-opcode: QUERY, status: NOERROR, id: 62573
;; flags: qr aa rd; QUERY: 1, ANSWER: 3, AUTHORITY: 0, ADDITIONAL: 1
;; WARNING: recursion requested but not available
;; OPT PSEUDOSECTION:
```

```
; EDNS: version: 0, flags:; udp: 4096
;; QUESTION SECTION:
;service-headless.dev.svc.cluster.local.        IN A
;; ANSWER SECTION:
service-headless.dev.svc.cluster.local.30 IN A 10.244.2.190
service-headless.dev.svc.cluster.local.30 IN A 10.244.1.53
service-headless.dev.svc.cluster.local.30 IN A 10.244.2.191
;; Query time: 0msec
;; SERVER: 10.96.0.10#53(10.96.0.10)
;; WHEN: Mon Apr 04 11:57:01 CST 2022
;; MSG SIZE  rcvd: 229
[root@master service]#
```

Headless 类型的 Service 应用是非常广泛的。比如，内部应用通过域名的方式开发给 Kubernetes集群内其他应用使用的方式，可以有效避免 IP 地址变更的问题。只要保证 Service 的名称以及命名空间名等不发生改变，访问应用的域名就不会发生改变。

### 3.8.3 NodePort 类型的 Service

ClusterIP 类型和 Headless 类型的服务都是提供给内部其他应用访问的，而任何应用的开发，最终都需要将服务暴露给外部。比如开发一个网站，最终需要将网站的首页等暴露出来以供其他人访问，此时就需要使用 NodePort 类型的 Service。NodePort 类型的 Service 相当于是做了一层转发，即允许通过 Kubernetes 的 master 节点的 IP 和暴露出来的端口进行访问，然后转发到内部应用的端口。

下面将通过一个实例，演示 NodePort 类型的 Service 是如何创建的。首先配置如下文件。在 Service 配置中，type 字段指定 NodePort 类型。最重要的端口映射关系配置，待部署起来后结合实例一起详解。

```
apiVersion: v1
kind: Namespace
metadata:
  name: dev
---
apiVersion: apps/v1
kind: Deployment
metadata:
  name: pc-deployment
  namespace: dev
spec:
  replicas: 3
  selector:
    matchLabels:
      app:nginx-pod
  template:
    metadata:
      labels:
        app:nginx-pod
```

```
    spec:
      containers:
      - name:nginx
        image:nginx:1.17.1
        ports:
        - containerPort: 80
---
apiVersion: v1
kind: Service
metadata:
  name: service-nodeport
  namespace: dev
spec:
  selector:
    app:nginx-pod
  type:NodePort
  ports:
  - port: 80
    nodePort: 30002
    targetPort: 80
```

同样这里通过 kubectl apply -f nodeport.yaml 命令部署，然后查看资源信息，具体如下。

```
[root@master service]#kubectl get service,deployment,pod -n dev
NAME                       TYPE      CLUSTER-IP      EXTERNAL-IP  PORT(S)        AGE
service/service-nodeport  NodePort  10.107.215.143  <none>        80:30002/TCP  10m
NAME                              READY  UP-TO-DATE  AVAILABLE  AGE
deployment.apps/pc-deployment    3/3    3           3          23h
NAME                                  READY   STATUS    RESTARTS  AGE
pod/pc-deployment-5ffc5bf56c-mqwst   1/1     Running   0         23h
pod/pc-deployment-5ffc5bf56c-qbznm   1/1     Running   0         23h
pod/pc-deployment-5ffc5bf56c-zxnsx   1/1     Running   0         23h
[root@master service]#
```

这里有 3 个 Pod、1 个 deployment、1 个 Service。最重要的就是需要弄清楚端口映射关系，配置中的 nodePort 是指 Kubernetes 中 master 节点的端口。通过 Kubernetes 中 master 节点的 IP 地址：30003 访问的流量，会首先转发给服务的端口 80，即 10.107.215.143:80，也就是配置文件中的 port 字段。然后再转发给容器的 80 端口，也就是配置文件中的 targetPort 字段。而 targetPort 字段指定的端口，是配置文件中 Deployment 中指定的 containerPort 字段指定的端口。

### 3.8.4 ExternalName 类型的 Service

ExternalName 类型的 Service 主要用于将外部的服务引入集群内，比较常用的是将其他命名空间中的服务引入当前命名空间中。此时通过 ExternalName 类型的服务，可以很好地隐藏外部服务的信息，同时也可以更好地简化配置。即在当前应用中需要访问外部应用的地方，均配置域名即可，而不用关注 IP 地址端口的信息。当外部服务的 IP 地址和端口发生变化时，也只需更新 ExternalName 服务即可，其他应用中的配置不用修改。

在如下配置文件中，配置了将外部应用 www.baidu.com 引入当前服务中。

```
apiVersion: v1
kind: Namespace
metadata:
  name: dev
---
apiVersion: v1
kind: Service
metadata:
  name: search
  namespace: dev
spec:
  type:ExternalName
  externalName: www.baidu.com
```

使用 kubectl apply -f external_name.yaml 命令部署后，可以查看到服务信息，具体如下。

```
[root@master service]#kubectl get service -n dev
NAME    TYPE          CLUSTER-IP  EXTERNAL-IP    PORT(S)  AGE
search ExternalName  <none>      www.baidu.com  <none>    11s
[root@master service]#
```

此时，在当前集群内部通过访问 search.dev.svc.cluster.local，可以访问到指定的外部应用 www.baidu.com，这样本地其他应用在访问 search.dev.svc.cluster.local 的时候并不会知道这个地址实际上就是 www.baidu.com。另一方面，如果需要改变 www.baidu.com 域名（比如改为 www.baidu2100.com），此时，对于当前集群内部的其他应用程序，如果不使用 ExternalName 类型的服务，都需要更新对应的变量信息。而使用 ExternalName 类型的服务后，只需要更新 ExternalName 类型的服务配置，然后更新一下此 Service 即可，其他应用程序均不会感知到变化。

## 3.9 Kubernetes 中的存储管理

Kubernetes 的存储有多种方式，我们需要了解这几种存储方式的优缺点以及使用场景，然后根据自身的特点以及需求进行选择。

### 3.9.1 HostPath 类型的存储

在学习 docker 技术的时候我们介绍过，如果不能将 docker 容器中的目录挂载出来，那么 docker 容器基本上不会有人使用，因为我们最终要的是数据。Kubernetes 也是这个道理，我们知道 docker 容器可以通过-v 参数指定本地和容器中的目录对应关系（即将容器中的目录挂载出来），Kubernetes 同样也是可以的。HostPath 是最简单的一种，其类型跟 docker 容器类似，是将 Pod 中的目录直接挂载到 Pod 所在节点的虚拟机上的目录。

接下来，我们将通过一个实例配置，演示如何使用 HostPath 以及 HostPath 类型的存储存在什么样的问题。在如下配置中，有两个位置需要有存储配置，一个是在 containers 字段中的 volumeMounts 字段，这个字段是将容器中的指定目录挂载出来；另一个就是和 containers 平行的字段，即 spec 字段中的 volumes，用于指定挂载虚拟机上的具体目录。它们之间是通过 name 字段关联的，比如这里 nginx 容器中的/var/log/nginx 路径挂载到虚拟机上的/root/logs 路径。

```
apiVersion: v1
kind: Namespace
metadata:
  name: dev
---
apiVersion: v1
kind: Pod
metadata:
  name: volume-hostpath
  namespace: dev
spec:
  containers:
  - name:nginx
    image:nginx:1.17.1
    ports:
    - containerPort: 80
    volumeMounts:
    - name: logs-volume
      mountPath: /var/log/nginx
  - name:busybox
    image:busybox:1.30
    command: ["/bin/sh","-c","tail -f /logs/access.log"]
    volumeMounts:
    - name: logs-volume
      mountPath: /logs
  volumes:
  - name: logs-volume
    hostPath:
      path: /root/logs
      type:DirectoryOrCreate
```

HostPath 类型在部署一个 Pod 时是完全没有问题的，但是当对一个应用部署了 n 个副本，此时 n 个副本分别在不同的节点上，就会存在问题。比如日志文件，当请求被调度到不同的 Pod（即不同的节点上）时，日志文件同样会保存到不同的节点上，这样就无法完整地查看日志文件了。在实际应用中很少使用 HostPath 类型的存储，因为既然选择 Kubernetes，一般很少有直接部署一个副本的，此时 HostPath 就显得捉襟见肘。

### 3.9.2　NFS 类型的存储

NFS 类型存储可以很好地解决 HostPath 类型会将文件存储到多个节点的问题。在部署 NFS 存储之前，需要部署一个 nfs 服务器，这里可以选择 Kubernetes 集群中任一节点作为 nfs 服务器。

1）在此服务器上执行如下命令安装软件包。

```
yum install -y nfs-utils
```

2）创建共享目录，比如这里将/root/data/nfs 目录作为 nfs 服务器的共享目录，具体如下。

```
mkdir /root/data/nfs -pv
```

3）设置共享目录供其他节点访问的权限，比如这里使用的本地安装的虚拟机，可以设置 192.168.0.0 网段的虚拟机均可访问，即将如下内容写入/etc/exports 文件。

```
/root/data/nfs    192.168.0.0/16(rw,no_root_squash)
```

4）执行如下命令启动 nfs 服务，并设置 nfs 服务随虚拟机开机自启动。

```
systemctl start nfs
systemctl enable nfs
```

5）此时 nfs 服务器就搭建完成了，接下来在 Kubernetes 集群的每个节点上执行如下命令安装 nfs-utils。Kubernetes 其他节点上不需要启动 nfs 服务，安装 nfs-utils 工具包主要用于驱动 nfs。

```
yum install -y nfs-utils
```

部署应用的配置文件中使用 NFS 服务器存储的配置也是非常简单的，如下所示。只需要在 volumes 字段的 nfs 中指定 nfs 的 IP 地址和共享路径即可。

```
apiVersion: v1
kind: Namespace
metadata:
  name: dev
---
apiVersion: v1
kind: Pod
metadata:
  name: volume-nfs
  namespace: dev
spec:
  containers:
  - name:nginx
    image:nginx:1.17.1
    ports:
    - containerPort: 80
    volumeMounts:
    - name: logs-volume
      mountPath: /var/log/nginx
  - name:busybox
    image:busybox:1.30
    command: ["/bin/sh","-c","tail -f /logs/access.log"]
    volumeMounts:
    - name: logs-volume
      mountPath: /logs
  volumes:
  - name: logs-volume
```

```
  nfs:
    server: 192.168.2.150
    path: /root/data/nfs
```

在部署多个副本的 Pod 时，不论 Pod 被调度到哪些节点，最终挂载目录产生的文件都会按照时间的先后顺序被收集汇总到 nfs 日志。

### 3.9.3　PV 和 PVC

在 Kubernetes 中，PV（PersistentVolume）和 PVC（PersistentVolumeClaim）是两个非常重要的概念，它们可以帮助我们管理持久化存储。在使用 NFS 服务器的时候，创建 Pod 的配置文件中直接指定了 nfs 服务器和路径，PV 和 PVC 相当于在这个过程中间做了两层封装，也就是 Pod 中只需要申请使用 PVC，而 PVC 中则会声明对存储大小的要求。Kubernetes 会自动根据 PVC 中对存储的要求寻找符合要求的 PV，并将其绑定，PV 则直接通过指定 nfs 的 IP 地址和路径创建好的存储资源。下面通过详细的示例，演示 PV 和 PVC 的使用过程。

1）我们需要创建一个 PV 对象来表示实际的物理存储资源，创建 PV 的配置文件如下。可以看出这里的 PV 实质上就是在 nfs 服务器上创建一个共享目录，当然 PV 资源可以指定此目录的大小，比如实例中/root/data/pv1 的目录大小为 2GB。

```
apiVersion: v1
kind:PersistentVolume
metadata:
  name: pv1
spec:
  capacity:
    storage: 2Gi
accessModes:
  -ReadWriteMany
  persistentVolumeReclaimPolicy: Retain
nfs:
    server: 192.168.2.150
    path: /root/data/pv1
```

2）当然这里同样需要将如下内容写入/etc/exports 文件，然后执行 system restart nfs 命令重启动 nfs 服务。

```
/root/data/pv1    192.168.0.0/16(rw,no_root_squash)
```

3）执行 kubectl apply -f pv.yaml 命令创建 PV，通过如下命令可以查看已经创建的 PV 资源。

```
[root@master volume]#kubectl get pv -o wide
NAME        CAPACITY  ACCESS MODES  RECLAIM POLICY  STATUS      CLAIM
    STORAGECLASS  REASON  AGE    VOLUMEMODE
pv1    2Gi    RWX    Retain    Available    112s    Filesystem
[root@master volume]#
```

4）我们需要为要使用这些存储资源的应用程序创建 PVC 对象，PVC 会请求一定数量和类型的存储资源。如下配置文件声明了需要 1GB 大小和拥有读写权限的 PVC。

```
apiVersion: v1
kind: PersistentVolumeClaim
metadata:
  name: pvc1
  namespace: dev
spec:
  accessModes:
  -ReadWriteMany
  resources:
    requests:
      storage: 1Gi
```

5）执行 kubectl apply -f pvc.yaml 命令可以创建 PVC。完成 PV 和 PVC 的创建后，在创建 Pod 的应用配置文件中，不需要指定 nfs 服务器的 IP 和路径了，只需要指定 PVC 即可。在如下配置中，Pod 的目录挂载直接使用名为 pvc1 的 PVC。这里因为 pvc1 的 PVC 申明需要 1GB 大小的磁盘，而 pv1 是 2GB，显然 2GB 的存储资源是能满足 1GB 要求的，因此 pv1 和 pvc1 自动绑定，即在如下配置中的 Pod 在进行存储挂载的时候，是使用名为 pv1 的 PV 存储。

```
apiVersion: v1
kind: Pod
metadata:
  name: pod1
  namespace: dev
spec:
  containers:
  - name:busybox
    image:busybox:1.30
    command: ["/bin/sh","-c","while true;do echo pod1 >> /root/out.txt;sleep 10;done;"]
    volumeMounts:
    - name: volume
      mountPath: /root/
  volumes:
  - name: volume
    persistentVolumeClaim:
      claimName: pvc1
      readOnly: false
```

6）为了验证 PVC 生效了，可以执行 kubectl apply -f pod_pvc.yaml 命令创建 Pod，在 nfs 服务器的/root/data/pv1 目录下已经存在 out.txt 文件了。通过 tail -f 命令可以查看实时的文件被写入的内容，说明此时 PVC 和 PV 均已经正确配置并使用了，具体如下。

```
[root@master volume]# tail -f /root/data/pv1/out.txt
pod1
pod1
pod1
pod1
pod1
pod1
```

```
pod1
pod1
pod1
pod1
pod1
```

### 3.9.4　ConfigMap 配置存储

ConfigMap 可用于配置 Pod 中的环境变量或者 Pod 中的应用的配置文件。ConfigMap 的配置相对比较简单，如下配置文件定义了一个变量 DATABASE_URL，其值为 mysql://username:password@hostname:port/dbname。

```
apiVersion: v1
kind:ConfigMap
metadata:
  name: my-config
data:
  DATABASE_URL: "mysql://username:password@hostname:port/dbname"
```

在创建 Pod 的配置文件中，若使用 ConfigMap 中的变量，则参照如下配置。即使用 envFrom 字段，然后指定 ConfigMap 对象的名字。这样在创建的 Pod 中就存在一个变量 DATABASE_URL，它的值就是 ConfigMap 中配置的。

```
apiVersion: v1
kind: Pod
metadata:
  name: my-pod
spec:
  containers:
   - name: my-container
     image: my-image
     envFrom:
       -configMapRef:
           name: my-config
```

除此以外，ConfigMap 还可以将内容作为 Pod 中应用的配置文件，如下配置 ConfigMap 定义了 username 和 password。

```
apiVersion: v1
kind:ConfigMap
metadata:
  name:configmap
  namespace: dev
data:
  info: |
    username: admin
    password: admin123
```

创建 Pod 的配置文件如下。即通过 volumeMounts 挂载的方式将 ConfigMap 的内容直接挂载到 Pod 中的一个文件。

```
apiVersion: v1
kind: Pod
metadata:
  name: pod-configmap
  namespace: dev
spec:
  containers:
  - name:nginx
    image:nginx:1.17.1
    volumeMounts:
    - name: config
      mountPath: /configmap/config
  volumes:
  - name: config
    configMap:
      name:configmap
```

在创建的 Pod 中会直接生成一个/configmap/config/info 文件，我们可以在 Pod 中通过 cat /configmap/config/info 命令查看文件的内容，具体如下。

```
username: admin
password: admin123
```

因此，ConfigMap 配置的内容完全可以用来作为 Pod 中应用的配置文件，这样对于修改应用的配置将是非常便捷的。

### 3.9.5 Secret 安全存储

在 Kubernetes 中，还存在一种与 Configmap 非常类似的对象，称为 Secret 对象。Secret 对象主要为用户存储敏感信息，例如密码、密钥、证书等。试想一下，如果在配置 ConfigMap 的时候直接写入用户名和密码，则很容泄漏敏感信息，Secret 对象就可以解决这样的问题。

比如配置的用户名为 admin，密码为 admin123，如果直接将 admin 和 admin123 写入 ConfigMap 的配置文件，显然是不合适的。为了安全起见，首先对 admin 和 admin123 进行 base64 加密，如下所示。

```
[root@master volume]# echo -n 'admin' | base64
YWRtaW4=
[root@master volume]# echo -n 'admin123' | base64
YWRtaW4xMjM=
[root@master volume]#
```

这样设置 ConfigMap 的时候，就变成了如下的配置。此时 kind 是 Secret 不再是 ConfigMap，相当于自带加密解密功能的特殊的 ConfigMap，即此时的用户名和密码信息就是加密信息了。

```
apiVersion: v1
kind: Secret
metadata:
  name: secret
  namespace: dev
```

```
type: Opaque
data:
  username:YWRtaW4=
  password:YWRtaW4xMjM=
```

在 Pod 的配置文件中，通过挂载的方式将 Secret 挂载到 Pod 中，如下所示。

```
apiVersion: v1
kind: Pod
metadata:
  name: pod-secret
  namespace: dev
spec:
  containers:
  - name:nginx
    image:nginx:1.17.1
    volumeMounts:
    - name: config
      mountPath: /secret/config
  volumes:
  - name: config
    secret:
      secretName: secret
```

根据 ConfigMap 挂载的原理，Secret 的挂载也是类似的，即此时会在 Pod 中生成/secret/config/username 和/secret/config/password 两个文件。在 Pod 中查看这两个文件的内容，发现此时文件中的内容分别为 admin 和 admin123，如下所示。

```
[root@master volume]#kubectl exec -it pod-secret -n dev /bin/sh
kubectl exec [POD] [COMMAND] is DEPRECATED and will be removed in a future version.Use
    kubectl exec [POD] -- [COMMAND] instead.
# cd /secret
# ls
config
# cd config
# ls
password  username
# cat username
admin#
# cat password
admin123#
```

# 第 2 篇

# GitLab CI/CD 功能应用

前面的章节介绍了 DevOps 的相关技术基础，本篇将围绕 Gitlab CI/CD 技术展开，包括 Gitlab 和 Gitlab CI/CD 所需要的基础环境的搭建、CI/CD 流水线的模型和触发方式、CI/CD 流水线中的缓存和构件等。

# 第4章

# GitLab 基础

本章主要介绍 GitLab 相关的基础应用。众所周知，GitLab 广泛应用于企业内部代码存放平台，支持私有化部署。除此以外，GitLab 的 Issue 既可以作为产品需求、研发任务以及 Bug 单的跟踪方式，还可以作为需求讨论的承载平台。这些功能是如何使用的呢？本章将陆续揭开 GitLab 的神秘面纱。

## 4.1　GitLab CI/CD 简介

GitLab CI/CD 和 Jenkins 一样，是一款持续集成和部署的工具，与 Jenkins 不同的是，GitLab CI/CD 与 GitLab 紧密集成。当项目比较大或者项目持续时间比较久时，使用 Jenkins 进行持续集成的不足就非常明显。比如 Jenkins 的配置非常依赖经验丰富的工程师，当人员发生变动时，持续集成系统维护风险明显增大。在项目开始时，Devops 系统可能部署在一个比较小的环境上，而随着后续业务的不断扩大或者因为某种原因使环境发生变更，需要将 Devops 系统迁移到另外一套系统，如果使用 Jenkins 则是非常麻烦的。如果使用 GitLab CI/CD，这些不足都可以很容易解决，因为 GitLab CI/CD 遵循 GitOps 的思想，几乎所有 CI/CD 中的功能均可以通过配置文件的方式实现，并且配置文件就存放在代码仓库中。

GitLab CI/CD 主要是约定好代码仓中需要一个名为.gitlab-ci.yml 的配置文件。只要存在.gitlab-ci.yml 文件就可以触发当前仓库的流水线，而在.gitlab-ci.yml 配置文件中，约定好了若干个关键字，再通过这些关键字类设计流水线如何运行。此外，对于执行流水线的执行机，可通过一定的命令注册，为 GitLab CI/CD 系统注册若干个执行机。至于在流水线中具体使用哪个执行机，gitlab-ci.yml 文件中都会给出相应的约束。

至此可以看出，GitLab CI/CD 的核心就是熟练掌握.gitlab-ci.yml 配置文件中的各个关键字的作用以及使用场景，然后根据具体业务需求设计适合自己的自动化流水线。当然，在真正使用 GitLab CI/CD 之前，需要部署一套 GitLab 平台。在很多企业中，GitLab 平台都是已经部署好的，但是对于 DevOps 工程师来说，部署 GitLab 平台的能力是必须具备的。然后就是在 GitLab 平台上部署 GitLab-runner 并注册。这些虽然是 DevOps 最基础的操作，但同时也是 DevOps 工程师最核心的技术基础。换言之，一名合格的 DevOps 工程师，不但应具有能在已有的环境上进行部署 CI/CD 流水线的能力，还应当具有在什么都没有的情况下实现从 0 到 1 的过程的能力。

## 4.2　GitLab 环境部署

在一般情况下，GitLab 环境不需要部署。因为一般在公司创建之初，GitLab 就部署好了，但是是否具备部署 GitLab 的能力是一个 DevOps 工程师技术功底是否扎实的重要表现之一。因此掌握部署 GitLab 环境也是非常重要的。

### 4.2.1　基于 Linux 虚拟机部署 GitLab

随着云原生技术的不断发展，当前我们一般很少直接在 Linux 虚拟机上部署 GitLab，至少使用 docker 部署，条件稍微成熟的公司内一般会使用 Kubernetes 进行部署。这也是为什么本书在前面的章节中花大量篇幅对 docker 和 Kubernetes 进行讲解的原因。基于 Linux 虚拟机的安全仍然非常重要，可以了解一下，推荐的仍然是使用 docker 或者 Kubernetes 部署。

接下来就以 CentOS 操作系统为例，详细演示如何部署 GitLab 环境，具体操作步骤如下。

1）执行如下命令安装基础依赖。

```
yum -y install policycoreutils openssh-server openssh-clients postfix
```

2）执行如下命令，启动 postfix 并设置开机自启动。

```
systemctl enable postfix
systemctl start postfix
```

3）执行如下命令，选择一个 GitLab 的版本，下载 rpm 安装包。

```
wget https://mirrors.tuna.tsinghua.edu.cn/GitLab-ce/yum/el7/GitLab-ce-14.2.5-ce.0.el7.
    x86_64.rpm --no-check-certificate
```

4）执行 rpm 命令可以安装 GitLab，具体如下。

```
rpm -i GitLab-ce-14.2.5-ce.0.el7.x86_64.rpm
```

5）编辑 GitLab 的配置文件/etc/gitlab/gitlab.rb，设置 external_url 指定虚拟机的 IP 地址和端口，具体如下。

```
external_url 'http://192.168.1.210:8080'
```

6）执行如下命令，重新加载 GitLab 的配置并重启。这个过程比较慢，可能需要几分钟的时间。

```
GitLab-ctl reconfigure
GitLab-ctl restart
```

7）待上述命令执行完成后，在浏览器地址栏输入 http://192.168.1.210:8080/地址，即可打开 GitLab 的登录界面，如图 4-1 所示。

8）执行如下命令可以查询 root 用户的登录密码。

```
cat /etc/GitLab/initial_root_password
```

9）登录后单击头像，在弹出的菜单中选择 Edit profile 命令，进入界面后选择 Password 选项进入修改密码界面，如图 4-2 所示。

10）在当前界面中即可随意修改密码，如图 4-3 所示。

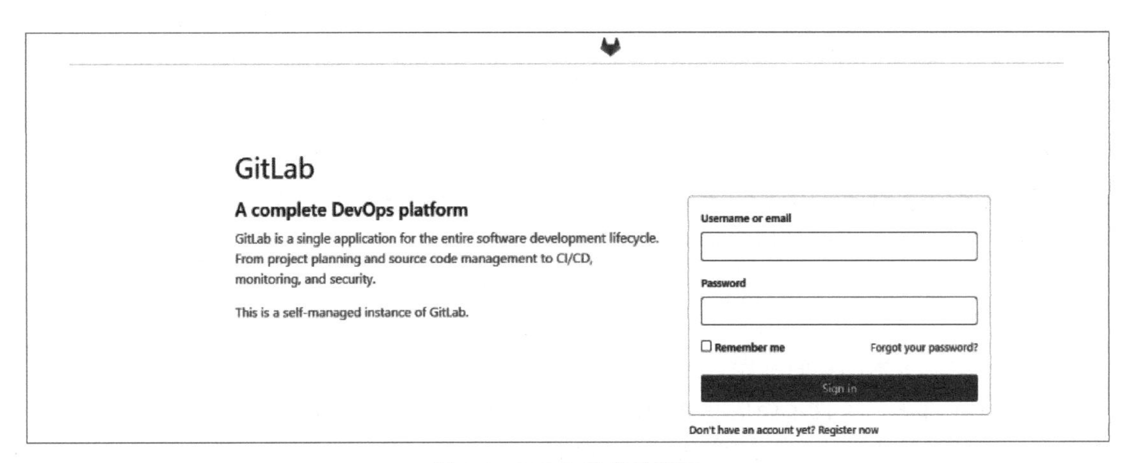


图 4-1　GitLab 的登录界面

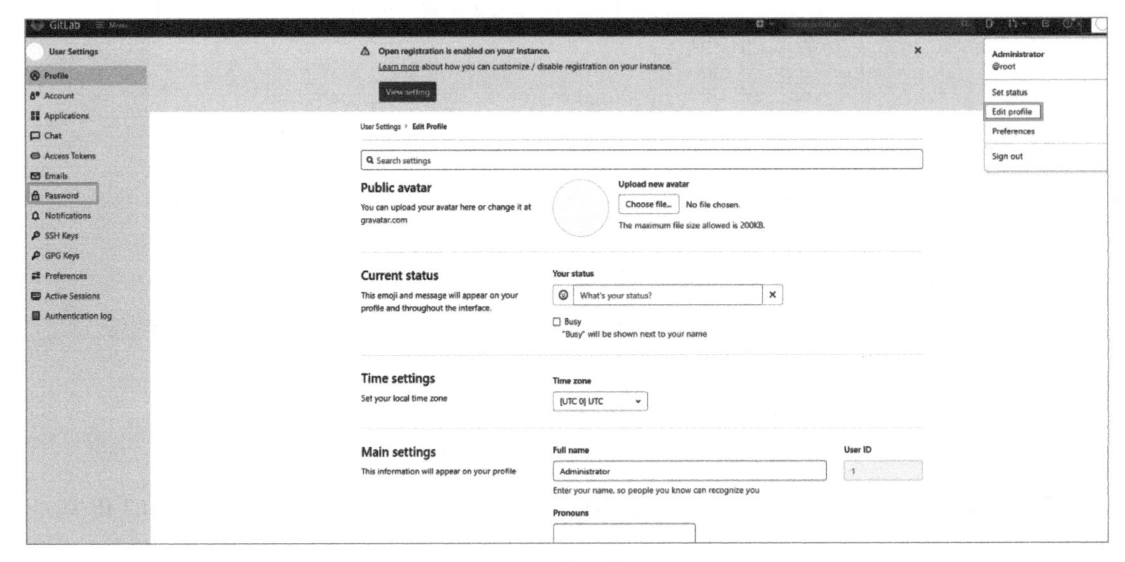


图 4-2　进入修改密码界面

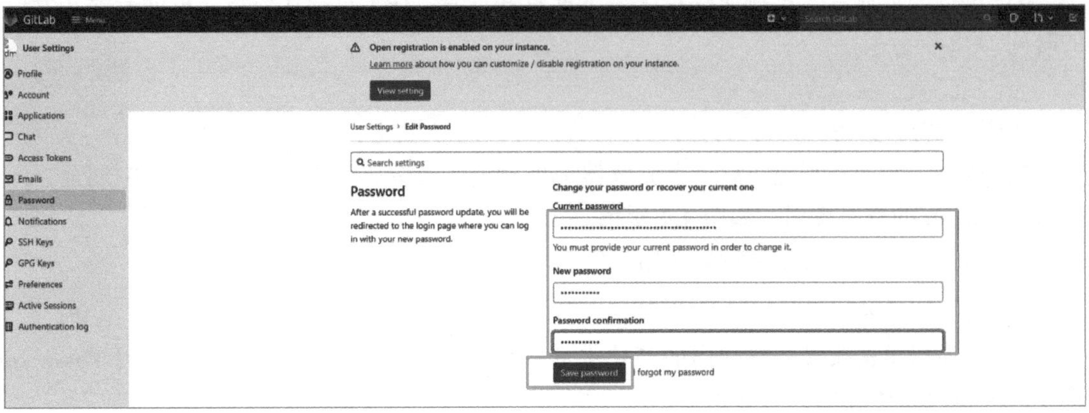

图 4-3　修改密码

11）至此 GitLab 就搭建完成了，后续就可以继续配置和使用 GitLab 了。

### 4.2.2　基于 docker 部署 GitLab

基于 docker 部署 GitLab 是非常常用的技术。虽然很多公司都在使用云原生技术，但也有不少公司并没有搭建自己的 Kubernetes 平台。这也是在本书前面花了大量的篇幅介绍 docker 的原因。此时就可以通过 docker 的方式安装 GitLab，具体操作步骤如下。

1）执行如下命令下载 GitLab 的镜像

```
docker pull gitlab/gitlab-ce
```

2）启动 gitlab 的 docker 容器后，将 80 端口映射为 10008，将 443 端口映射为 10009，同时将相应的文件目录挂载出来，具体如下。

```
docker run -d -p 10008:80 -p 10009:443 -p 10010:22 --restart always --namegitlab -v
     /docker/gitlab/etc/gitlab:/etc/gitlab  -v  /docker/gitlab/var/log/gitlab:/var/log/
gitlab -v
    /docker/gitlab/var/opt/gitlab:/var/opt/gitlab --privileged=true gitlab/gitlab-ce
```

3）通过修改挂载出来的配置文件/docker/gitlab/etc/gitlab/gitlab.rb，同样需要设置 external_url 为域名或者 IP 地址加端口，然后重启 docker。

```
docker restart gitlab
```

4）通过域名或者 IP+端口号，即可访问搭建好的 GitLab，进入 GitLab 的登录界面，如图 4-4 所示。

GitLab

A complete DevOps platform

GitLab is a single application for the entire software development lifecycle. From project planning and source code management to CI/CD, monitoring, and security.

This is a self-managed instance of GitLab.

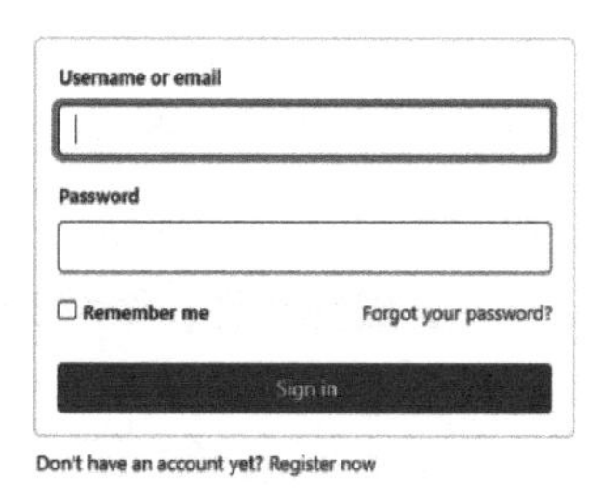


图 4-4　GitLab 的登录界面

5）参照 4.2.1 节中的内容查看 root 用户名和密码并登录，然后修改密码，即可正常使用 GitLab 了。

### 4.2.3　基于 Kubernetes 部署 GitLab

本节将介绍如何通过 Kubernetes 部署 GitLab，具体操作步骤如下。

1）为 GitLab 创建一个单独的命名空间，如下所示。

```
kubectl create namespace GitLab
```

2）为 GitLab 创建需要挂载的 PVC，编写 yaml 配置文件，如下所示。

```
kind: PersistentVolumeClaim
apiVersion: v1
metadata:
  namespace:GitLab
  name:GitLab-data
spec:
  accessModes:
   -ReadWriteOnce
  resources:
    requests:
      storage: 40Gi
```

3）执行如下命令创建用于 GitLab 的 PVC。

```
kubectl apply -f pvc-GitLab.yaml
```

4）继续为 PostgreSQL 创建 PVC 的 yaml 配置文件，如下所示。

```
kind: PersistentVolumeClaim
apiVersion: v1
metadata:
  name:postsql
  namespace:GitLab
spec:
  accessModes:
   -ReadWriteMany
  resources:
    requests:
      storage: 5Gi
```

5）执行如下命令，为 PostgreSQL 创建 PVC 资源。

```
kubectl apply -f pvc-postsql.yaml
```

6）编写如下 yaml 配置文件，继续为 redis 准备 PVC 资源。

```
kind: PersistentVolumeClaim
apiVersion: v1
metadata:
  name:redis-data
  namespace:GitLab
spec:
  accessModes:
   -ReadWriteMany
  resources:
    requests:
      storage: 5Gi
```

7）执行如下命令，为 redis 创建 PVC 资源。

```
kubectl apply -f pvc-redis.yaml
```

8）准备好 PVC 资源后，就可以创建 Pod 了。接下来，首先编写创建 PostgreSQL 数据库的 yaml 配置文件，大部分内容不用修改，命名空间、用户名和密码我们可根据自己需求设置。

```
apiVersion: apps/v1
kind: Deployment
metadata:
  name:postgresql
  namespace:GitLab
  labels:
    name:postgresql
spec:
  selector:
    matchLabels:
      name:postgresql
  template:
    metadata:
      labels:
        name:postgresql
    spec:
      containers:
      - name:postgresql
        image:sameersbn/postgresql:10
        imagePullPolicy: IfNotPresent
        env:
        - name: DB_USER
          value:GitLab
        - name: DB_PASS
          value:GitLab
        - name: DB_NAME
          value:GitLab_production
        - name: DB_EXTENSION
          value: pg_trgm
        ports:
        - name:postgres
          containerPort: 5432
        volumeMounts:
        -mountPath: /var/lib/postgresql
          name: data
        livenessProbe:
          exec:
            command:
            - pg_isready
            - -h
            - localhost
            - -U
            -postgres
          initialDelaySeconds: 30
```

```
          timeoutSeconds: 5
        readinessProbe:
          exec:
            command:
            - pg_isready
            - -h
            - localhost
            - -U
            -postgres
          initialDelaySeconds: 5
          timeoutSeconds: 1
      volumes:
      - name: data
        persistentVolumeClaim:
          claimName: postsql
---
apiVersion: v1
kind: Service
metadata:
  name:postgresql
  namespace:GitLab
  labels:
    name:postgresql
spec:
  ports:
    - name:postgres
      port: 5432
      targetPort: postgres
  selector:
      name:postgresql
```

9）执行如下命令部署 PostgreSQL。

```
kubectl apply -f postgresql.yaml
```

10）编写部署 redis 的 yaml 配置文件，具体如下。

```
apiVersion: apps/v1
kind: Deployment
metadata:
  name:redis
  namespace:GitLab
  labels:
    name:redis
spec:
  selector:
    matchLabels:
      name:redis
  template:
    metadata:
```

```
    name:redis
    labels:
      name:redis
  spec:
    containers:
    - name:redis
      image:sameersbn/redis
      imagePullPolicy: IfNotPresent
      ports:
      - name:redis
        containerPort: 6379
      volumeMounts:
      -mountPath: /var/lib/redis
        name: data
      livenessProbe:
        exec:
          command:
          -redis-cli
          - ping
        initialDelaySeconds: 30
        timeoutSeconds: 5
      readinessProbe:
        exec:
          command:
          -redis-cli
          - ping
        initialDelaySeconds: 5
        timeoutSeconds: 1
    volumes:
    - name: data
      persistentVolumeClaim:
        claimName: redis-data
---
apiVersion: v1
kind: Service
metadata:
  name:redis
  namespace:GitLab
  labels:
    name:redis
spec:
  ports:
    - name:redis
      port: 6379
      targetPort: redis
  selector:
    name:redis
```

11）执行如下命令部署 redis。

```
kubectl apply -f redis.yaml
```

12）编写部署 GitLab 的 yaml 配置文件，如下所示。这里面的配置较多：Service 使用 NodePort 类型，nodePort 不要重复，GitLab 需要配置 master 节点的 IP 地址以及 Service 中配置的 nodePort 端口号。

```
apiVersion: apps/v1
kind: Deployment
metadata:
  name:GitLab
  namespace:GitLab
  labels:
    name:GitLab
spec:
  selector:
    matchLabels:
        name:GitLab
  template:
    metadata:
      name:GitLab
      labels:
        name:GitLab
    spec:
      containers:
      - name:GitLab
        image:sameersbn/gitlab:11.8.1
        imagePullPolicy: IfNotPresent
        env:
        - name: TZ
          value: Asia/Shanghai
        - name: GITLAB_TIMEZONE
          value: Beijing
        - name: GITLAB_SECRETS_DB_KEY_BASE
          value: long-and-random-alpha-numeric-string
        - name: GITLAB_SECRETS_SECRET_KEY_BASE
          value: long-and-RANDOM-ALPHA-NUMERIc-string
        - name: GITLAB_SECRETS_OTP_KEY_BASE
          value: long-and-random-alpha-numeric-string
        - name: GITLAB_ROOT_PASSWORD
          value: admin321
        - name: GITLAB_ROOT_EMAIL
          value:hitredrose@163.com    ##这里填写自己的邮箱
        - name: GITLAB_HOST
          value: 192.168.16.40        ##这里填写 GitLab 的 host 地址,可以是主节点的 ip
        - name: GITLAB_PORT
          value: "32765"              #与下面 Service 中配置的 nodePort 一致
        - name: GITLAB_SSH_PORT       #与下面 Service 中配置的 nodePort 一致
          value: "32766"
        - name: GITLAB_NOTIFY_ON_BROKEN_BUILDS
```

```
          value: "true"
        - name: GITLAB_NOTIFY_PUSHER
          value: "false"
        - name: GITLAB_BACKUP_SCHEDULE
          value: daily
        - name: GITLAB_BACKUP_TIME
          value: 01:00
        - name: DB_TYPE
          value:postgres
        - name: DB_HOST
          value:postgresql
        - name: DB_PORT
          value: "5432"
        - name: DB_USER
          value:GitLab
        - name: DB_PASS
          value:GitLab
        - name: DB_NAME
          value:GitLab_production
        - name: REDIS_HOST
          value:redis
        - name: REDIS_PORT
          value: "6379"
        ports:
        - name: http
          containerPort: 80
        - name: ssh
          containerPort: 22
        volumeMounts:
        -mountPath: /home/git/data
          name: data
        livenessProbe:
          httpGet:
            path: /
            port: 80
          initialDelaySeconds: 360
          timeoutSeconds: 50
        readinessProbe:
          httpGet:
            path: /
            port: 80
          initialDelaySeconds: 360
          timeoutSeconds: 50
      volumes:
      - name: data
        persistentVolumeClaim:
        claimName: GitLab-data
---
apiVersion: v1
```

```
kind: Service
metadata:
  name:GitLab
  namespace:GitLab
  labels:
    name:GitLab
spec:
  ports:
    - name: http
      port: 80
      targetPort: http
      nodePort: 32765
    - name: ssh
      port: 22
      nodePort: 32766
      targetPort: ssh
  selector:
    name:GitLab
  type:NodePort
```

13）执行如下命令即可部署 GitLab。

```
kubectl apply -f GitLab.yaml
```

14）查看 Pod 的状态，这里的 3 个 Pod 都正常 running 了，表示 GitLab 部署完成了，具体如下。

```
[root@master GitLab]#kubectl get pod -n GitLab
NAME                          READY   STATUS    RESTARTS   AGE
GitLab-855b5b7b7b-8hr97        1/1    Running      0       23m
postgresql-b75d769dd-dn2pt     1/1    Running      0       17h
redis-6c976f56dc-z7fsb         1/1    Running      0       55m
[root@master GitLab]#
```

15）通过 Kubernetesmaster 节点的 IP 地址和设置的端口比如这里的 32765，就可以访问 GitLab 了。图 4-5 所示为 GitLab 的登录界面，表示 GitLab 已经部署成功了。

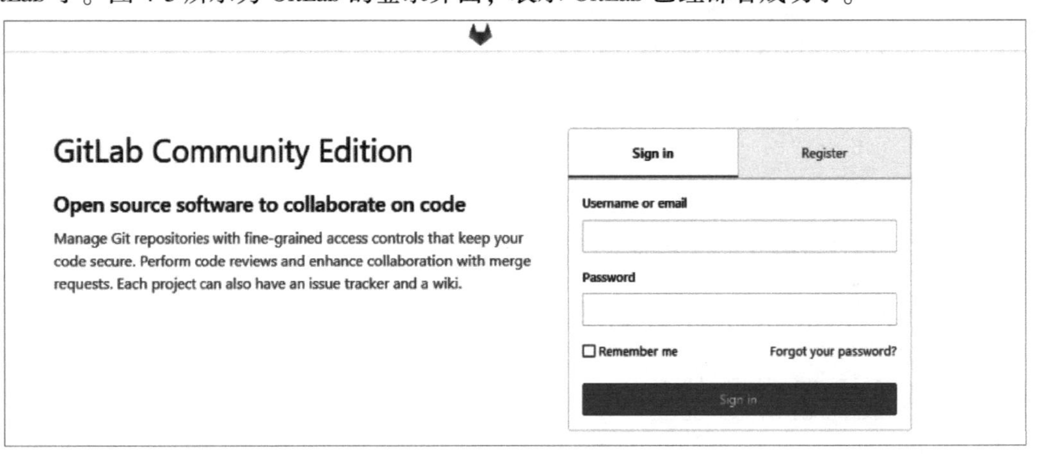


图 4-5　访问 GitLab 的界面

16）通过用户名 root 和密码 admin321 即可登录，密码在 GitLab 的配置文件中配置成功了。图 4-6 所示为全新的 GitLab 首次登录后的界面。

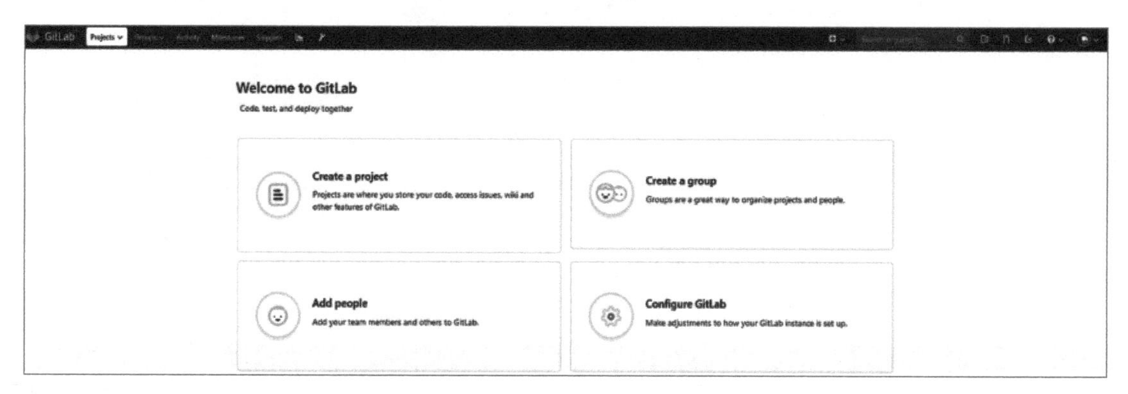


图 4-6　登录 GitLab 后的界面

17）至此基于 Kubernetes 部署 GitLab 就完成了。

## 4.3　GitLab 基础应用

GitLab 的基础应用包括项目的创建、组的管理等以及 issue 功能的应用。对于应用 GitLab 来说，存放代码是最基础、最重要的功能。本节将针对 GitLab 的这些基础功能展开讲解。

### 4.3.1　GitLab 创建组及项目

GitLab 的创建组和项目比较简单，是 GitLab 的基本功能之一。下面介绍具体操作步骤。

1）若是全新的 GitLab，使用 root 用户登录后可以直接单击中间的 Create a group 链接，如图 4-7 所示。

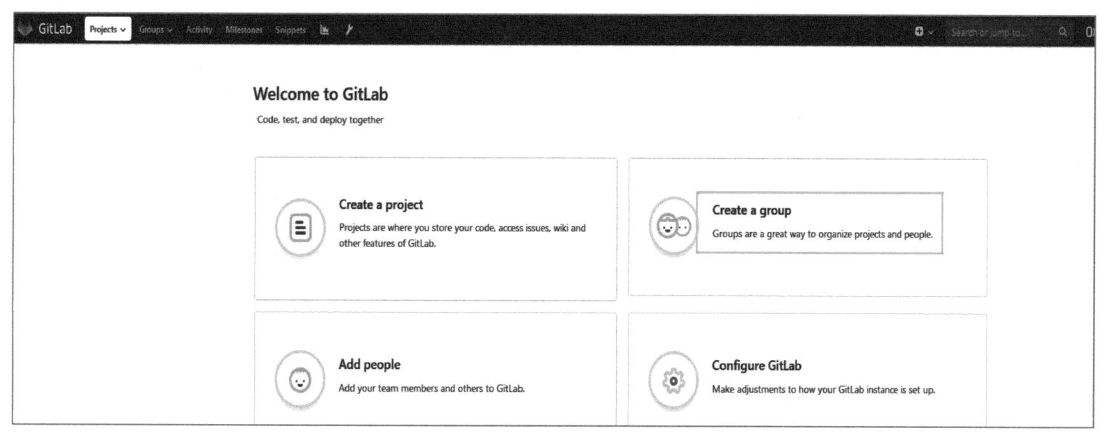


图 4-7　首次登录 GitLab 后的界面

2）若是已经存在的 GitLab，则可以单击左上角的 Groups 按钮，在弹出的列表中选择 Your groups 选项，如图 4-8 所示。

3）单击右上角的 New group 按钮，开始创建组，如图 4-9 所示。

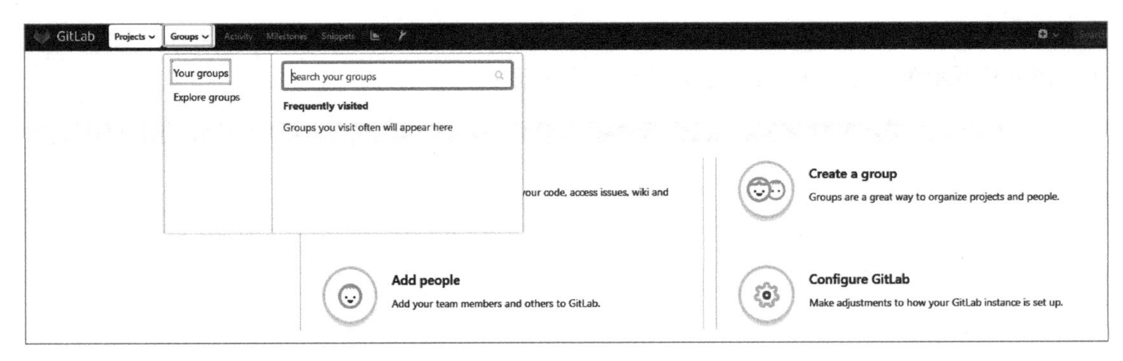


图 4-8　选择 Your groups 选项

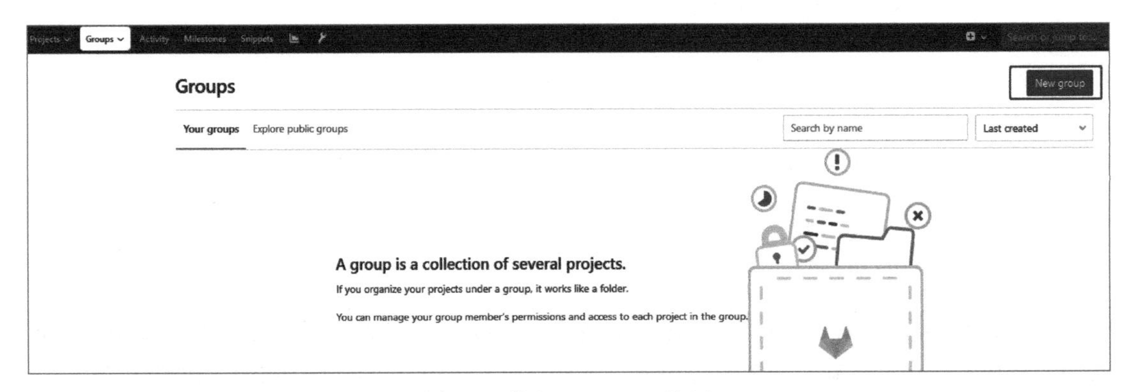


图 4-9　单击 New group 按钮

4）填写组名，这里设置组名为 gitlab，类型选择 Private，企业内部一般使用私有类型。然后单击 Create group 按钮，完成组的创建，如图 4-10 所示。

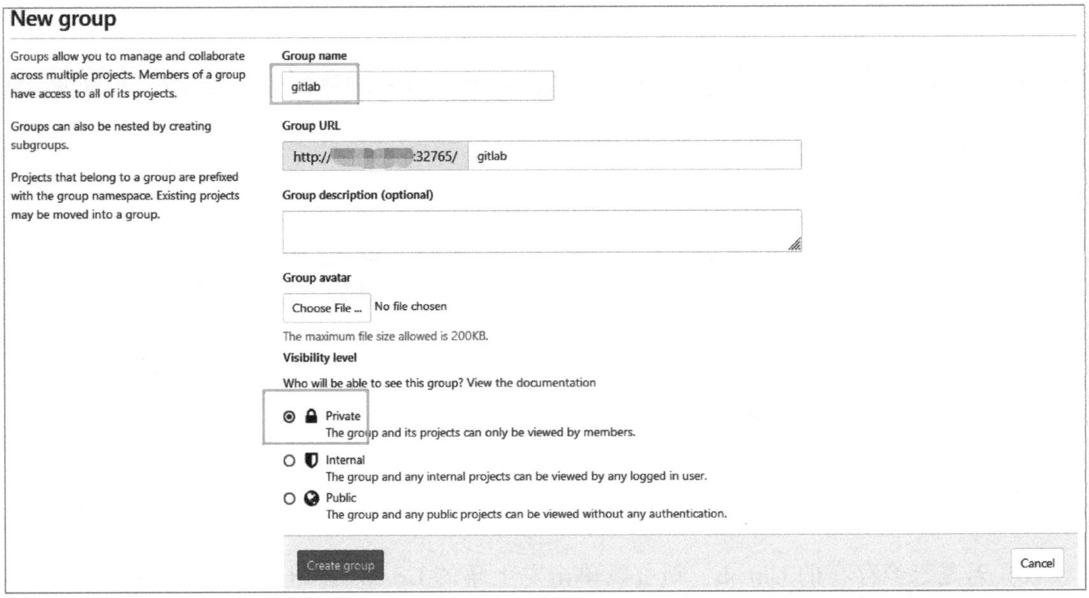

New group
Groups allow you to manage and collaborate across multiple projects. Members of a group have access to all of its projects.
Groups can also be nested by creating subgroups.
Projects that belong to a group are prefixed with the group namespace. Existing projects may be moved into a group.
Group name
gitlab
Group URL
http:// :32765/ gitlab
Group description (optional)
Group avatar
Choose File ... No file chosen
The maximum file size allowed is 200KB.
Visibility level
Who will be able to see this group? View the documentation
Private
The group and its projects can only be viewed by members.
Internal
The group and any internal projects can be viewed by any logged in user.
Public
The group and any public projects can be viewed without any authentication.
Create group
Cancel

图 4-10　设置组名等信息

5）此时，GitLab 组就创建完成了，如图 4-11 所示。

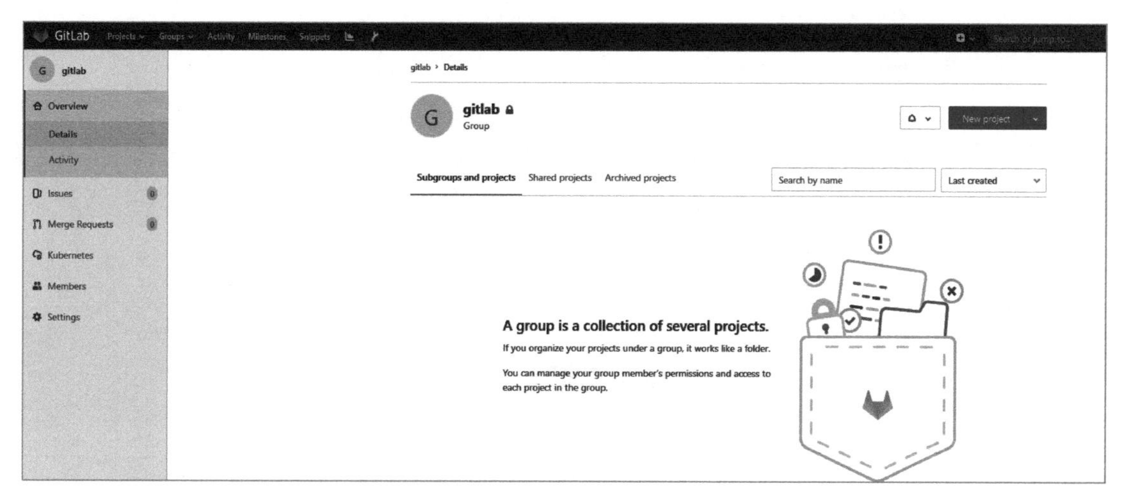


图 4-11　GitLab 组

6）如果当前 GitLab 所服务于比较大的公司或者部门，则可以继续在当前 GitLab 组的基础上划分子组。单击 New project 右侧的下拉按钮，在弹出的列表中选择 New subgroup 选项，如图 4-12 所示。这里就不再演示子组的创建过程了。

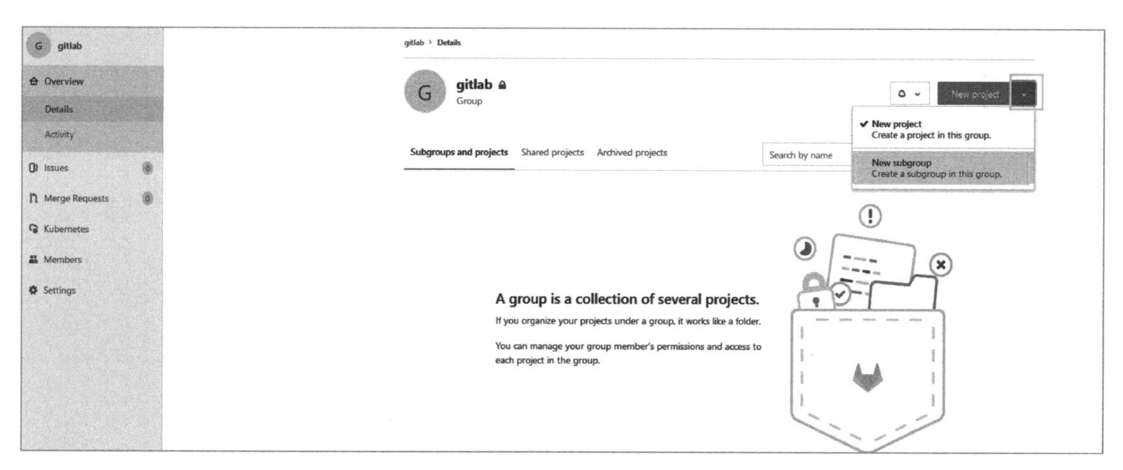


图 4-12　创建子组

7）直接创建项目，填写项目名称，这里设置项目名称为 app。然后可以为项目增加一些描述，再选择 Private 单选按钮，同时可以勾选创建 README 复选框，然后单击 Create project 按钮，即可创建项目。创建的项目即项目的代码仓库，如图 4-13 所示。

8）至此，组和项目就创建完成了，这里项目 app 在组 GitLab 下，如图 4-14 所示。

图 4-13　创建项目

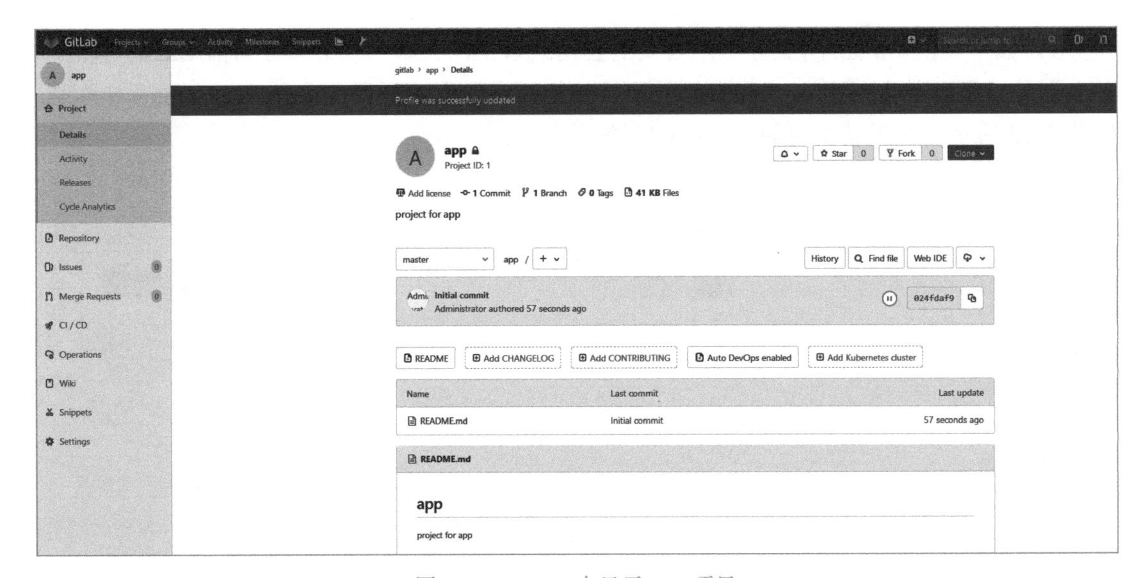


图 4-14　GitLab 中显示 app 项目

## 4.3.2　GitLab 代码仓分支管理

GitLab 代码仓分支管理包括分支创建、设置等。新建仓库后，默认创建一个 master 分支，按照产品研发的要求，一般不会允许代码直接提交到 master 分支，而是会根据业务特点和要求，创建多个分支，最直接的就是创建一个 dev 分支。下面以创建 dev 分支为例，演示创建分支的具体操作方法。

1）在打开的 app 项目中，从界面左侧选择 Repository 选项，在子列表中选择 Branches 选项，如图 4-15 所示。

2）在右上角单击 New branch 按钮，如图 4-16 所示。

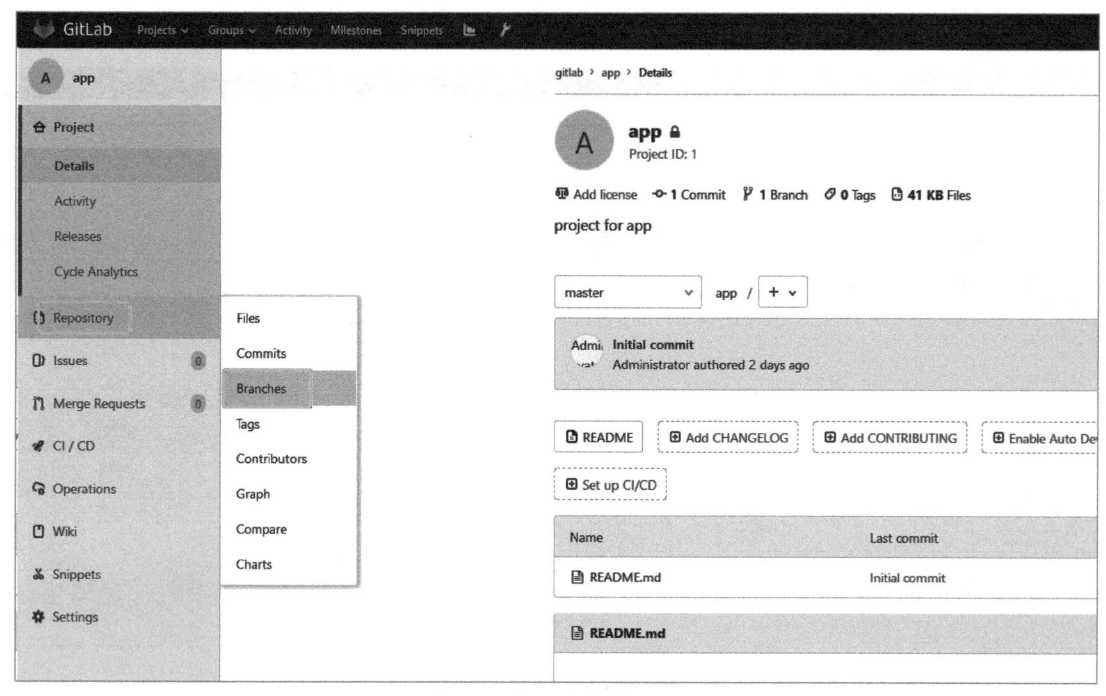


图 4-15　打开分支管理界面

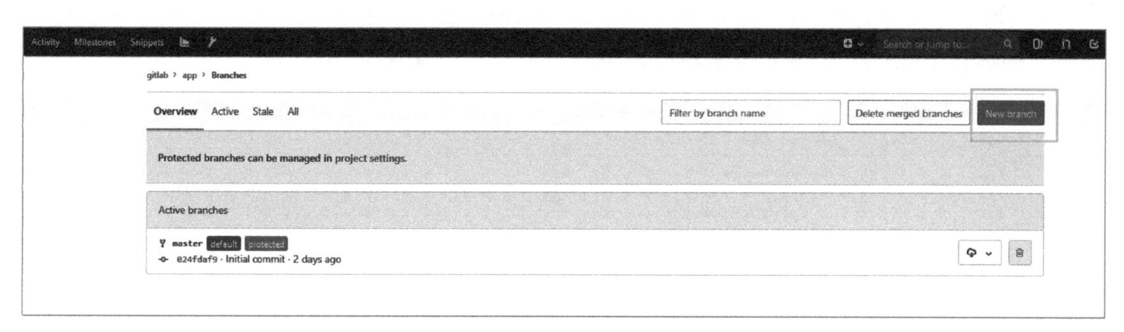


图 4-16　单击 New branch 按钮

3）在 New Branch 界面设置新建的分支名称，这里设置为 dev。Create from 表示新建的 dev 分支从哪个分支复制而来，这里设置从 master 创建，即从 master 分支拉出一个 dev 分支的做法。然后单击 Create branch 按钮，如图 4-17 所示。

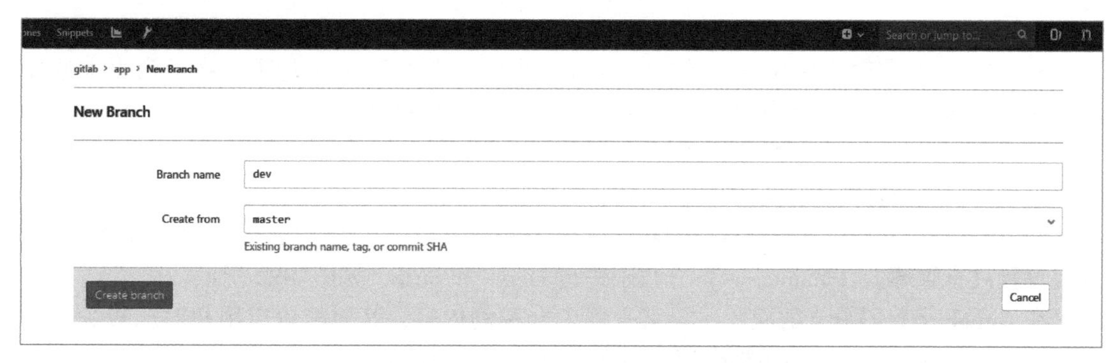


图 4-17　设置分支名称

4）此后再打开项目时就显示出 dev 分支了，如图 4-18 所示。

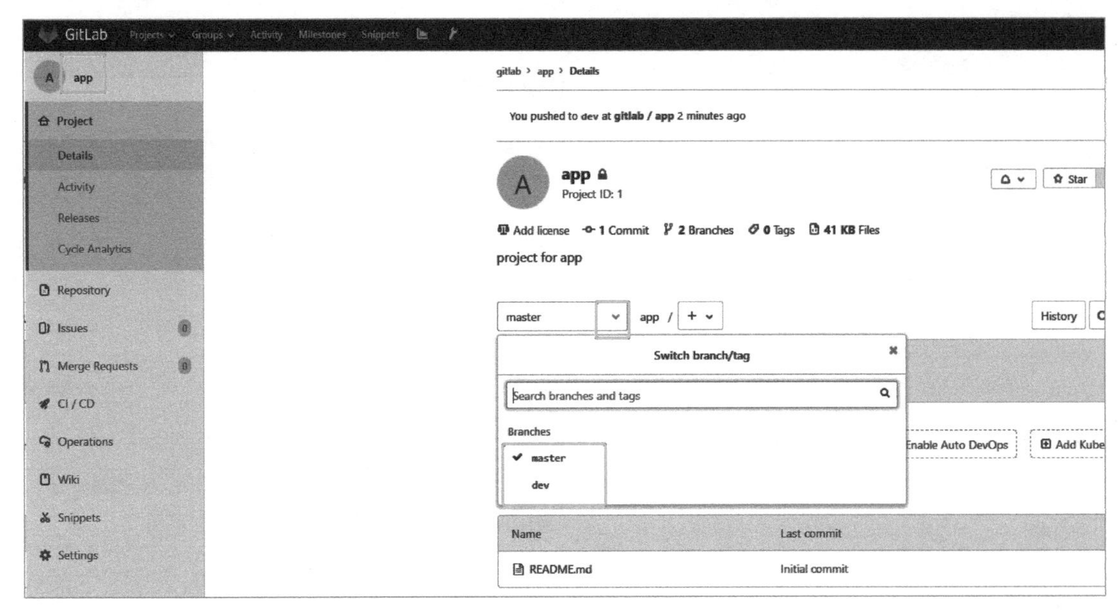


图 4-18 查看分支列表

5）删除分支也是在 Repository 的 Branches 界面中操作，在新建的 dev 分支的右边有一个垃圾桶标识的按钮，单击此按钮就可以删除分支了，如图 4-19 所示。

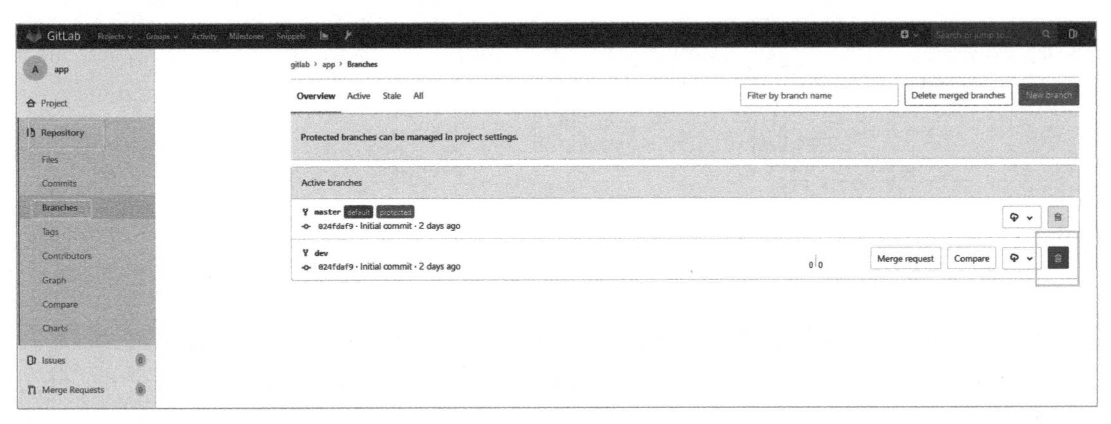


图 4-19 删除分支

6）分支的权限管理在 Settings 的 Repository 界面（选择 Settings 选项，在子列表中选择 Repository 选项），即可进入分支权限管理界面，如图 4-20 所示。

7）Default Branch 界面可以设置默认分支，这里将 master 设置为默认分支。打开项目时，显示的就是设置默认分支的内容，如图 4-21 所示。

8）Protected Branches 界面用于对特定的分支进行保护，这里将 master 设置为保护分支，并且设置只有管理员（Maintainer）有权限进行 merge 和 push，如图 4-22 所示。

在 GitLab 上代码分支的配置主要就是以上介绍的内容，其他配置应用相对比较少，这里就不再一一介绍。下面简单地介绍一下在企业中是如何设置分支的。

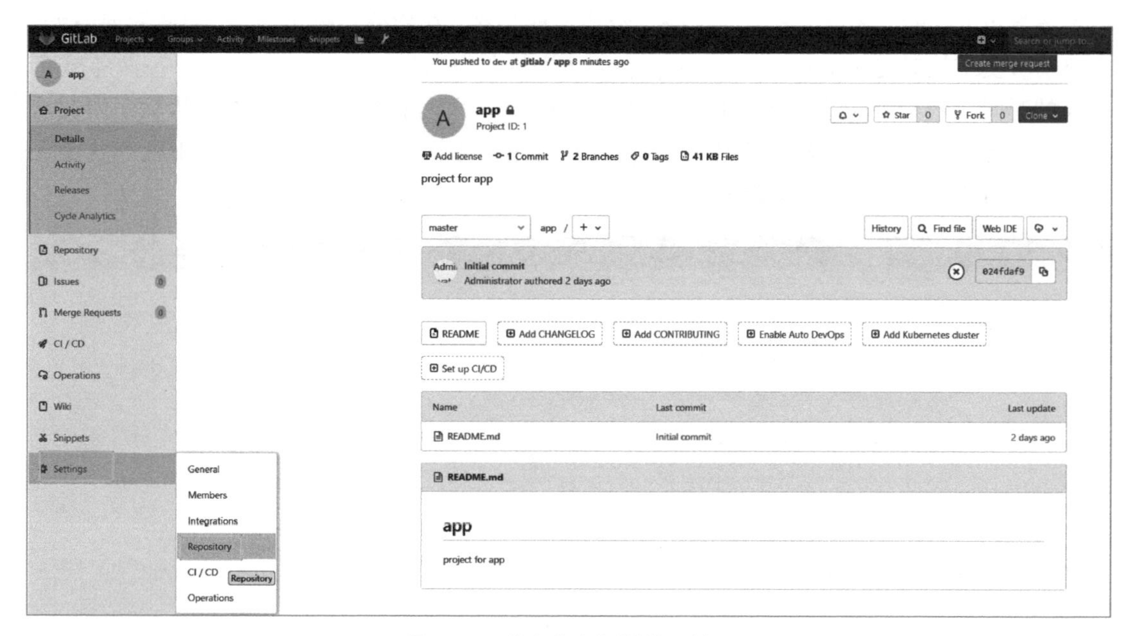

图 4-20　进入分支权限管理界面

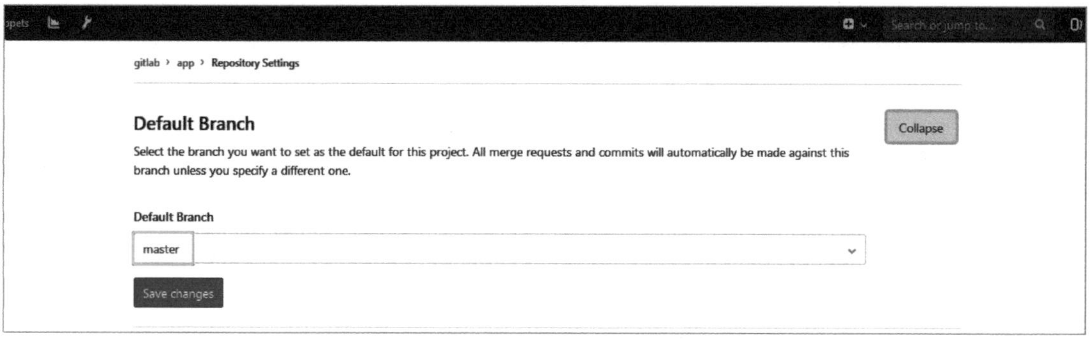

gitlab › app › Repository Settings

Default Branch

Select the branch you want to set as the default for this project. All merge requests and commits will automatically be made against this branch unless you specify a different one.

Collapse

Default Branch

master

Save changes

图 4-21　设置默认分支

代码分支的管理是非常重要的，管理不当有可能会在某些时间点带来麻烦。当然，代码分支的管理不是固定的，要根据具体情况具体设置，这和团队规模、规范化程度等有关。接下来介绍一种相对来说不容易导致混乱的模式。

在图 4-23 中，首先从 master 分支拉出 dev 分支，开发者在 dev 分支上进行开发。通常情况下不允许开发直接 push 到 dev 分支，而是将代码仓 fork 到自己名下的私有仓库中，然后通过 MergeRequest 的方式向 dev 分支提交代码。部署流水线的 CI 部署在 dev 分支，每次 dev 分支的提交需要做一些静态代码检查、单元测试、编译等。待一个小开发周期结束时将 dev 分支合入到 test 分支，test 分支用于部署到对应的测试环境供测试人员测试，待测试人员经过充分测试后再合入 pre 分支，用于部署到预发布环境，供相关人员体验。然后正式发布一个版本，比如发布 1.0 版本。此时将代码合入到 master 分支，再拉出 1.0 的分支，此分支用于后续维护使用。此后开发人员继续下一个小周期的开发，同理，代码继续合入 dev。当然，在这个开发阶段会有 1.0 版本的 bug 修复，此时 1.0 的分支就开始发挥作用了，即当开发准备解决 bug 时，不会直接在 dev 分支解决，而是在 1.0 的分支解决 bug。如此周而复始，最终的分支结构就是 master、dev、test、pre 以及各个版本号的分支。比如过了一两年或者更长的时间，版本可能迭代到 5.0 了，此时 master 分支的代码即在 5.0 版本的状态，而在这之前有的客户用 1.0 的版本就出现了 bug。在这种情况下，各个版本的分支作用就非常明显了，可以直接继续在 1.0 分支修改 bug。

Snippets

Set up your project to automatically push and/or pull changes to/from another repository. Branches, tags, and commits will be synced automatically. Read more

**Protected Branches**

Collapse

Keep stable branches secure and force developers to use merge requests.

By default, protected branches are designed to:

- prevent their creation, if not already created, from everybody except Maintainers
- prevent pushes from everybody except Maintainers
- prevent **anyone** from force pushing to the branch
- prevent **anyone** from deleting the branch

Read more about protected branches and project permissions.

Protect a branch

Branch: Select branch or create wildcard

Wildcards such as *-stable or production/* are supported

Allowed to merge: Select

Allowed to push: Select

Protect

| Protected branch (1) | Last commit | Allowed to merge | Allowed to push | |
|---|---|---|---|---|
| master default | 024fdaf9 2 days ago | Maintainers | Maintainers | Unprotect |

图 4-22 设置保护分支

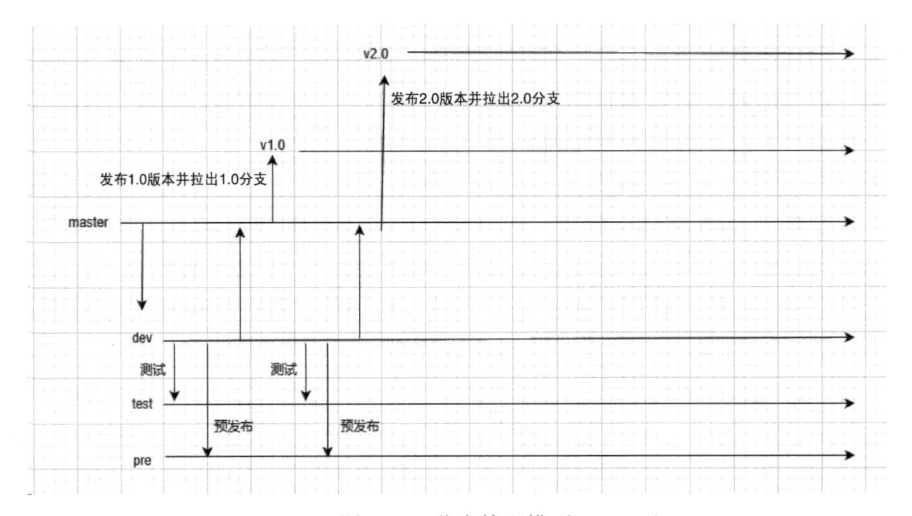


图 4-23 分支管理模型

### 4.3.3 GitLab 需求任务管理

GitLab 主要是通过 Issue 来管理需求任务以及缺陷的。换言之，对 GitLab 而言，不论是需求、任务或缺陷，都是 Issue，而 GitLab 通过另外的标签来标记 Issue 到底是属于哪个类型的。在正式使用 Issue 之前，首先需要对 lable 进行规划设计。GitLab 还提供了里程碑的概念，即在软件开发流程中，可以设置若干个里程碑作为软件研发过程中的里程碑节点。里程碑的具体操作步骤如下。

1）选择 Issues 选项，在列表中选择 Milestones 选项，打开里程碑设置界面，如图 4-24 所示。

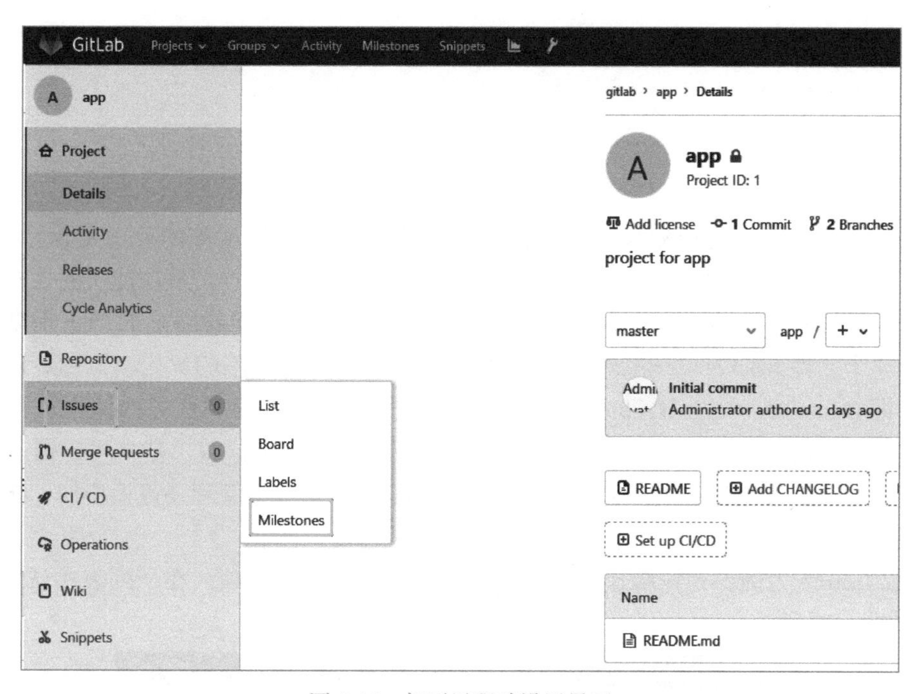


图 4-24 打开里程碑设置界面

2）单击 New milestone 按钮，开始创建里程碑，如图 4-25 所示。

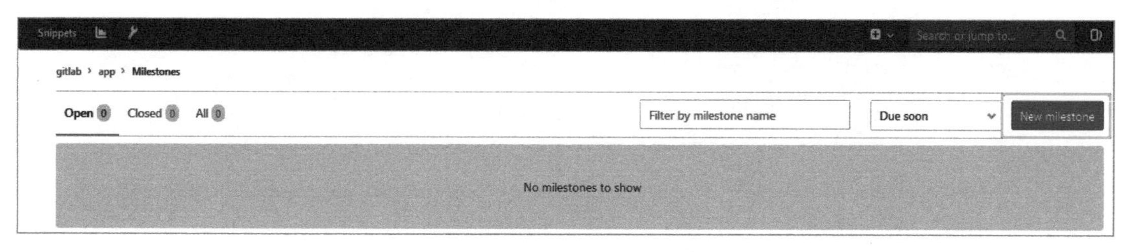


图 4-25 开始创建里程碑

3）在 New Milestone 界面设置里程碑内容，比如将 v1.0 作为里程碑点。该里程碑点要求 app 能上线，时间周期设置为一个季度基本功能可以正常使用。里程碑的周期不能太短，时间节点设置为第二个季度，即从 4 月 1 日到 6 月 30 日。里程碑顾名思义为项目过程中非常重要的历史节点，因此一般里程碑的周期为 3 个月到半年相对比较合适。然后单击 Create milestone 按钮创建里程碑，如图 4-26 所示。

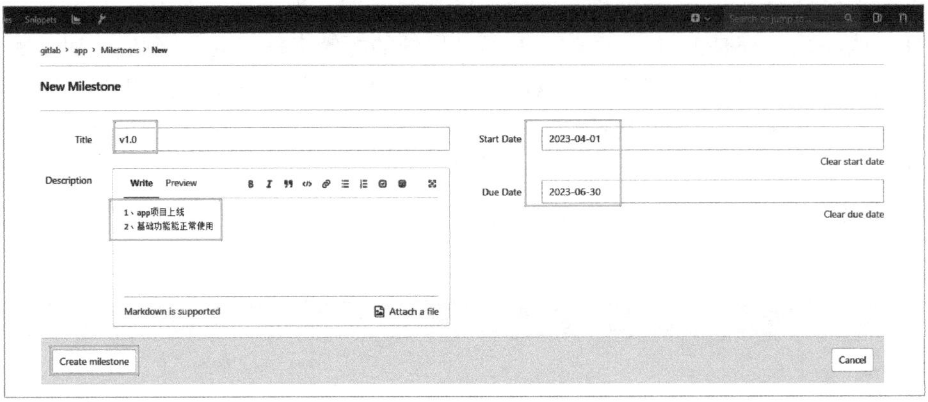

图 4-26　设置里程碑内容

下面需要对标签进行规划设计。根据前面的分析，Issue 最基础的要覆盖需求、任务、缺陷，此外有时在团队协作的过程中还希望有讨论的内容以及文档。从功能层面，标签可以设计 5 个，即 feature、task、bug、discussion 和 document；根据问题缺陷的严重程度，标签需要增加 4 个，即 blocker、critical、major 和 trivial；根据问题缺陷的优先级，标签还需要增加 5 个，即 immediate、urgent、hight、normal 和 low。当然，需求和任务的优先级可以根据问题缺陷中使用的 5 个优先级。因此，通常情况下新增这 14 个标签，基本可以覆盖绝大多数场景了，如还有其他特殊场景的需求可以继续新增。注意标签管理要谨慎增加，防止后续出现标签混乱的问题。

4）以 feature 为例，首先新建一个标签，依次选择 Issues 选项，在子列表中选择 Labels 选项，如图 4-27 所示。

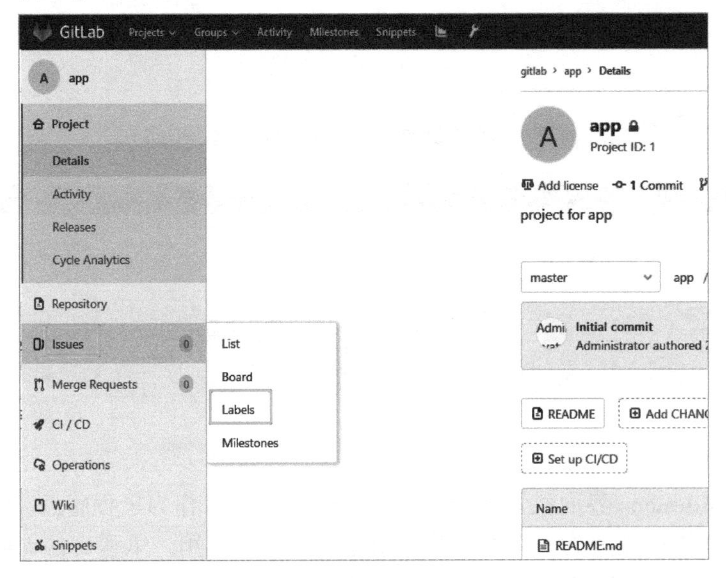


图 4-27　进入新建标签界面

5）单击 New label 按钮，如图 4-28 所示。

图 4-28　新建标签

6）在 New Label 界面中设置标签名为 feature，再编写标签的含义，然后为此标签选择一种颜色，这里选择蓝色，如图 4-29 所示。

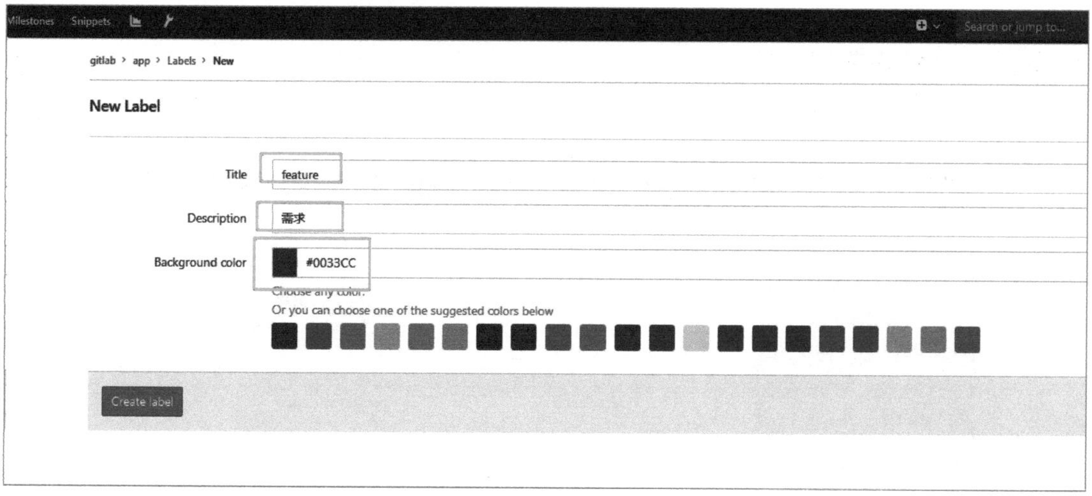

图 4-29　设置标签的内容

7）重复上述步骤，新建上面分析的 14 种标签，创建完成后截取的部分标签如图 4-30 所示。

然后就可以通过 Issue 去创建需求、任务或者缺陷了。这里就以创建需求为例，演示 Issue 的创建过程。

8）选择 Issues 选项，在子列表中选择 List 选项，进入 Issue 界面，如图 4-31 所示。

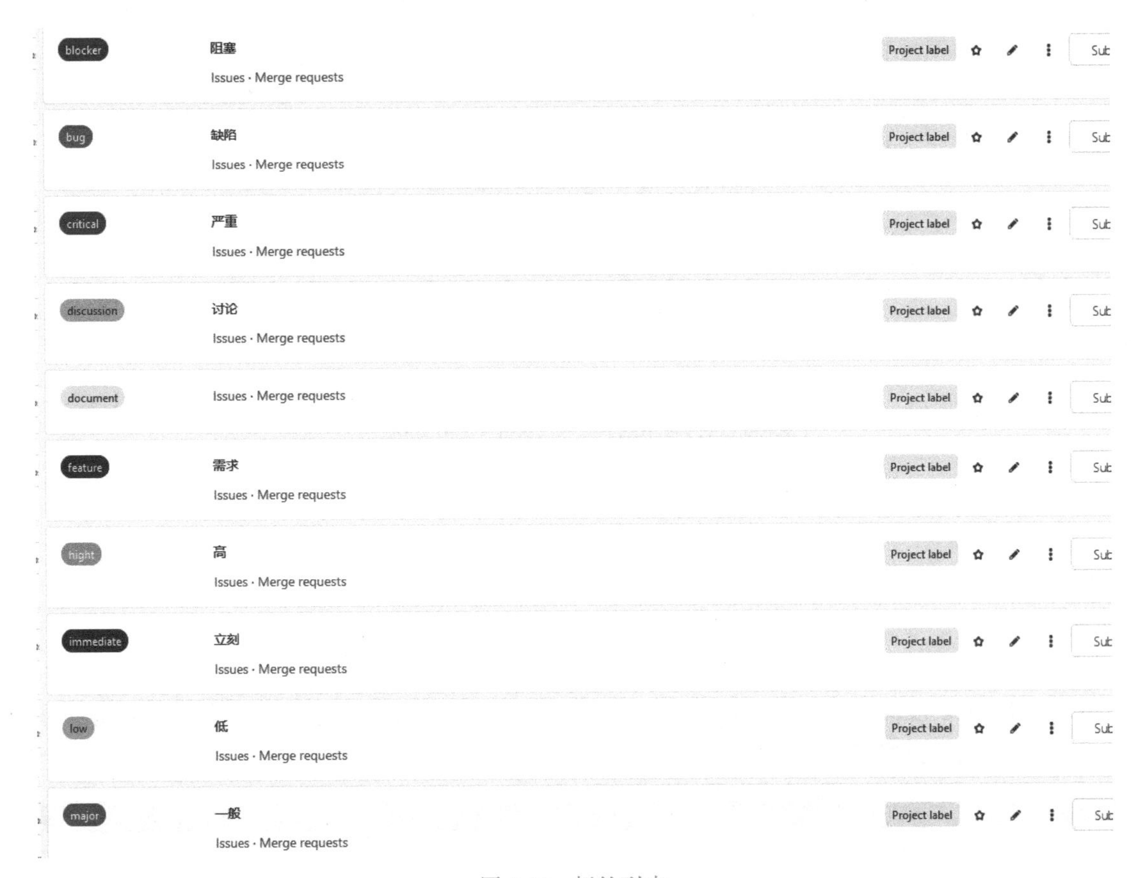


图 4-30　标签列表

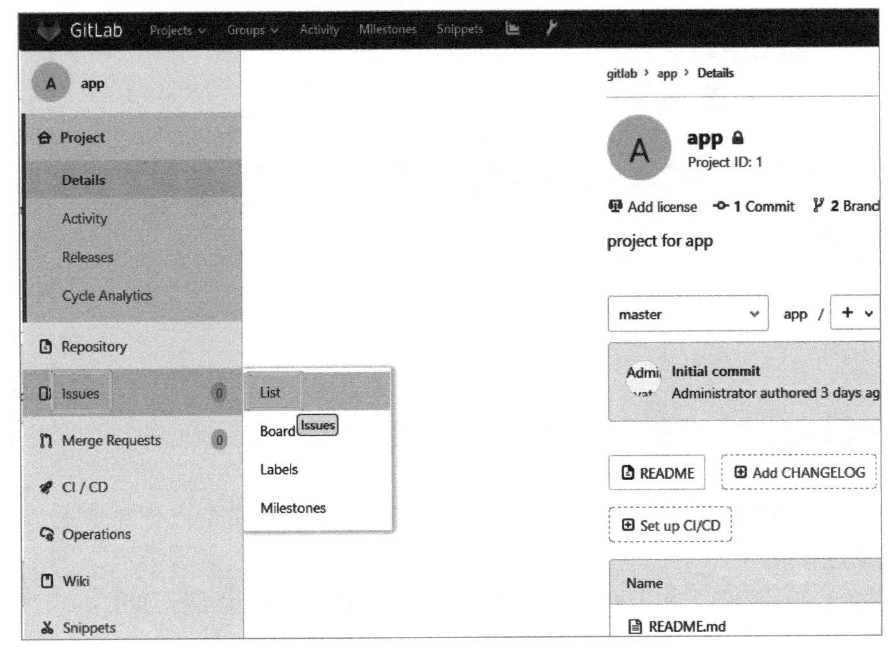


图 4-31　进入 Issue 界面

9）单击 New issue 按钮，如图 4-32 所示。

图 4-32　创建 Issue

10）在打开的 New Issue 界面中填写 Issue 的信息，包括标题、描述、需求指派，并关联里程碑。这里可以指定多个标签，比如指定 feature 和 hight 两个标签，如图 4-33 所示。

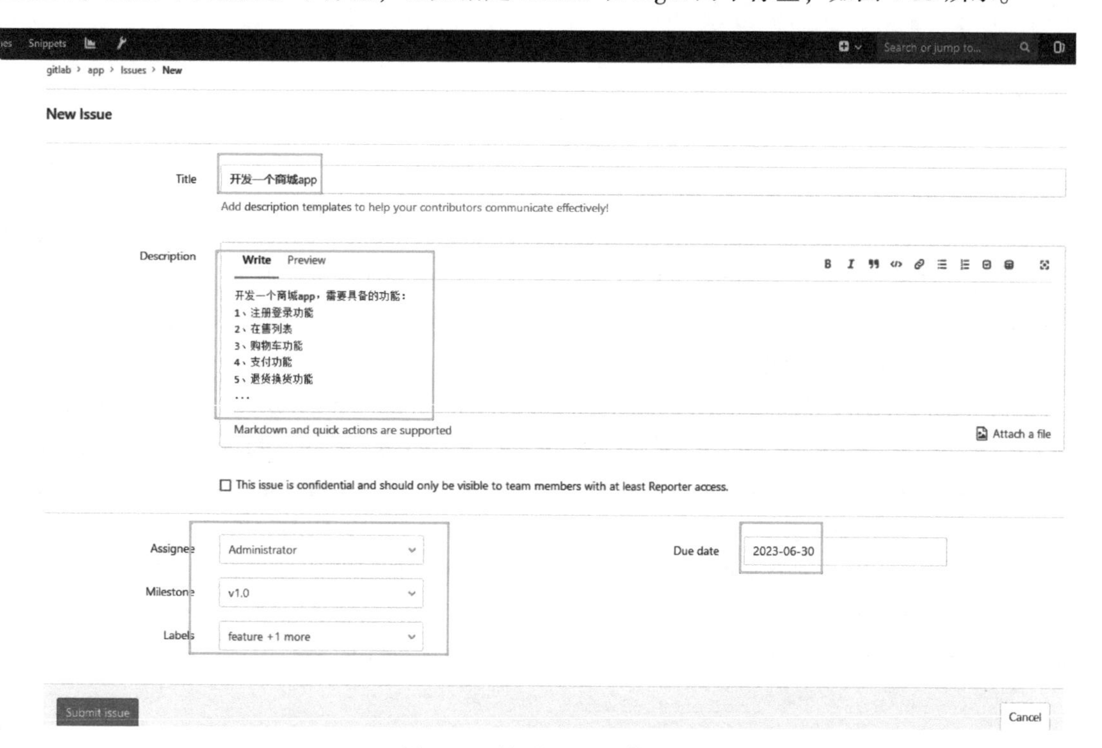


图 4-33　填写 Issue 的信息

11）创建完成后，可以看到有两个标签，表示是一个高优先级的需求，如图 4-34 所示。

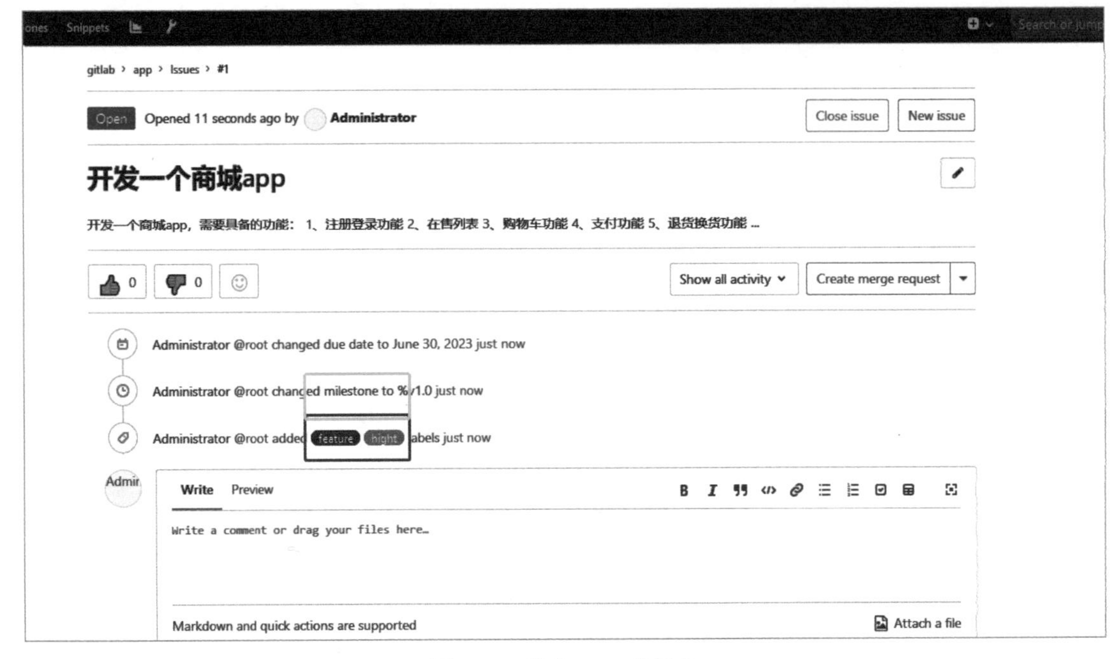


图 4-34　需求 Issue 的信息

创建任务以及缺陷的操作流程和创建需求的流程几乎完全一致，仅打的标签不同。

## 4.4　GitLab 代码管理

代码管理是 GitLab 最核心和关键的功能之一。本节将针对代码管理以及 git 工具等具体操作进行详细介绍。

### 4.4.1　配置 SSH 公钥

不论是使用 GitLab、GitHub 还是 Gitee 平台，一般在注册账号之后第一件事就是将本机的 SSH 公钥配置到代码管理平台上，这样在此后下载更新或者上传代码时就不需要每次都输入密码了，具体操作步骤如下。

1）找到本机用户目录下的.ssh 目录，比如 Windows 的 Administrator 管理员账号的目录为 C:\Users\Administrator\.ssh。如果已经生成过公钥和私钥，则在此目录下就会存在公钥和私钥了，如图 4-35 所示。这里的 id_rsa.pub 就是公钥文件，而 id_rsa 则是私钥文件。rsa 是加密算法，常用于 SSH 公钥和私钥加密算法有 RAS、DSA 以及 ECDSA 等。

2）如果已经生成过公钥和私钥了，则不用再生成，直接使用即可。如果未生成过，则需要先生成公钥和私钥文件，这里以生成 RSA 加密算法的公钥和私钥文件为例。首先打开 cmd 窗口或者 git bash 窗口，执行如下命令。注意邮箱地址需要替换为自己的邮箱地址。

```
ssh-keygen -t rsa -C "hitredrose@163.com"
```

图 4-35　公钥和私钥文件

3）连续按 Enter 键，执行完成后就会在上述.ssh 目录生成公钥和私钥文件。然后打开 id_rsa.pub文件，复制其中的内容。接着在 GitLab 中单击头像下拉按钮，在列表中选择 Settings 选项，如图 4-36 所示。

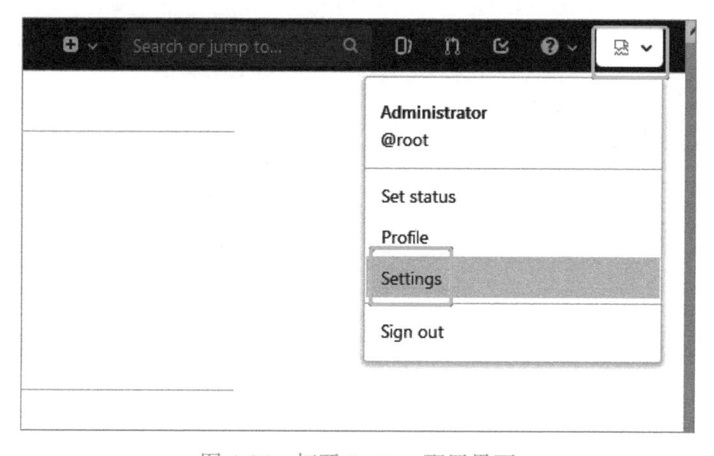


图 4-36　打开 Settings 配置界面

4）选择左侧的 SSH Keys 选项，将复制的公钥内容粘贴到右侧 Key 文本框中，然后单击 Add key 按钮，如图 4-37 所示。

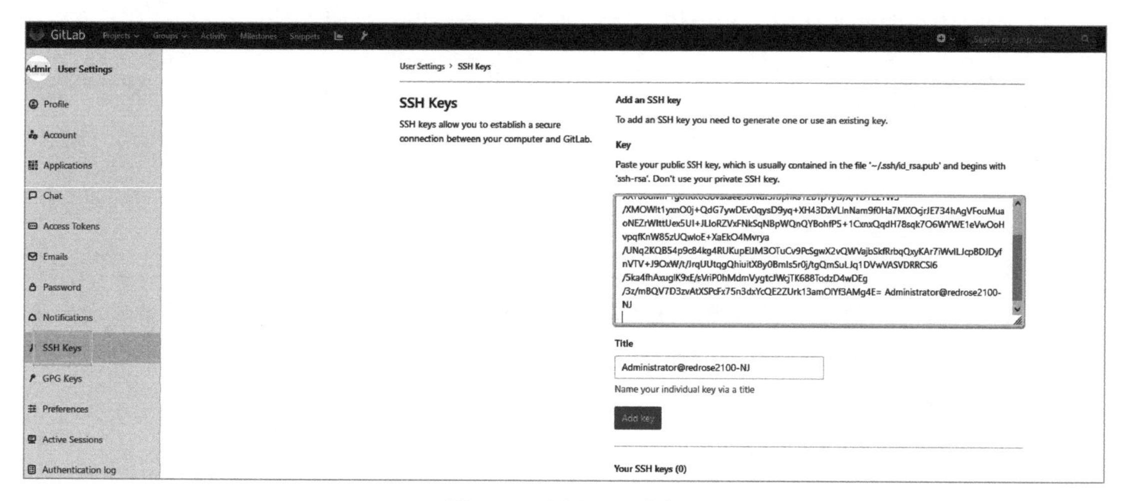


图 4-37　配置 SSH 公钥

至此，SSH 公钥就配置完成了。GitLab 配置 SSH 公钥的过程和在 GitHub 以及 Gitee 平台配置 SSH 公钥的过程几乎完全一样。这些都是最基本的操作，对于有一定经验的读者，可以直接跳过这些基础部分。

### 4.4.2 更新与提交代码

配置好 SSH 公钥后，我们可以通过 SSH 协议的 Git 地址来下载代码，具体操作步骤如下。

1）打开 app 项目，复制 SSH 协议的 Git 地址链接，如图 4-38 所示。

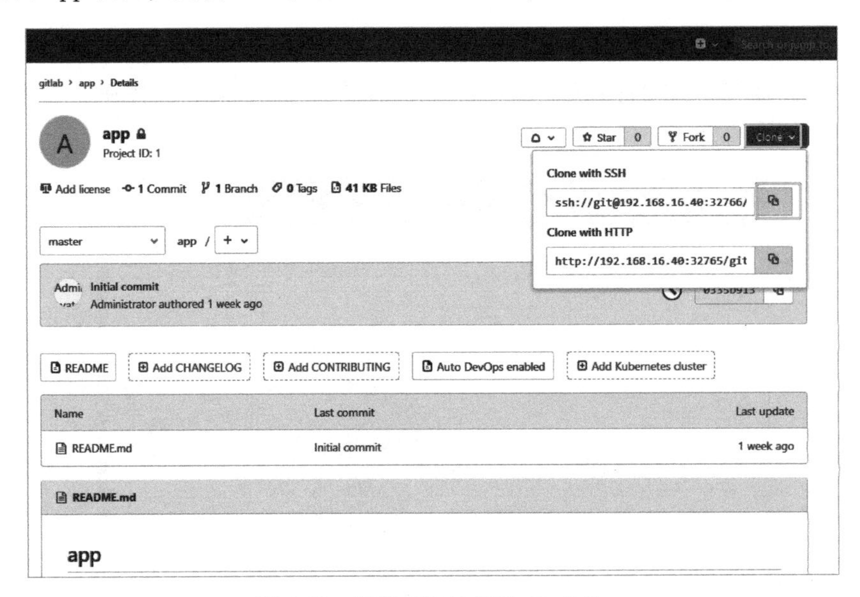


图 4-38 复制 SSH 协议的 Git 地址

2）打开 git bash 命令行窗口，执行如下命令，即可下载 app 项目的代码。

```
git clone ssh://git@192.168.16.40:32766/GitLab/app.git
```

3）编写相应的修改代码，然后依次执行如下 git 命令提交代码。

```
git add .
git commit -m "changes of code"
git push origin master
```

## 4.5 Git 常用命令

在代码开发中，虽说有各种图形化工具，但出现问题时，图形化工具的弊端就显现出来了。因此，学会执行 Git 命令管理代码是非常重要的。学会使用常用的 Git 命令，也是一个开发者必备的基本功。

### 4.5.1 安装 Git 客户端

下载更新代码或者上传代码时，当前无论是使用内部搭建的 GitLab 平台，还是公开的

GitHub 或者 Gitee 平台，学会使用 Git 命令都是必须的。虽然当前许多图形化软件已经集成了 Git 命令可以进行图形化操作，但是熟练地使用 Git 命令仍然是程序员必备的技能。在使用 Git 命令之前，需要安装 Git 客户端。Windows 平台安装 Git 客户端，可以在 Git 官方（https://git-scm.com/downloads）下载安装包进行安装，这里不再赘述。接下来将详细介绍如何在 Linux 的 CentOS 系统上安装 Git 客户端，具体操作步骤如下。

1）执行如下命令安装依赖软件包。

```
yum install -y curl-devel expat-devel gettext-devel openssl-devel zlib-devel gcc-c++ perl-ExtUtils-MakeMaker
```

2）通过 wget 下载 Git 安装包，安装包的地址可以通过 Git 官网查询到，具体如下。

```
wget https://mirrors.edge.kernel.org/pub/software/scm/git/git-2.31.1.tar.gz --no-check-certificate
```

3）将下载的压缩包解压到/usr/local/src/路径下，具体如下。

```
tar -zxvf git-2.31.1.tar.gz -C /usr/local/src/
```

4）执行如下命令进行编译和安装。

```
cd /usr/local/src/git-2.31.1/
./configure --prefix=/usr/local/git
make
make install
```

5）安装完成后，需要设置环境变量，可以直接执行如下命令。

```
echo "export PATH=$PATH:/usr/local/git/bin" >> /etc/profile
source /etc/profile
```

6）执行 git version 命令可查看版本号，安装成功的显示如下。

```
[root@centos-02 ~]# git --version
git version 2.31.1
[root@centos-02 ~]#
```

7）这里需要注意的是，如果出现类似如下的显示，表示版本号与安装不一致，说明当前机器以前存在 Git 客户端。

```
[root@iZbp1flzt6x7pxmxfhmxeeZ git-2.31.1]# git --version
git version 1.8.3.1
[root@iZbp1flzt6x7pxmxfhmxeeZ git-2.31.1]#
```

8）执行如下命令将原有的 Git 卸载。

```
yum remove git -y
```

9）重新执行如下命令刷新环境变量。

```
source /etc/profile
```

10）再一次执行 git version 命令查看 Git 客户端的版本，通常情况下已经正确地安装配置 Git 客户端了。

### 4.5.2　Git 常用的命令

熟练应用 Git 命令是一个成熟的程序员必备的技能，下面将介绍一些常用 Git 命令的应用。

首先从下载代码开始，此时使用 git clone 命令，如下所示。url 为代码仓下载代码的地址，可以是 ssh 协议的，也可以是 http 或者 https 的。ssh 协议的需要配置 SSH 公钥，http 或者 https 的则需要使用用户名和密码。上一节已经介绍过如何配置 SSH 公钥，此处不再赘述。

```
git clone ssh://git@192.168.16.40:32766/GitLab/app.git
```

下载代码后，在命令行终端中进入到代码根目录，然后可以执行 git status 命令查看当前代码仓的状态。如下代码表示当前代码仓尚未有任何修改。

```
[root@centos7-redrose2100 app]# git status
On branch master
Your branch is up to date with 'origin/master'.

nothing to commit, working tree clean
[root@centos7-redrose2100 app]#
```

向 demo.txt 文件中写入 hello world 字符串，然后在执行 git status 时就可以看到文件状态变化了，如下所示。

```
[root@centos7-redrose2100 app]# echo "hello world">demo.txt
[root@centos7-redrose2100 app]# git status
On branch master
Your branch is up to date with 'origin/master'.

Untracked files:
  (use "git add <file>..." to include in what will be committed)
    demo.txt

nothing added to commit but untracked files present (use "git add" to track)
[root@centos7-redrose2100 app]#
```

此时可以通过 git add .或者 git add demo.txt 将 demo.txt 文件跟踪起来。git add .是将当前代码仓下的所有修改都加进来，如下所示。git add demo.txt 则是指定本次只提交 demo.txt 文件，如果还有其他修改文件则不提交。

```
git add .
```

通过如下命令提交文件。git commit 命令实质是将文件修改提交到本地仓库；-m 参数用于描述本次提交的修改，便于以后排查。

```
git commit -m "commit demo.txt"
```

执行 git push 命令可将本地修改的代码提交到远端代码仓，具体如下。

```
[root@centos7-redrose2100 app]# git push origin master
Enumerating objects: 4, done.
Counting objects: 100% (4/4), done.
Delta compression using up to 8 threads
Compressing objects: 100% (2/2), done.
Writing objects: 100% (3/3), 282 bytes | 282.00KiB/s, done.
Total 3 (delta 0), reused 0 (delta 0), pack-reused 0
```

```
To ssh://192.168.16.40:32766/GitLab/app.git
  0335b91..ef1c109  master -> master
[root@centos7-redrose2100 app]#
```

此时在 GitLab 上可以看到 demo.txt 文件以及提交的记录，如图 4-39 所示。

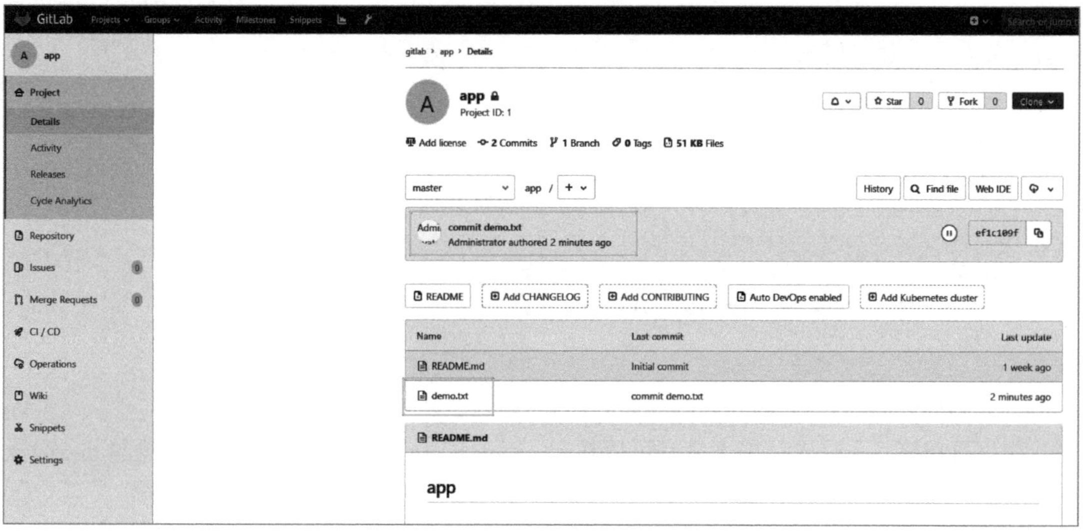

图 4-39　提交代码

以上是在日常代码开发中，最常用的几个命令。下面再介绍几个较常用的命令，比如 git branch 命令用于查看当前所处的分支。表示当前所处 master 分支的具体命令如下。

```
[root@centos7-redrose2100 app]# git branch
* master
[root@centos7-redrose2100 app]#
```

通过 git branch -a 命令可以查看本地和远端的所有分支。如下代码表示当前本地有一个 master 分支，远端也只有一个 master 分支。

```
[root@centos7-redrose2100 app]# git branch -a
* master
  remotes/origin/HEAD -> origin/master
  remotes/origin/master
[root@centos7-redrose2100 app]#
```

在日常代码开发中，常常需要从一个分支切换到另一个分支，比如现在只有 master 分支，需要从 master 分支新建一个 dev 分支。当然也可以在 GitLab 代码仓上新建分支。除此以外，还可以在本地命令行中通过 git checkout -b dev 命令新建分支，如下所示。

```
[root@centos7-redrose2100 app]# git checkout -b dev
Switched to a new branch 'dev'
[root@centos7-redrose2100 app]# git branch
* dev
  master
[root@centos7-redrose2100 app]# ls
```

```
demo.txt  README.md
[root@centos7-redrose2100 app]#
```

以上命令需要和 git checkout dev 分开，-b 参数表示当前不存在 dev 分支，直接以当前所处的分支为根基新建 dev 分支；而 git checkout dev 表示当前已经存在 dev 分支，从其他分支切换到 dev 分支。比如当前正处于 dev 分支，执行 git checkout master 命令，则可以切换到 master 分支了，如下所示。

```
[root@centos7-redrose2100 app]# git branch
* dev
  master
[root@centos7-redrose2100 app]# git checkout master
Switched to branch 'master'
Your branch is up to date with 'origin/master'.
[root@centos7-redrose2100 app]# git branch
  dev
* master
[root@centos7-redrose2100 app]#
```

这里再切换 dev 分支，接下来就可以执行 git push origin dev 命令将本地新建的 dev 分支推送到服务端的 dev 分支，如下所示。

```
[root@centos7-redrose2100 app]# git checkout dev
Switched to branch 'dev'
[root@centos7-redrose2100 app]# git branch
* dev
  master
[root@centos7-redrose2100 app]# git push origin dev
Total 0 (delta 0), reused 0 (delta 0), pack-reused 0
remote:
remote: To create a merge request for dev, visit:
remote:
      http://192.168.16.40:32765/GitLab/app/merge_requests/new? merge_request%5Bsource_
branch%5D=dev
remote:
To ssh://192.168.16.40:32766/GitLab/app.git
 * [new branch]      dev -> dev
[root@centos7-redrose2100 app]#
```

之前服务端是没有 dev 分支的，这里再打开 GitLab 界面，可以看到此时已经有 dev 分支了，如图 4-40 所示。

此外，在团队开发协作中，若需要从 GitLab 服务端将最新的代码拉取到本地，则可以直接使用 git pull 命令，git pull 命令是将远端当前分支的代码拉取到本地的当前分支。如果从远端其他分支的代码拉取到本地当前分支，需要指定远端的分支名，比如当前本地处于 dev 分支，但是希望把服务端 master 分支拉取到本地 dev 分支，就需要使用 git pull origin master 命令。本地和服务端分支之间的代码同步命令如图 4-41 所示。如果从本地 master 分支拉取同步代码到本地 dev 分支，而且当前处于 dev 分支，则可以直接使用 git merge master 命令。

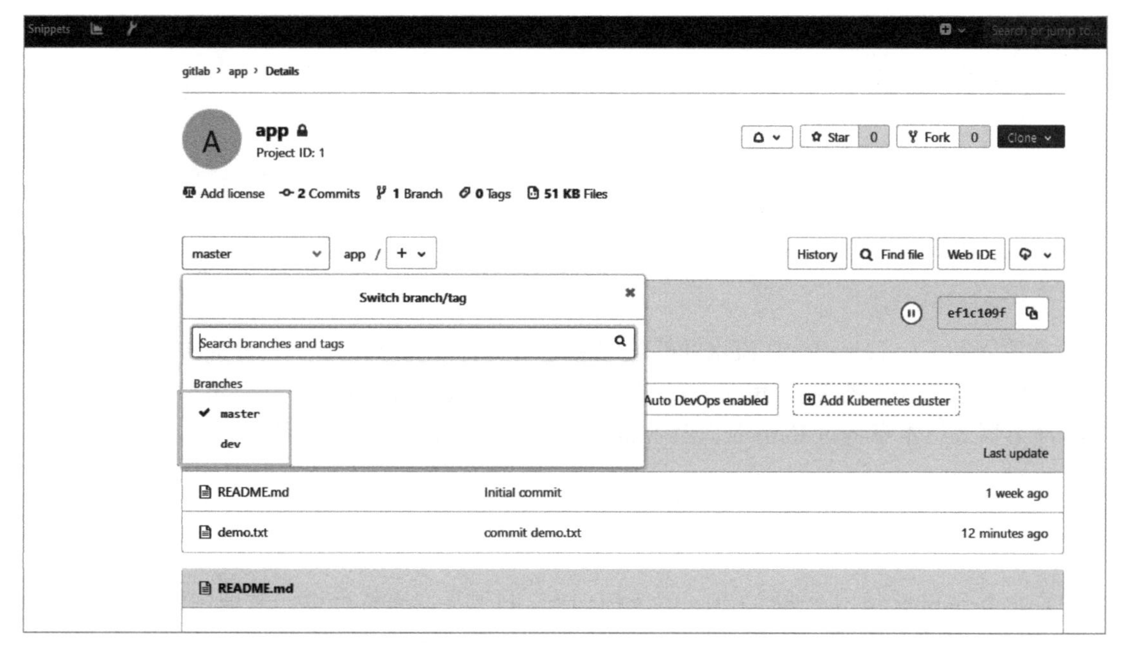


图 4-40　推送 dev 分支到 GitLab 服务端

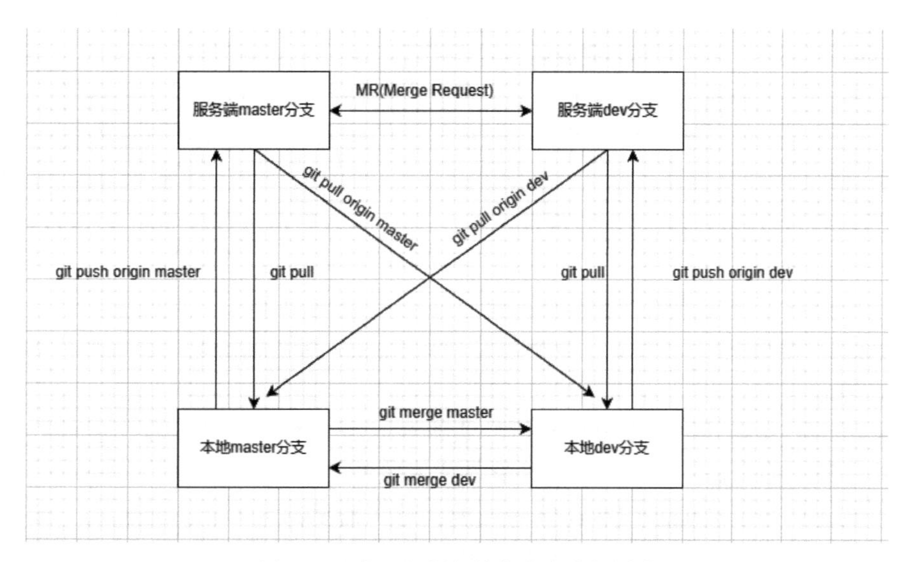


图 4-41　本地和服务端各分支之间同步

Git 还有许多其他命令，这里不再一一介绍了。掌握本地和远端各个分支之间的同步命令，基本可以应付日常开发中的绝大多数场景了。

# 第5章 GitLab CI/CD 配置 Runners

众所周知，GitLab CI/CD 流水线的最终落地是要有环境执行的，而最终执行 GitLab CI/CD 流水线的执行机器就是 Runners。根据环境的类型，Runners 的类型可分为服务器和 docker 容器等，本章将对 Runner 以及 Runners 的部署方式进行详细介绍。

## 5.1 GitLab-Runner 简介

GitLab-Runner 是用于执行 GitLab CI/CD 任务的工具，通俗点说，就是用来执行 GitLab 上的 CI/CD 任务的机器。当然这里的机器是广义上的，它可以是物理机、虚拟机、docker，甚至是 Kubernetes。

GitLab-Runner 可以在 Linux、macOS 和 Windows 上使用，并且可以通过包管理器、二进制文件或 docker 镜像进行安装。安装完成后，需要配置 GitLab-Runner 并注册到 GitLab 服务器上。

GitLab-Runner 将监听 GitLab 服务器上由项目中的.gitlab-ci.yml 文件定义的作业。当作业被触发时，GitLab-Runner 将下载代码并执行任务。因此 GitLab CI/CD 只要在代码仓中增加了.gitlab-ci.yml 文件就会触发流水线，流水线如何运行或执行哪些任务则是在.gitlab-ci.yml 文件中按照一定的语法格式定义的。而流水线的执行都是在 GitLab-Runner 上执行的，因此，在正式体验 GitLab CI/CD 功能之前必须先配置好 GitLab-Runner。

GitLab-Runner 有许多种类型，本书主要介绍 shell 类型和 docker 类型。

shell Runner 是最基本的 Runner 类型。它会在 Runner 所在机器上打开一个终端，并执行作业中定义的命令。

docker Runner 是在 docker 容器中执行作业的 Runner 类型。这意味着作业可以在特定的容器环境中运行，而不需要在主机上安装软件或依赖项。

因此，在正式开始 GitLab CI/CD 体验之前，首先需要部署 GitLab-Runner。接下来将依次介绍如何配置 shell 类型、docker 类型的 GitLab-Runner。

## 5.2 注册 GitLab-Runner 准备工作

shell 类型的 GitLab-Runner，通俗来说就是给 GitLab 配置一个 Linux 虚拟机作为 GitLab CI/CD 流水线的执行机器。在配置 GitLab-Runner 之前，首先需要清楚 GitLab-Runner 的作用范围。通常情况下开发人员直接操作的是代码仓，即对代码仓的流水线而言，需要为代码仓配置一个执行机器。作为 DevOps 运维人员，可能管理着不止一个代码仓，甚至是不止一个组，因此对 GitLab 管理人员来说，为一个组配置 GitLab-Runner 更加合理，因为这样管理起来更加方便。当然也存在某个特殊的代码仓需要特殊的执行机器配置，此时仍然需要对单个代码仓进行 GitLab-Runner 配置。除此以外，开发者通常是将代码仓 fork 到自己的命名空间下的私有仓库中，此时每个开发者也需要为自己的代码仓配置 GitLab-Runner。至此可以看出，配置 GitLab-Runner 的作用范围基本包含三类，即组级别、项目级别和私人代码仓级别。当然，如果公司或者团队规模较大，可能还会存在子组的划分，其配置方法都是类似的。

针对组、项目和私人代码仓配置 GitLab-Runner 的方法都是一样的，不同的是其 Token 和 URL。下面分别介绍 3 类 GitLab-Runner 如何查看 URL 和 Token。

第一类是针对组级别。首先进入组空间，在左侧列表中选择 Settings 选项，选择子列表中的 CI/CD 选项，如图 5-1 所示。

图 5-1　进入 CI/CD 配置界面

然后复制 URL 和 Token 以备后续使用，如图 5-2 所示。

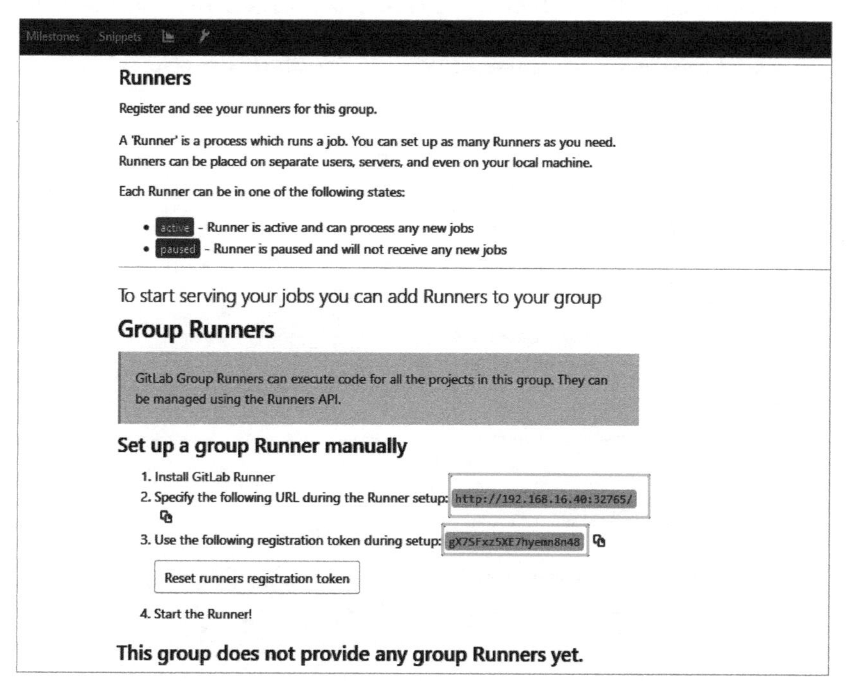


图 5-2　复制组级别 GitLab-Runner 需要的 URL 和 Token

第二类是针对项目代码仓。在左侧列表中选择 Settings，选择子列表中的 CI/CD 命令，进入 GitLab-Runner 的配置界面，如图 5-3 所示。

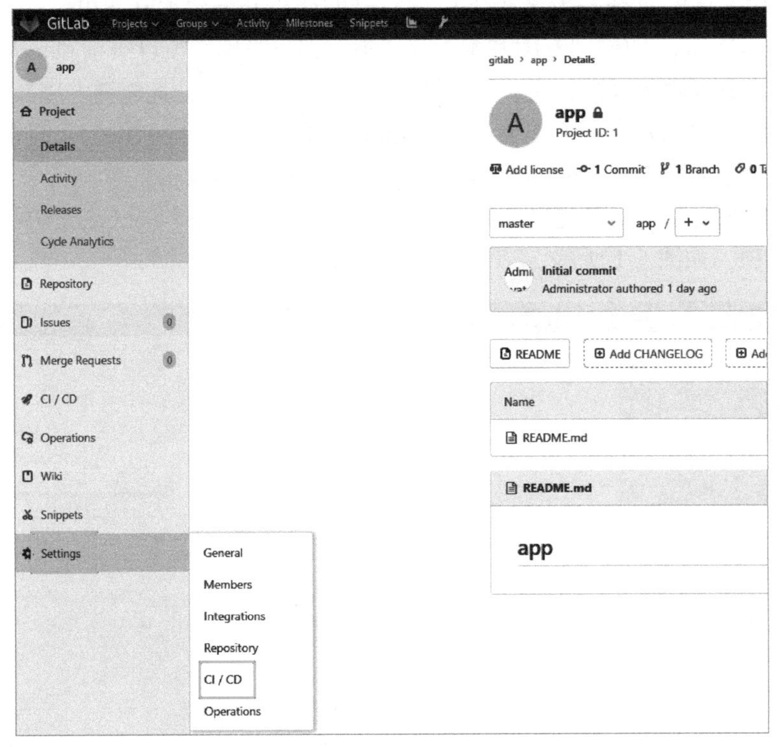


图 5-3　进入项目及 GitLab-Runner 配置界面

在 Runners 界面中复制 URL 和 Token，之后保存以备后续使用，如图 5-4 所示。

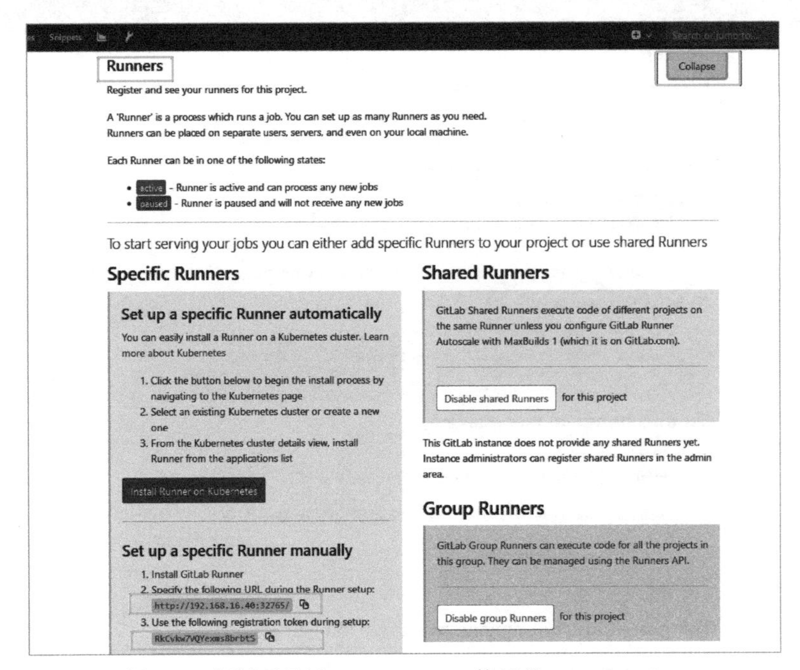


图 5-4　复制项目级 GitLab-Runner 使用的 URL 和 Token

第三类是针对个人命名空间内的私有仓库。用户可以点开项目查看是否有 Settings 选项，因为每个人的权限不同，有可能有些用户是没有 Settings 权限的。如果有 Settings 权限，同样也是通过选择 Settings 选项，然后选择子列表中的 CI/CD 选项，进入 GitLab-Runner 配置界面，复制 URL 和 Token，这样就可以为项目配置自己的 GitLab-Runner 了。如果没有 Settings 选项，则只能使用管理员配置好的 GitLab-Runner 了。在许多情况下，私人空间的代码仓是不配置流水线的。凡事都有利弊，也并不是流水线越多越好。在项目比较小、团队规模不是很大的情况下，流水线配置得过于厚重则有可能会阻碍研发流程。因此，流水线如何设计和部署要因时因地因人而异。

本节主要为配置各个层级的 GitLab-Runner 做准备，即准备好注册 GitLab-Runner 的 URL 和 Token。

## 5.3 配置 shell 类型的 GitLab-Runner

shell 类型的 GitLab-Runner 即将虚拟机注册为 GitLab 的 Runner。shell 类型的 Runner 相对传统一些，没有 docker 类型的 Runner 灵活，但是在实际应用中因为某些具体业务的特殊性经常会用到的，因此掌握搭建 shell 类型的 GitLab-Runner 也是非常重要的。本节就以 Centos 系列的虚拟机为例，展示 GitLab-Runner 的部署与注册，具体操作步骤如下。

1）下载 GitLab-Runner 的安装包，执行如下命令。

```
sudo curl -L --output /usr/local/bin/gitlab-runner https://gitlab-runner-
    downloads.s3.amazonaws.com/latest/binaries/gitlab-runner-linux-amd64
```

2）执行为 GitLab-Runner 增加可执行权限的命令，具体如下。

```
sudo chmod +x /usr/local/bin/gitlab-runner
```

3）执行为 GitLab-Runner 创建用户的命令，具体如下。

```
sudo useradd --comment 'gitlab Runner' --create-home gitlab-runner --shell /bin/bash
```

4）执行为 GitLab-Runner 创建一个软连接文件的命令，具体如下。

```
ln -s /usr/local/bin/gitlab-runner /usr/bin/gitlab-runner
```

5）执行如下命令，进行安装。

```
sudo gitlab-runner install --user=gitlab-runner --working-directory=/home/gitlab-runner
```

6）安装完成后执行如下命令启动 GitLab-Runner。

```
sudo gitlab-runner start
```

7）开始注册 GitLab-Runner 就要用到上一小节准备工作中设置好的项目集和组级的 URL 和 Token。为了更加方便运维，这里选择注册组级别的 GitLab-Runner，因为注册了组级别的 GitLab-Runner，组内的所有的项目都可以使用，而不用再为每个项目单独注册 GitLab-Runner，只有当某个项目需要使用到特殊类型的 GitLab-Runner 时，再去考虑专门为项目注册 GitLab-Runner。

因此这里执行如下命令，URL 即为 GitLab 的地址，Token 即为 GitLab 组的 Token。

```
sudo gitlab-runner register --url http://192. 168. 16. 40: 32765/ --registration-token
gX7SFxz5XE7hyemn8n48
```

8）注册过程如图 5-5 所示。因为命令中已经指定了 URL 和 Token，所以在注册过程中出现确认 URL 和 Token 的步骤时，直接按 Enter 键即可。在提示设置 tag 的步骤需要为此 Runner 设置 tag，在后续流水线中也是通过指定此 tag 来选择使用此 Runner，比如这里设置 tag 值为 shell_GitLab，在注册 Runner 类型的步骤中选择 shell 即可。

```
[root@centos7-redrose2100 ~]# sudo gitlab-runner register --url http://192.168.16.40:32765/ --registration-token gX7SFxz5XE7hyemn8n48
Runtime platform                                    arch=amd64 os=linux pid=3721 revision=79704081 version=16.0.1
Running in system-mode.

Enter the GitLab instance URL (for example, https://gitlab.com/):
[http://192.168.16.40:32765/]:
Enter the registration token:
[gX7SFxz5XE7hyemn8n48]:
Enter a description for the runner:
[centos7-redrose2100.cloud.onecloud.io]: app_shell
Enter tags for the runner (comma-separated):
shell_gitlab
Enter optional maintenance note for the runner:

WARNING: Support for registration tokens and runner parameters in the 'register' command has been deprecated in GitLab Runner 15.6 and will be re
mation, see https://gitlab.com/gitlab-org/gitlab/-/issues/380872
Registering runner... succeeded                     runner=gX7SFxz5
Enter an executor: docker-autoscaler, docker+machine, kubernetes, custom, docker-windows, parallels, shell, ssh, docker, virtualbox, instance:
shell
Runner registered successfully. Feel free to start it, but if it's running already the config should be automatically reloaded!

Configuration (with the authentication token) was saved in "/etc/gitlab-runner/config.toml"
[root@centos7-redrose2100 ~]#
```

图 5-5　shell 类型的 GitLab-Runner 注册过程

9）注册完成后，在 GitLab 界面打开 GitLab 组，选择 Settings 的 CI/CD 选项，然后展开 Runners 选项区，如图 5-6 所示。

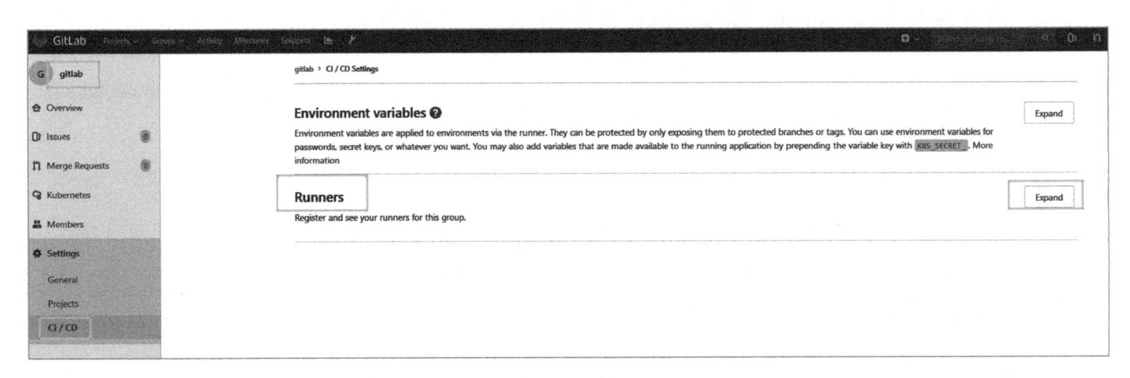


图 5-6　展开 Runners 选项区

10）此时可以看到已经存在 GitLab-Runner 了，如图 5-7 所示。

刚刚在注册 Runner 的过程中提到了设置 tag 非常重要，因为后续的流水线正是通过 tag 来选择 GitLab-Runner 的。当然，在注册完成后，我们也可以在界面重新设置 tag。

11）单击图 5-7 中的编辑按钮，打开图 5-8 的界面，可以对 Description（描述）和 Tags 进行相应设置。

12）此时进入 GitLab 组中的 app 项目，选择 Settings 的 CI/CD 选项，然后展开 Runners 选项区，如图 5-9 所示。

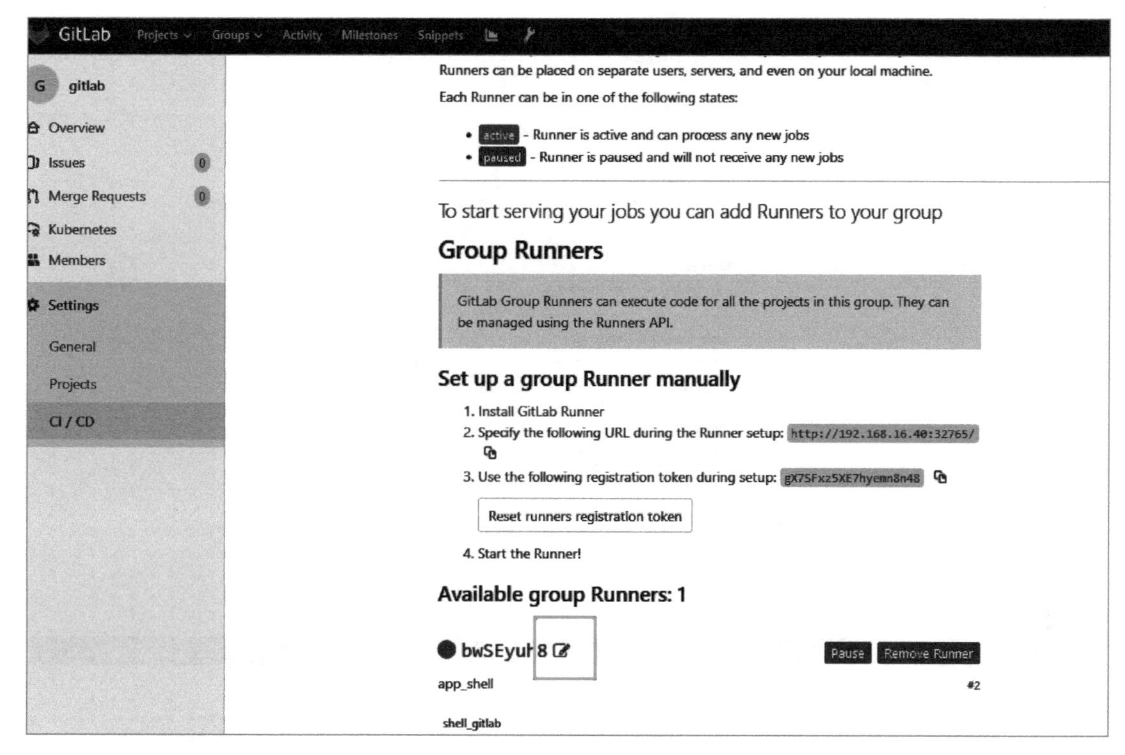


图 5-7　GitLab-Runner 注册成功

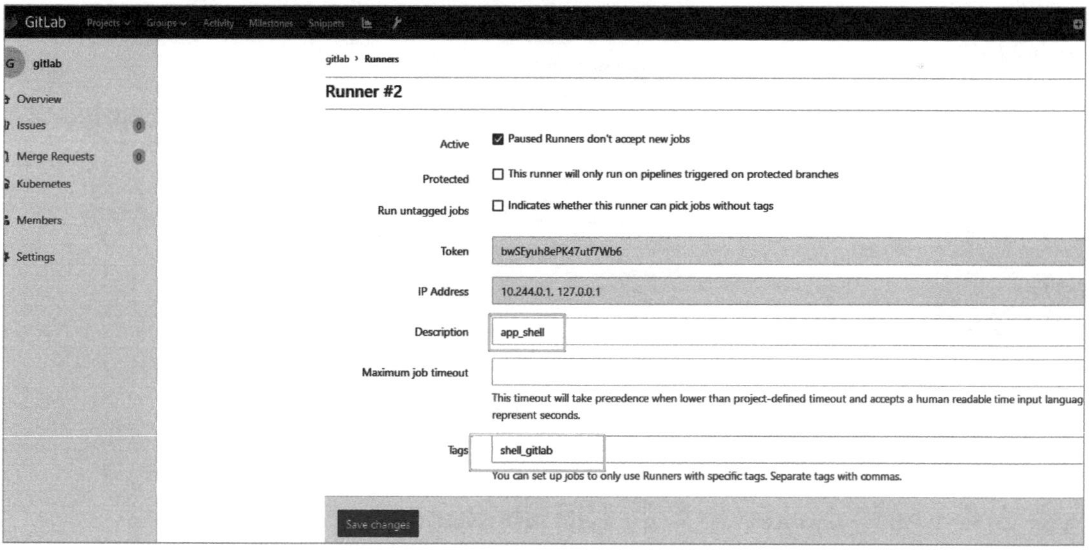

图 5-8　编辑 Tags 和描述

13）此时在 app 项目中同样可以看到可用的组级别的 GitLab-Runner，如图 5-10 所示。

至此，shell 类型的 GitLab-Runner 就部署和注册完成了。在后续使用过程中，当已经注册的 Runner 工作负荷较大时，可能会另外注册其他虚拟机的 Runner，部署注册过程和上述过程中完全一样。

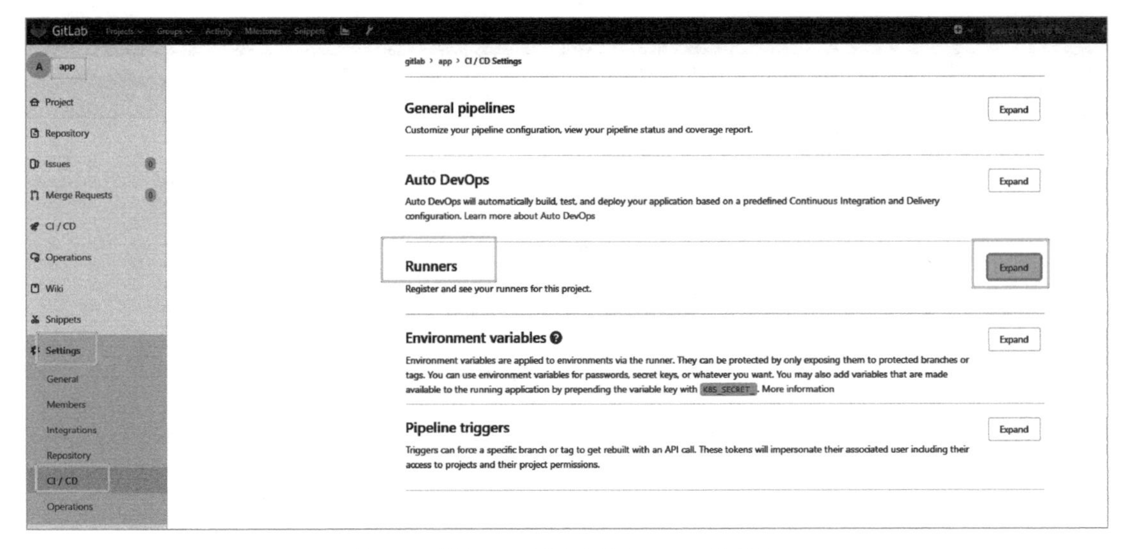


图 5-9　展开 app 项目中的 Runners 选项区

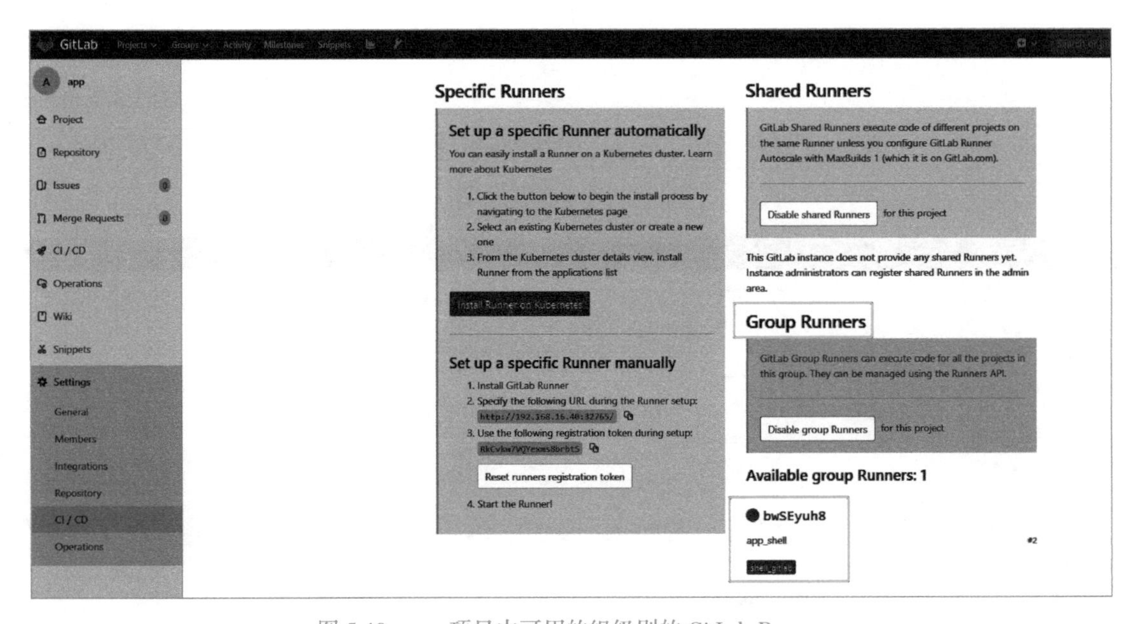


图 5-10　app 项目中可用的组级别的 GitLab-Runner

## 5.4　配置 docker 类型的 GitLab-Runner

shell 类型的 GitLab-Runner 有很明显的缺点的。使用 shell 类型的 GitLab-Runner 时，比如编译 Java 应用程序就需要安装部署 Java 所有的软件包以及依赖；当编译部署 Go 语言应用程序时，则又需要安装所有 Go 语言的相关依赖软件包。而当安装的软件包过多时，就会出现各种软件包版本不兼容甚至冲突的问题，此时就会陷入一种很尴尬的境地。而 docker 类型的 GitLab-Runner 则很容易地解决这类问题。

部署注册 docker 类型的 GitLab-Runner 后，当需要编译 Java 应用程序时，只需要指定 Jdk 相关的镜像即可。而当编译 Python 语言的项目时，只需指定对应的 Python 镜像即可。本节将介绍如何部署注册 docker 类型的 GitLab-Runner，具体操作步骤如下。

1）在部署 docker 类型的 GitLab-Runner 之前，首先需要确保虚拟机已经正确安装 docker，这也是本书在第 2 章中花了大量篇幅介绍使用 docker 的原因。

2）执行如下命令创建一个 docker 容器。

```
docker run -d --namedocker_runner --restart always \
      -v /srv/docker_runner/config:/etc/gitlab-runner \
      -v /var/run/docker.sock:/var/run/docker.sock \
      gitlab/gitlab-runner:latest
```

3）执行如下命令注册 docker 类型的 Runner。和注册 shell 类型的 Runner 类似，这里需要指定 GitLab 的 URL 以及 Token。同样还是指定 GitLab 组的 Token，即为 GitLab 组创建一个 docker 类型的 Runner，如此依赖 GitLab 组下所有的项目都可以使用此 Runner。此外，这里也需要设置 tag，比如设置为 docker_Runner，其他参数保持默认即可。

```
docker exec docker_runnergitlab-runner register -n \
      --url http://192.168.16.40:32765/  \
      --registration-token gX7SFxz5XE7hyemn8n48 \
      --tag-list docker_runner \
      --executor docker \
      --docker-image docker \
      --docker-volumes /var/run/docker.sock:/var/run/docker.sock \
      --description "docker_runner"
```

4）在 GitLab 界面打开 GitLab 组的 CI/CD 界面，此时已经注册了 docker_Runner 了，如图 5-11 所示。

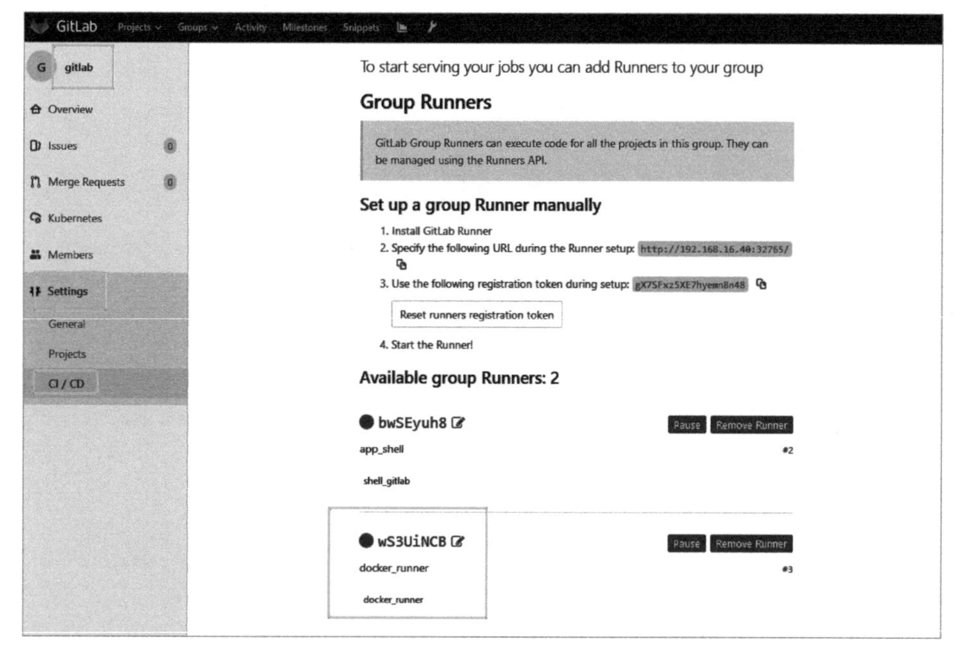


图 5-11　GitLab 组 docker 类型 Runner

5）打开 GitLab 组下的 app 项目的 CI/CD 界面，可以看到同样已经存在一个可用的 docker 类型的 Runner 了，如图 5-12 所示。

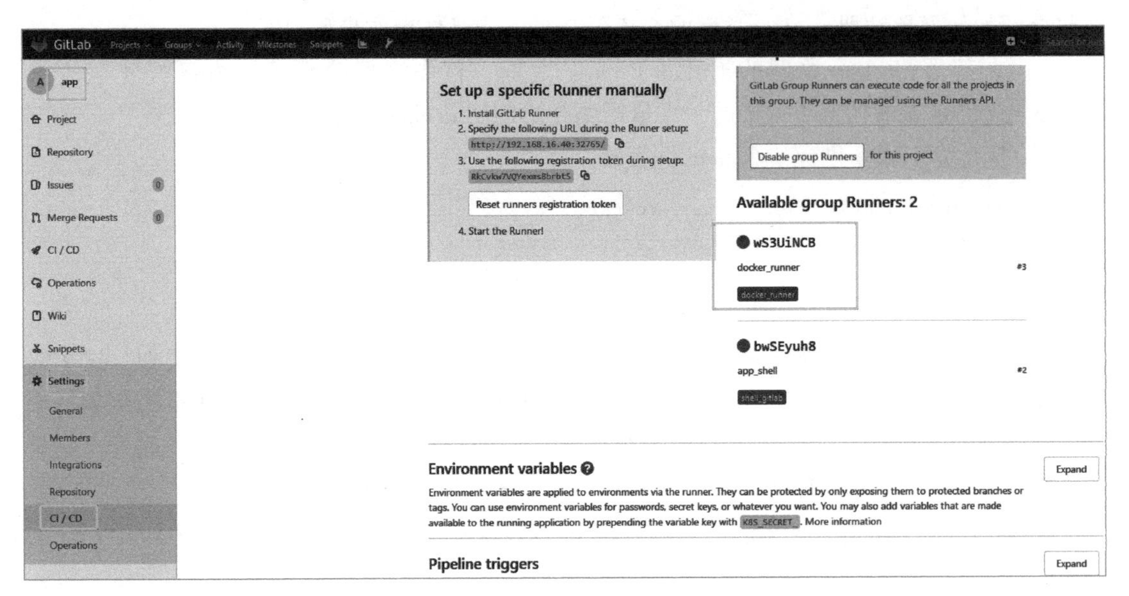


图 5-12 app 项目中可用 docker 类型的 Runner

至此，docker 类型的 Runner 就注册完成了。在后续的流水线中，可以通过指定 Runner 的 tag 值来挑选 Runner 的使用。

# 第6章 GitLab CI/CD 流水线模型

本章正式开始介绍 GitLab CI/CD 流水线模型，首先从宏观上对流水线的模型有一个了解。在实际应用中，如何选择适合自己的流水线模型是非常重要的，本章将围绕流水线的模型类型以及各自的使用场景进行详解，从而帮助读者根据自身的业务需求选择适合个人的流水线模型。

## 6.1 GitLab CI/CD 流水线快速体验

经过前面章节的基础技术储备以及环境准备后，本节就可以建立流水线了。GitLab CI/CD 流水线是基于 GitOps 的，即所有对流水线的配置都是代码的形式，而且保存在当前代码仓的根目录下。文件名也是固定的，即.gitlab-ci.yml，就是按照 yaml 语法格式，通过约定一些固定的关键字来定义流水线。

首先在 GitLab 的项目代码仓创建.gitlab-ci.yml 文件，然后在文件中编写如下流水线配置代码。这里的 stages 是固定语法，用来定义流水线的步骤，比如此处只定义了一个 test 步骤(test 字符串是可以自定义的)。当然，在流水线实战中，会定义多个步骤，最通用的就是编译、构建、部署、测试、发布和上线等。test_01 是任务的名称，在 GitLab CI/CD 中也叫 Job(Job 的名字是可以自定义的)。在 test_01 的 Job 中，stage 是关键字，用来指定当前的 Job 属于前面定义的所有步骤中的哪个步骤。因为前面只定义了一个 test 步骤，所以这里指定了当前的 Job 属于 test 步骤。script 也是关键字，用于在 runner 上执行的命令，比如这里定义了需要执行两条命令，一条是 echo "hello world"，另外一条是执行 ifconfig，即查看 runner 的 ip 地址。tags 也是关键字，用来指定在哪个 runner 上执行，tags 的值就是前面章节在部署 GitLab-runner 时特别强调设置的 tag 值。如果 GitLab 找不到设置了该 tag 的 runner，流水线将处于一直等待的过程中。

```
stages:
  - test

test_01:
  stage: test
  script:
    - echo "hello world"
    -ifconfig
  tags:
  - shell_GitLab
```

这一段流水线的含义简单概括就是，有一个测试 Job，需要在设置了 shell_GitLab 标签的 runner 上执行两条命令，然后将.gitlab-ci.yml 文件提交至代码仓，最后在 GitLab 界面打开项目，找到 CI/CD 下面的 Pipelines 界面。此时在右边就会看到已经有流水线执行了，如图 6-1 所示。

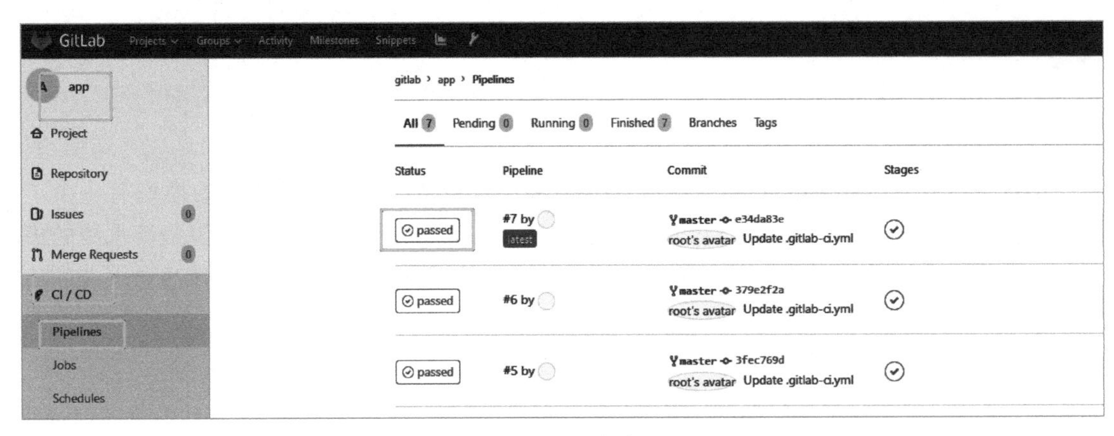


图 6-1　进入流水线界面

单击 passed 按钮，即可进入流水线详情界面，如图 6-2 所示。

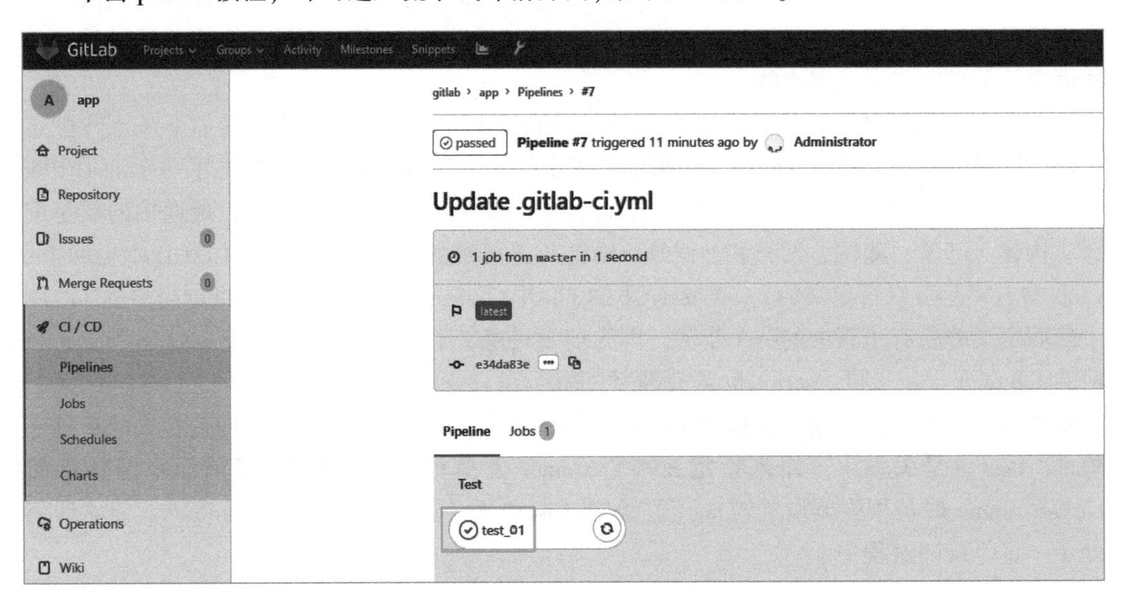


图 6-2　流水线详情界面

这里可以看到流水线的步骤是 test，有一个执行 Job 是 test_01，单击 test_01 即可查看 Job 在控制台的执行结果。这里显示了.gitlab-ci.yml 文件中定义的两条命令的执行结果，其中第二条是查看 IP 地址的，正确显示出了 runner 的网卡信息，如图 6-3 所示。

至此，最简单的流水线就建立起来了。可以看出，这里做到了在 runner 上执行命令。试想，CI/CD 流水线就是将代码下载到虚拟机上，然后执行各种各样的命令，因此能触发在虚拟机上执行命令，基本上就决定了流水线已经成功了一大半。当然，在实际应用开发中，流水线涉及多个步骤，每个步骤可能涉及多个 Job，此外还可能涉及跨项目部署流水线等，在接下的章节中都将一一展开讲解。

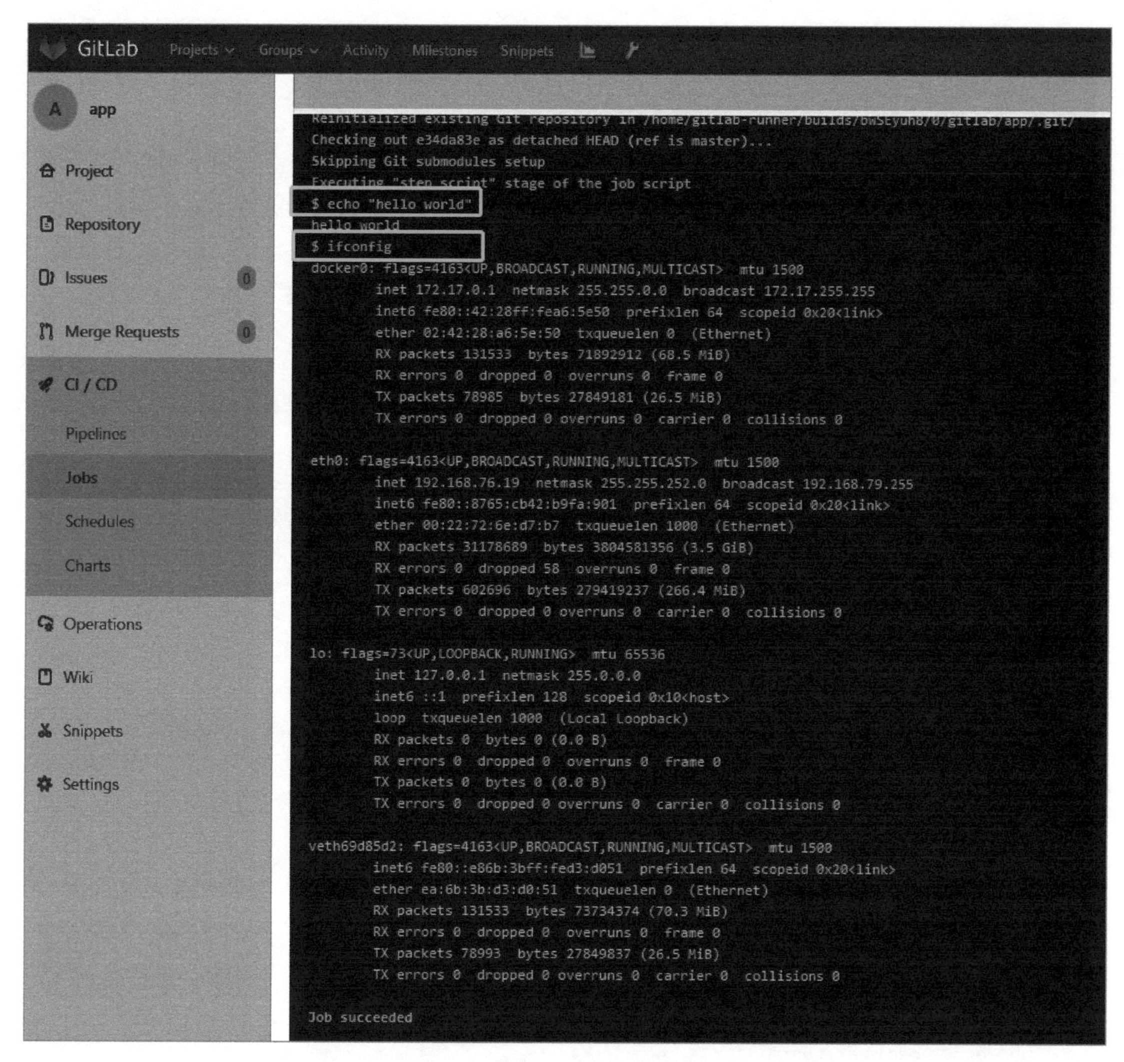


图 6-3　执行 Job 的控制台结果

在体验了简单的流水线之后，本章首先介绍常见的流水线模型，在掌握了流水线模型后，再针对流水线中的细节深入讲解。

## 6.2　基本类型流水线

基本类型的流水线是最常用的，也是最简单和容易理解的，当然维护管理起来也不难，我们可以通过 stages 定义多个步骤，每个步骤中定义执行的 Job 即可。下面首先定义.gitlab-ci.yml 配置文件，如下所示。这里通过 stages 关键字定义了 5 个步骤，分别是 compile、build、deploy、test 和 release，顺序就是在流水线中的执行顺序。然后在每个步骤中定义一个 Job，在每个 Job 中通过 stage 关键字指定 Job 属于哪个步骤，通过 tags 指定 Job 在哪个

runner 上执行。

```
stages:
  - compile
  - build
  - deploy
  - test
  - release


compile:
  stage: compile
  script:
    - echo "begin to compile"
  tags:
  - shell_GitLab

build:
  stage: build
  script:
    - echo "begin to build"
  tags:
  - shell_GitLab

deploy:
  stage: deploy
  script:
    - echo "begin to deploy"
  tags:
  - shell_GitLab

test:
  stage: test
  script:
    - echo "begin to test"
  tags:
  - shell_GitLab

release:
  stage: release
  script:
    - echo "begin to release"
  tags:
  - shell_GitLab
```

然后将配置代码提交代码仓，再打开流水线详情界面，就可以看到此时流水线已经在运行了，而且就是按照 stages 定义的顺序执行，如图 6-4 所示。

在基本类型的流水线中，每个阶段可以设置多个任务。比如编译阶段，对于使用多种编程语言的相对比较大的项目，可以将多种语言的编译工作放在一个阶段。其他步骤也都类似。这里假设项目使用 Java、C 和前端的 Node 三种语言，那么编译、构建和发布需要分别操作，则可以编写如下流水线配置。

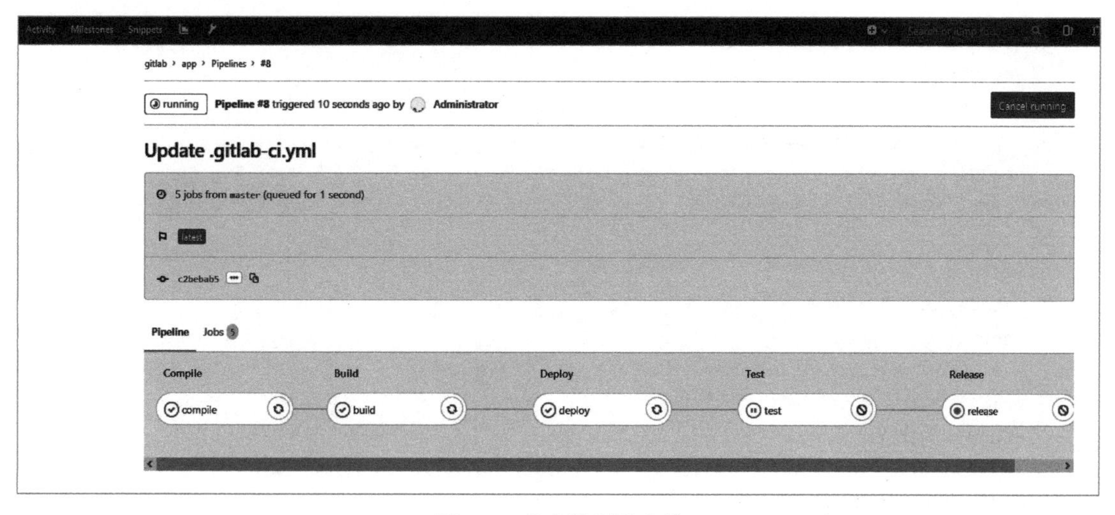


图 6-4　基本类型流水线

```
stages:
  - compile
  - build
  - deploy
  - test
  - release


compile_java:
  stage: compile
  script:
    - echo "begin to compile java"
  tags:
  - shell_GitLab

compile_c:
  stage: compile
  script:
    - echo "begin to compile c"
    -sleep 5
  tags:
  - shell_GitLab


compile_node:
  stage: compile
  script:
    - echo "begin to compile node"
```

```
  tags:
  - shell_GitLab

build_java:
  stage: build
  script:
    - echo "begin to build java"
  tags:
  - shell_GitLab

build_c:
  stage: build
  script:
    - echo "begin to build c"
  tags:
  - shell_GitLab

build_node:
  stage: build
  script:
    - echo "begin to build node"
  tags:
  - shell_GitLab


deploy:
  stage: deploy
  script:
    - echo "begin to deploy"
  tags:
  - shell_GitLab

test:
  stage: test
  script:
    - echo "begin to test"
  tags:
  - shell_GitLab

release_java:
  stage: release
  script:
    - echo "begin to release java"
  tags:
  - shell_GitLab

release_c:
  stage: release
  script:
```

```
    - echo "begin to release c"
  tags:
  - shell_GitLab

release_node:
  stage: release
  script:
    - echo "begin to release node"
  tags:
  - shell_GitLab
```

这里需要注意一个细节，在 compile_c 的 Job 中增加了延迟 5 秒的动作，这里为了展示各个 Job 执行耗时不一样的情况，如图 6-5 所示。可以看出，compile_java 已经执行完成了，此时 compile_c 正在执行，而在这个时间点是不会执行 build 阶段的任务的。也就是基本类型的流水线是按照 stages 定义好的阶段顺序执行的，只有上一个阶段的所有 Job 都执行完成了，才会去执行下一个阶段的 Job。

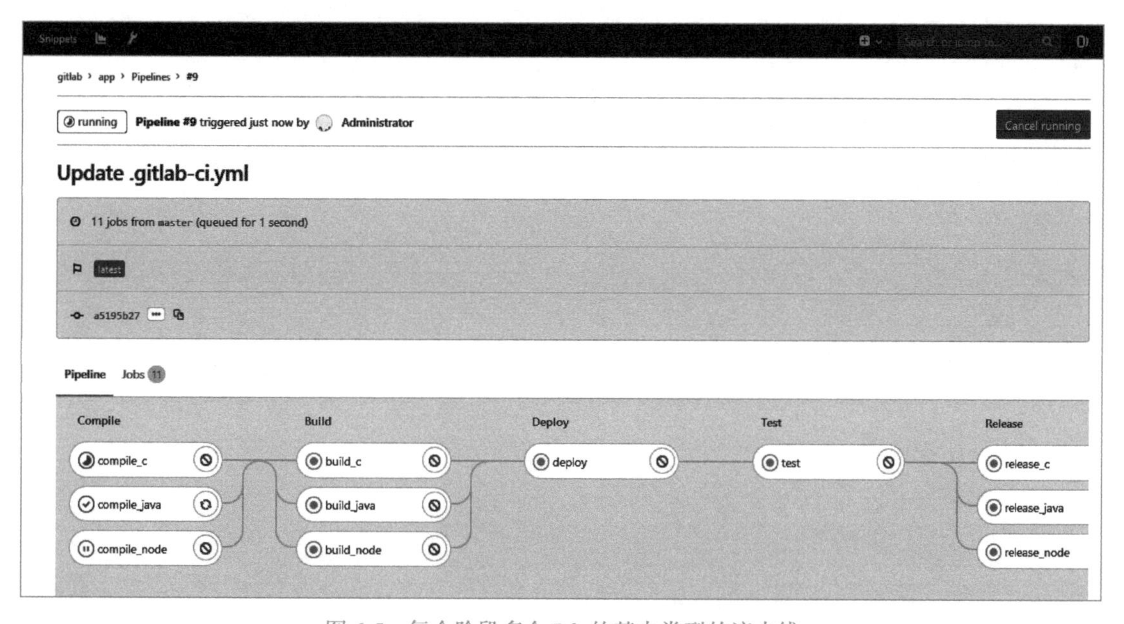


图 6-5　每个阶段多个 Job 的基本类型的流水线

由此可以看出，在 CI/CD 的实践中，基本类型的流水线已经几乎满足 CI/CD 的大部分需求了。

## 6.3　有向图（DAG）类型流水线

DAG 类型流水线全称 Directed Acyclic Graph Pipline，即无环的有向图类型的流水线。在上一节介绍的基本类型流水线中，从流水线执行效率角度可以发现有这样一个改进点，即当一个阶段有多个任务时，必须所有任务都执行完成才可以执行下一个阶段的任务。实际上完全是有这样的场景的，比如上一个阶段只需要有一个核心的 Job 执行完，就可以去执行下一阶段的任务了，上一阶段的其他非核心的 Job 完全可以并行地执行，也就是下一阶段只依赖上一阶段的某一个 Job。DAG 类型流水线可以解决这个问题。

比如在编译阶段和构建阶段，对 Java 语言的项目构建依赖 Java 语言的编译，而对 C 语言的构建仅依赖 C 语言的编译，Node 项目的构建同样只依赖 Node 的编译。此时就可以将流水线设计为 DAG 类型，即在基本类型流水线的基础上，通过 needs 关键字指定上游依赖。

通过 needs 设置依赖关系，同样为了更好地演示效果，可以在 compile_c 的 Job 中增加 10 秒的延迟。将.gitlab-ci.yml 文件的配置内容优化为如下内容。

```
stages:
  - compile
  - build
  - deploy
  - test
  - release


compile_java:
  stage: compile
  script:
    - echo "begin to compile java"
  tags:
  - shell_GitLab

compile_c:
  stage: compile
  script:
    - echo "begin to compile c"
    - sleep 10
  tags:
  - shell_GitLab


compile_node:
  stage: compile
  script:
    - echo "begin to compile node"
  tags:
  - shell_GitLab

build_java:
  stage: build
  needs:
    - compile_java
  script:
    - echo "begin to build java"
  tags:
  - shell_GitLab
```

```
build_c:
  stage: build
  needs:
    - compile_c
  script:
    - echo "begin to build c"
  tags:
  - shell_GitLab

build_node:
  stage: build
  needs:
    - compile_node
  script:
    - echo "begin to build node"
  tags:
  - shell_GitLab


deploy:
  stage: deploy
  script:
    - echo "begin to deploy"
  tags:
  - shell_GitLab

test:
  stage: test
  script:
    - echo "begin to test"
  tags:
  - shell_GitLab

release_java:
  stage: release
  script:
    - echo "begin to release java"
  tags:
  - shell_GitLab

release_c:
  stage: release
  script:
    - echo "begin to release c"
  tags:
  - shell_GitLab
```

```
release_node:
  stage: release
  script:
    - echo "begin to release node"
  tags:
  - shell_GitLab
```

在 GitLab 上打开流水线界面，可以看到 compile_c 的 Job 尚未执行完成，build_java 和 build_node 都已经执行完成了，如图 6-6 所示。

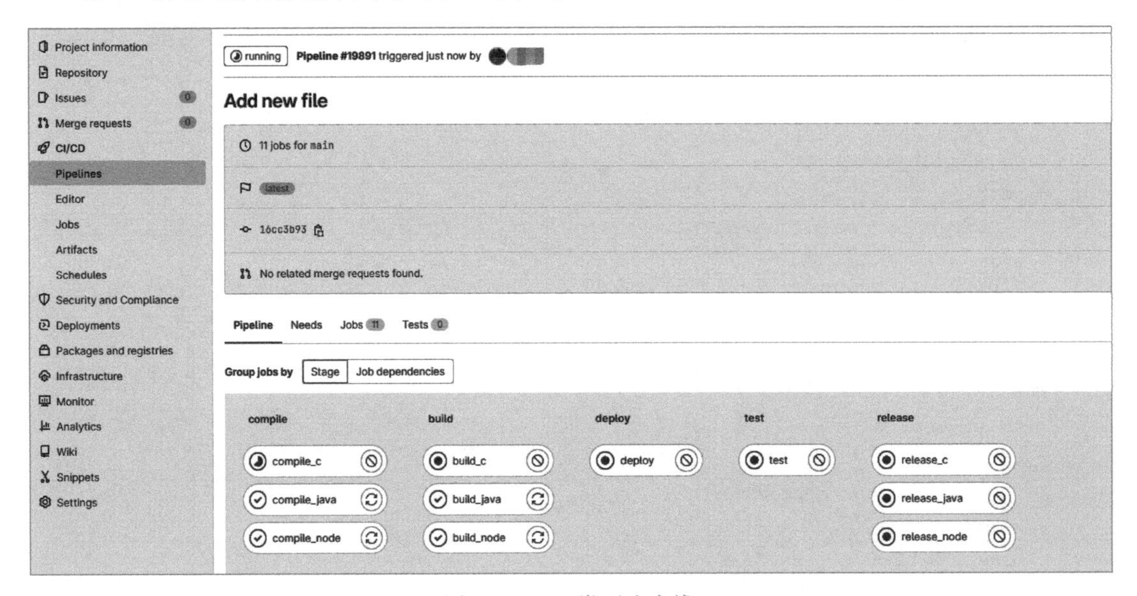


图 6-6　DAG 类型流水线

在 Job dependencies 选项卡中开启 Show dependencies 功能，可以看到 Job 之间的依赖关系，如图 6-7 所示。

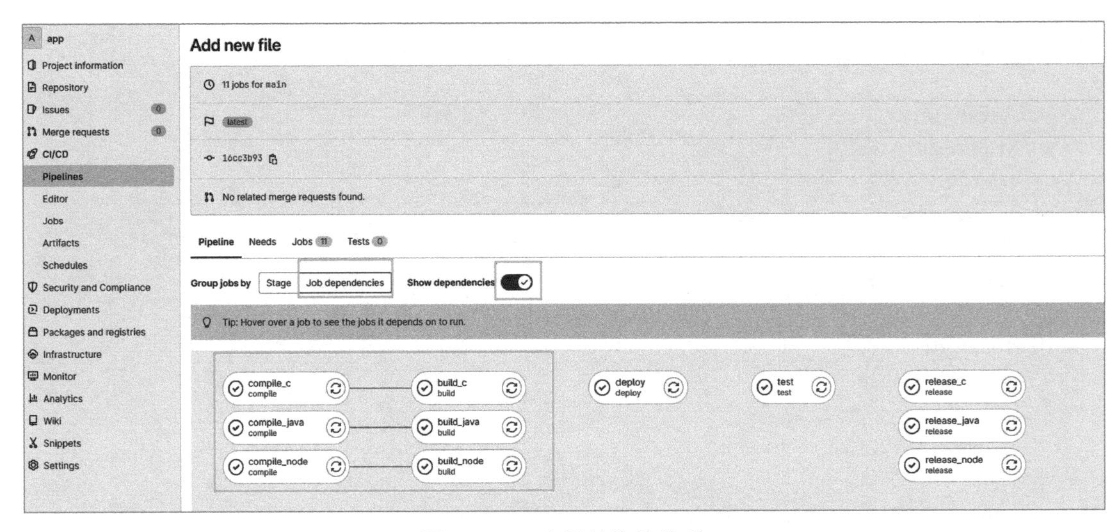


图 6-7　Job 之间的依赖关系

DAG 类型的典型优点在于比基本类型运行效率提升了许多。至此，DAG 类型流水线模型就介绍完了。

## 6.4　父子类型流水线

父子类型流水线适用于将多个子项目放在一个项目代码仓中的场景。比如在介绍 DAG 类型流水线的时候，假设了流水线中有 Java、C、Node 三种语言的编译、构建、发布以及集成在一起的测试和部署等。如果直接使用 DAG 类型的流水线会产生这样一个问题：Java 开发人员在向 Java 子项目中提交了代码，而此时流水线同样会将 C 语言和 Node 子项目的编译构建发布等流水线任务全部执行。这显然会影响效率，最好的处理方式是如果只修改了 Java 子项目，则只执行和 Java 子项目相关的流水线任务。在这种场景下，如果对流水线的执行效率有较高的追求，同时对流水线配置代码的整洁程度也有较高的追求，可以采用父子类型的流水线。

下面以一个常见前端和后端两个子项目放在一个代码仓为例，介绍父子类型流水线的应用。前端子项目的目录为 web，后端的子项目目录为 back，组建父子类型的流水线，就是在项目的根目录放一个.gitlab-ci.yml 作为父流水线的配置，在子项目 web 和 back 目录分表放一个.gitlab-ci.yml 文件作为两个子流水线。

后端项目流水线配置文件 back/.gitlab-ci.yml 的内容如下。此处展示了典型的最简单的基本类型流水线，主要包含编译、构建、部署、测试和发布，每个阶段也只有一个 Job。

```
stages:
  - compile
  - build
  - deploy
  - test
  - release

compile_java:
  stage: compile
  script:
    - echo "begin to compile java"
  tags:
  - shell_GitLab

build_java:
  stage: build
  needs:
    - compile_java
  script:
    - echo "begin to build java"
  tags:
  - shell_GitLab

deploy:
  stage: deploy
```

```
  script:
    - echo "begin to deploy"
  tags:
  - shell_GitLab

test:
  stage: test
  script:
    - echo "begin to test"
  tags:
  - shell_GitLab

release_java:
  stage: release
  script:
    - echo "begin to release java"
  tags:
  - shell_GitLab
```

同样，前端子项目流水线配置文件 web/.gitlab-ci.yml 的文件内容如下。我们看到同样也是简单的基本类型流水线，包含编译、构建、部署、测试和发布，每个阶段也只有一个任务。

```
stages:
  - compile
  - build
  - deploy
  - test
  - release

compile_node:
  stage: compile
  script:
    - echo "begin to compile node"
  tags:
  - shell_GitLab

build_node:
  stage: build
  needs:
    - compile_node
  script:
    - echo "begin to build node"
  tags:
  - shell_GitLab

deploy:
  stage: deploy
  script:
```

```
    - echo "begin to deploy"
  tags:
  - shell_GitLab

test:
  stage: test
  script:
    - echo "begin to test"
  tags:
  - shell_GitLab


release_node:
  stage: release
  script:
    - echo "begin to release node"
  tags:
  - shell_GitLab
```

这两个子项目的流水线不会自动触发，GitLab 只会根据项目根目录的.gitlab-ci.yml 文件自动触发，因此这里需要在项目根目录的.gitlab-ci.yml（即父流水线的配置文件）中调用执行子项目的流水线。而触发子项目流水线执行的关键是 trigger 和 include，父流水线的配置如下所示。

```
stages:
  - trigger

trigger_back:
  stage: trigger
  trigger:
    include: back/.gitlab-ci.yml
  rules:
    - changes:
        - back/*

trigger_web:
  stage: trigger
  trigger:
    include: web/.gitlab-ci.yml
  rules:
    - changes:
        - web/*
```

这里仅定义了一个阶段，即 trigger，在这个阶段定义了两个 trigger 任务，通过 include 关键字将子目录下的.gitlab-ci.yml 文件包含进来。此外，使用了一个新的关键字 rules，其主要是用来控制 Job 的触发执行的，在后面的章节将详细地展开，这里只需知道通过 rules 和 changes 两个关键字指定具体的目录，就可以根据具体目录下的内容是否发生变化决定是否执行流水线。比如这里 trigger_back 的 Job 中，指定了检测目录为 back，也就是只有当 back

目录中的文件或代码发生了变化，back 目录中的子流水线才会执行。

将配置文件提交 GitLab 代码仓后，因为 web 和 back 两个子目录的文件都有修改，所以两个子流水线都会执行。这里单击箭头可以展开子流水线或者将子流水线折叠起来，如图 6-8 所示。

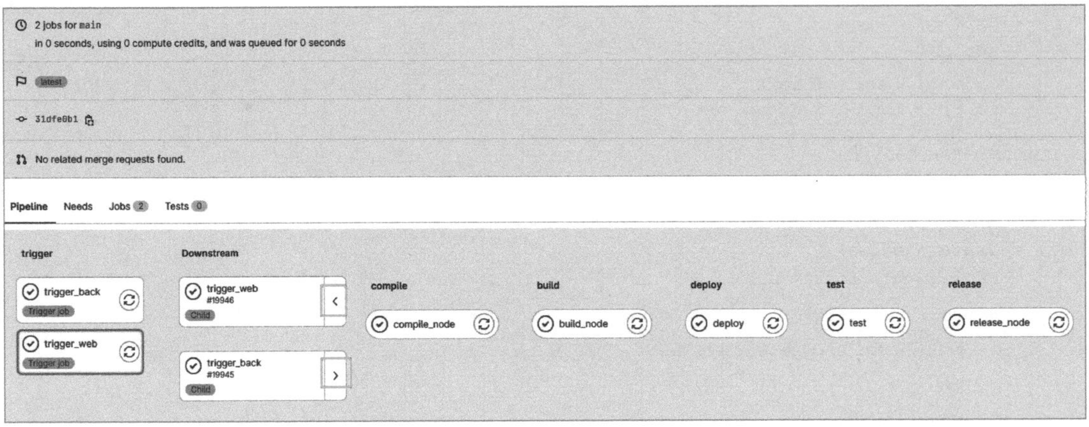

图 6-8　父子流水线

然后仅修改 back 目录下的文件，比如在 back/.gitlab-ci.yml 文件中增加一个空格或者按 Enter 键，然后提交。可以看到此时仅执行了 back 子项目的流水线，如图 6-9 所示。这就做到了当修改了后端代码，只需要对后端的代码进行编译、构建和发布等，而前端代码不需要重新编译和构建，从而进一步提高了流水线的执行效率。

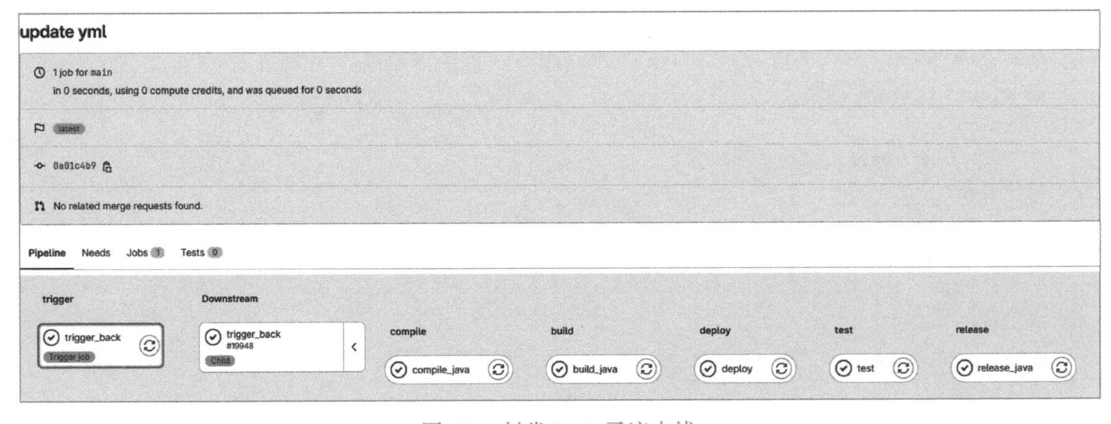


图 6-9　触发 back 子流水线

## 6.5　多项目类型流水线

多项目类型的流水线，顾名思义就是一条完整的流水线涉及多个项目，一个项目的流水线执行完成后触发下一个项目的流水线。这种类型的流水线也是非常常用的，尤其随着团队产品不断壮大，产品代码仓必然会有多个，此时如果有一条流水线能将所有的代码仓的流水线贯穿起来，将是非常有效的。

GitLab CI/CD 流水线也是支持多项目的流水线的。触发的方式同样是通过 trigger 关键字触发，下面通过一个实例进行演示。比如随着产品的不断壮大，产品的测试团队开发自动化测试脚本，并且不希望自动脚本放在产品代码仓中，因此就拉出来一个独立的自动化脚本代码仓库 Tests，此时产品代码仓库仍然为 app，此时需要的流水线是 app 产品代码仓的流水线执行完成后触发测试脚本代码仓 Tests 的流水线，这样就可以做到在产品更新版本后，自动化脚本自动运行测试，并且测试脚本和产品代码分开存放。

app 项目作为上游项目，而 Tests 项目则作为下游项目，比如下游项目 Tests 设计的流水线包含基准测试、系统测试、兼容性测试和性能测试，具体如下。

```
stages:
  - baseline
  - system
  - compatibility
  - performance

baseline:
  stage: baseline
  script:
    - echo "run baseline test script"
  tags:
    - shell_GitLab

system:
  stage: system
  script:
    - echo "run system test script"
  tags:
    - shell_GitLab

compatibility:
  stage: compatibility
  script:
    - echo "run compatibility test script"
  tags:
    - shell_GitLab

performance:
  stage: performance
  script:
    - echo "run performance test script"
  tags:
    - shell_GitLab
```

对于产品代码 app 项目，可以把流水线设计为编译、构建和部署三个阶段。三个阶段完成后，直接触发下游项目测试脚本 Tests 的流水线。app 项目中的流水线配置代码入下所示。这里 downstream 阶段中的 trigger 在指定项目时需要将项目所在的组一起带上，比如 GitLab/tests 表示 GitLab 组下的 Tests 代码仓库。

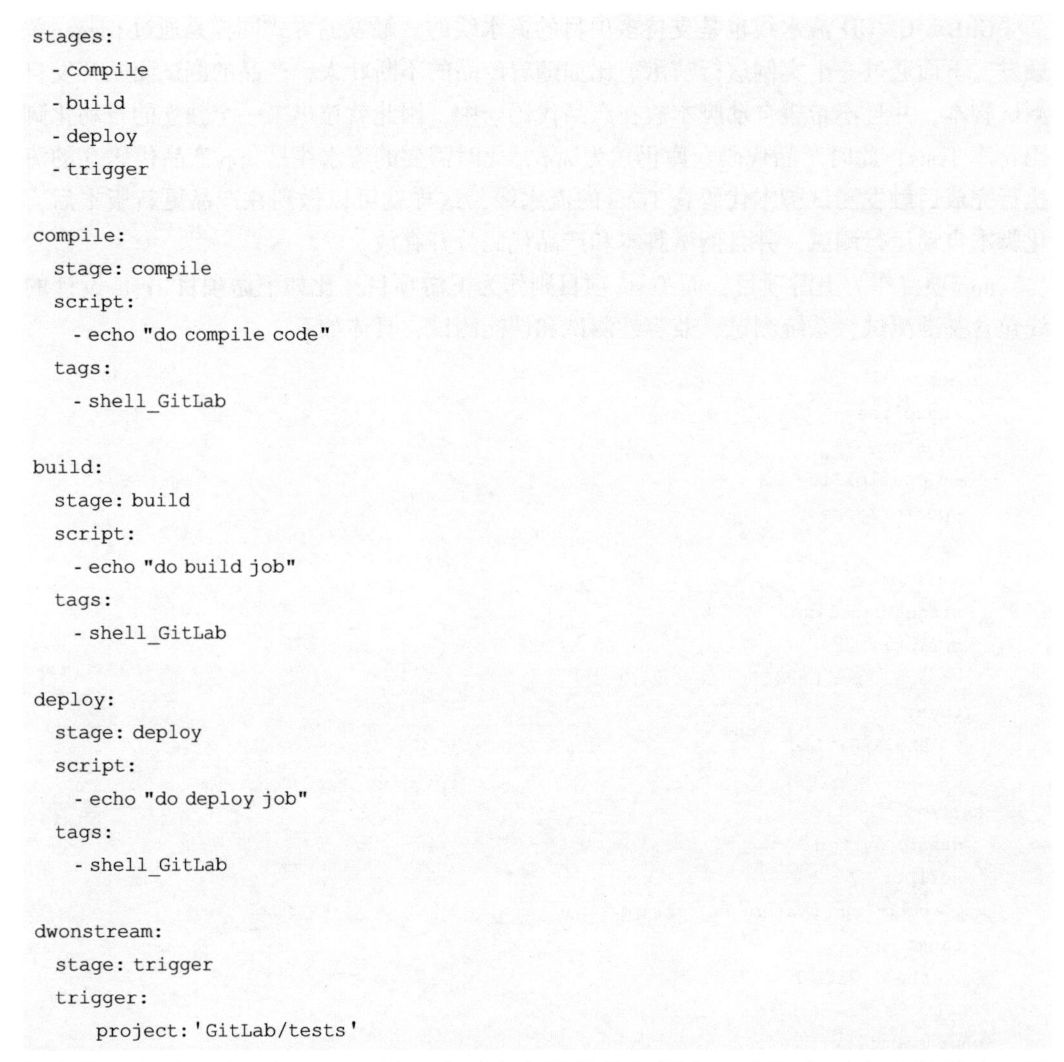

```yaml
stages:
  - compile
  - build
  - deploy
  - trigger

compile:
  stage: compile
  script:
    - echo "do compile code"
  tags:
    - shell_GitLab

build:
  stage: build
  script:
    - echo "do build job"
  tags:
    - shell_GitLab

deploy:
  stage: deploy
  script:
    - echo "do deploy job"
  tags:
    - shell_GitLab

dwonstream:
  stage: trigger
  trigger:
      project: 'GitLab/tests'
```

提交代码仓后，可以在 GitLab 界面看到流水线的执行顺序。我们点开右边的箭头，可以看到下游的 Tests 流水线步骤以及执行结果，如图 6-10 所示。

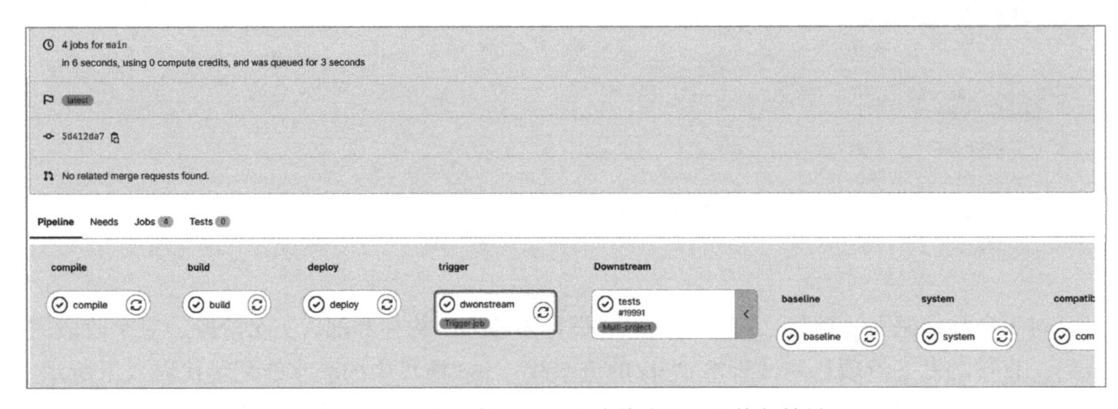


图 6-10　查看下游的 Tests 流水线步骤以及执行结果

此时打开下游项目 Tests 代码的流水线界面，也可以看到 Tests 流水线的上游项目，如图 6-11 所示。

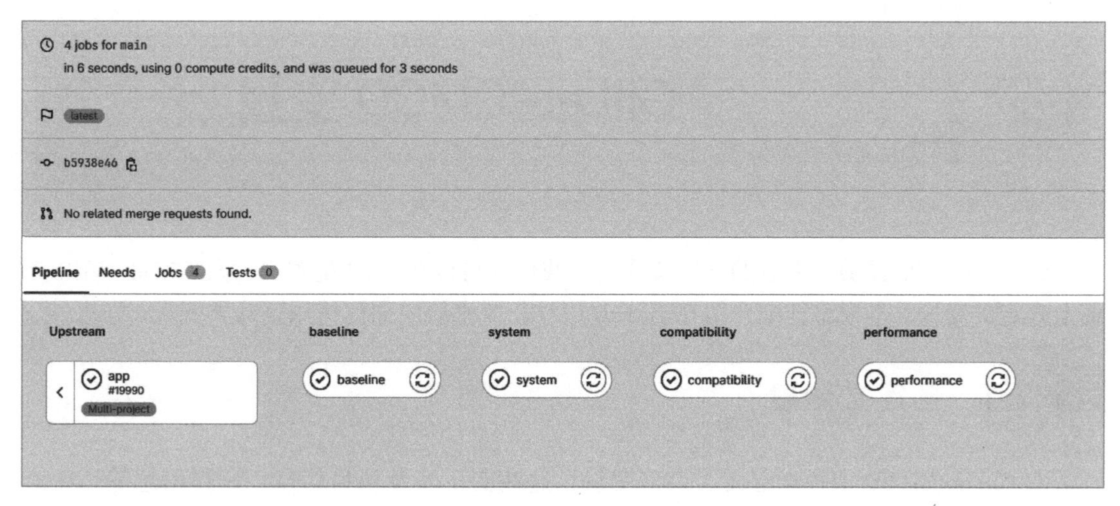


图 6-11　查看 Tests 流水线的上游项目

在跨项目的流水线中，也可以在上游项目中直接触发下游项目的子流水线，也就是下游项目本身是一个父子类型的流水线。但是这种场景应用不是很多，因为相对比较复杂。而且当下游项目目录发生变更等，上游项目无法感知，所以对跨项目的流水线，即使下游项目流水线是一个父子类型的流水线，也不推荐直接触发下游项目的子流水线。最好直接触发下游项目的父流水线，至于子流水线，由同一个项目的父流水线触发。因为同一个项目的父子流水线的配置都在一个代码仓，便于维护，否则上下游的流水线配置耦合性太高，导致后期维护成本会变高。

# 第7章

# GitLab CI/CD 变量

GitLab CI/CD 提供了大量的预定义变量，我们还可以在 yaml 配置文件及 GitLab WEB 界面上自定义变量。本章将详细介绍在 GitLab CI/CD 流水线中如何使用这几类变量。

## 7.1 预定义变量

在 GitLab CI/CD 中预先定义了许多变量，这些变量涉及项目信息、操作信息等。在流水线实践中，这些预定义变量有着非常重要的作用，比如希望根据 commit 的不同分支做不同的流水线处理，再比如希望在日志中打印项目信息等。因此，熟悉预定义变量对于做好基于 GitLab CI/CD 的 DevOps 工作是非常重要的。GitLab 预先定义的变量比较多，本节只整理一些重要的常用变量，具体如下。对于一些不太常用的预定义变量，这里就不再列举了。

- CI_BUILDS_DIR：编译的根目录。
- CI_COMMIT_AUTHOR：commit 的作者。
- CI_COMMIT_BRANCH：commit 的分支。
- CI_COMMIT_DESCRIPTION：commit 的描述。
- CI_COMMIT_MESSAGE；commit 的信息。
- CI_COMMIT_REF_NAME：构建的分支或 tag 名。
- CI_COMMIT_TAG：打 tag 时的 tag 值。
- CI_COMMIT_TAG_MESSAGE：tag 的信息。
- CI_COMMIT_TIMESTAMP：打 tag 的时间戳。
- CI_COMMIT_TITLE：commit 的标题，commit 信息的第一行。
- CI_DEFAULT_BRANCH：默认分支名。
- CI_HAS_OPEN_REQUIREMENTS：判断是否有打开的 MR。
- CI_JOB_ID：Job 的 ID。
- CI_JOB_NAME：Job 的名称。
- CI_JOB_STAGE：Job 的 stage。
- CI_JOB_STATUS：Job 的状态。
- CI_JOB_TIMEOUT：Job 的超时。
- CI_PIPELINE_ID：流水线的 ID。
- CI_PIPELINE_SOURCE：流水线触发方式，可选的方式有 push、web、schedule、api、external、chat、webide、merge_request_event、external_pull_request_event、parent_pipeline、trigger、or pipeline 等。

- CI_PIPELINE_URL：获取 URL 详情的 URL。
- CI_PROJECT_DIR：项目下载的目录。
- CI_PROJECT_ID：项目的 ID。
- CI_PROJECT_NAME：项目的名字。
- CI_PROJECT_NAMESPACE：项目的组。
- CI_PROJECT_NAMESPACE_ID：项目组的 ID。
- CI_PROJECT_TITLE：项目的标题。
- CI_PROJECT_DESCRIPTION：项目的描述。
- CI_PROJECT_URL：项目的 URL。
- CI_REGISTRY_IMAGE：项目用于存放 docker 镜像的地址。
- CI_REGISTRY_USER：容器镜像仓库的用户名。
- CI_REGISTRY_PASSWORD：容器镜像仓库的密码。
- CI_REGISTRY：GitLab 的 docker 镜像仓地址。
- CI_REPOSITORY_URL：用于 git clone 代码的 git 的 URL。
- GITLAB_USER_EMAIL：启动流水线的用户邮箱。
- GITLAB_USER_ID：启动流水线的用户 ID。
- GITLAB_USER_LOGIN：启动流水线用户的用户名。
- CI_MERGE_REQUEST_APPROVED：MR 中 approve 的状态。
- CI_MERGE_REQUEST_ASSIGNEES：MR 中指定的用户列表。
- CI_MERGE_REQUEST_ID：MR 的 ID。
- CI_MERGE_REQUEST_MILESTONE：MR 关联的里程碑的标题。
- CI_MERGE_REQUEST_PROJECT_ID：MR 的项目 ID。
- CI_MERGE_REQUEST_SOURCE_BRANCH_NAME：MR 的源分支。
- CI_MERGE_REQUEST_SOURCE_PROJECT_ID；MR 源项目的 ID。
- CI_MERGE_REQUEST_SOURCE_PROJECT_URL：MR 源项目的 URL。
- CI_MERGE_REQUEST_TARGET_BRANCH_NAME：MR 源项目的分支。
- CI_MERGE_REQUEST_TITLE：MR 的标题。
- CI_MERGE_REQUEST_EVENT_TYPE；MR 的事件，包括 detached、merged_result 和 merge_train。

这些常用的预定义的变量，在 GitLab CI/CD 流水线中应用是非常广泛的，尤其是和 rules 关键字结合使用的时候，可以设置各种各样的流水线触发条件、关于 rules 的使用，后续章节也将详细介绍。

下面通过一个简单的打印变量的方式打印几个变量，初步体验变量的使用方法，如下所示。

```
stages:
  - compile

compile:
  stage: compile
  script:
```

```
    - echo $CI_COMMIT_BRANCH
    - echo $CI_PIPELINE_SOURCE
    - echo $CI_PROJECT_NAME
  tags:
    - shell_GitLab
```

在流水线中的执行结果如图 7-1 所示。这里显示 commit 的分支是 main，触发的方式是 push，项目名称为 app。

```
1  Running with gitlab-runner 16.0.1 (79704081)
2    on shell_gitlab gpTx-SoC, system ID: s_f482f4b0ba8c
3  Preparing the "shell" executor
4  Using Shell (bash) executor...
6  Preparing environment
7  Running on mugenrunner01...
9  Getting source from Git repository
10 Fetching changes with git depth set to 20...
11 Reinitialized existing Git repository in /home/gitlab-runner/builds/gpTx-SoC/0        a/app/.git/
12 Checking out 99eef4ad as detached HEAD (ref is main)...
13 Skipping Git submodules setup
15 Executing "step_script" stage of the job script
16 $ echo $CI_COMMIT_BRANCH
17 main
18 $ echo $CI_PIPELINE_SOURCE
19 push
20 $ echo $CI_PROJECT_NAME
21 app
23 Cleaning up project directory and file based variables
25 Job succeeded
```

图 7-1　打印预定义变量

## 7.2　yaml 中自定义变量

GitLab CI/CD 中的自定义变量，可以直接在.gitlab-ci.yml 文件中通过 variables 关键字定义，另一种方法就是通过 GitLab UI 界面进行配置。本节主要介绍在 GitLab-ci.yml 文件中直接定义变量。

在.gitlab-ci.yml 配置文件中，通过 variables 关键字可以定义变量。这里也分为全局变量和局部变量。所谓全局变量就是对.gitlab-ci.yml 文件有效，即对文件中所有的 Job 都是有效的；局部变量就是在 Job 中定义，此时的变量只在当前 Job 中有效。

在配置中全局定义了 IP 变量，在 compile 的 Job 中还定义了 PORT 局部变量，具体如下。

```
stages:
  - compile
  - build

variables:
  IP: "192.168.1.10"

compile:
  variables:
    PORT: 22
```

```
  stage: compile
  script:
    - echo $IP
    - echo $PORT
  tags:
    - shell_GitLab

build:
  stage: build
  script:
    - echo $IP
    - echo $PORT
  tags:
    - shell_GitLab
```

在 compile 和 build 的两个 Job 中，都打印了 IP 和 PORT 变量。按照前面介绍的原理分析，在 compile 中，IP 和 PORT 都已经定义了；但是在 build 中，PORT 尚未定义，理论上应该不存在。提交代码值 GitLab 后，compile 的 Job 的执行结果如图 7-2 所示。很明显这里将 IP 和 PORT 都打印出来了，也和分析的预期结果一致。

```
1  Running with gitlab-runner 16.0.1 (79704081)
2    on shell_gitlab gpTx-SoC, system ID: s_f482f4b0ba8c
3  Preparing the "shell" executor
4  Using Shell (bash) executor...
6  Preparing environment
7  Running on mugenrunner01...
9  Getting source from Git repository
10 Fetching changes with git depth set to 20...
11 Reinitialized existing Git repository in /home/gitlab-runner/builds/gpTx-SoC/0/honghua/app/.git/
12 Checking out 6a17dd62 as detached HEAD (ref is main)...
13 Skipping Git submodules setup
15 Executing "step_script" stage of the job script
16 $ echo $IP
17 192.168.1.10
18 $ echo $PORT
19 22
21 Cleaning up project directory and file based variables
23 Job succeeded
```

图 7-2　compile 的执行结果

而 build 的执行结果如图 7-3 所示。这里的 PORT 没有打印出来，因为在这个 Job 中 PORT 变量尚未定义，所以为空值。

```
1  Running with gitlab-runner 16.0.1 (79704081)
2    on shell_gitlab gpTx-SoC, system ID: s_f482f4b0ba8c
3  Preparing the "shell" executor
4  Using Shell (bash) executor...
6  Preparing environment
7  Running on mugenrunner01...
9  Getting source from Git repository
10 Fetching changes with git depth set to 20...
11 Reinitialized existing Git repository in /home/gitlab-runner/builds/gpTx-SoC/0/honghua/app/.git/
12 Checking out 6a17dd62 as detached HEAD (ref is main)...
13 Skipping Git submodules setup
15 Executing "step_script" stage of the job script
16 $ echo $IP
17 192.168.1.10
18 $ echo $PORT
20 Cleaning up project directory and file based variables
22 Job succeeded
```

图 7-3　build 的执行结果

对于一些项目中使用的变量，在.gitlab-ci.yml 中配置是很方便的。但是对于有一些变量，比如用户名、密码等敏感数据，如果直接在.gitlab-ci.yml 中配置显然是不合理的。对于敏感数据，我们需要在 GitLab 的 WEB 界面进行配置。

## 7.3 UI 中自定义变量

在 GitLab 的 Web 界面中打开项目，依次选择 Settings>CI/CD 命令，进入 CI/CD 配置界面，然后找到 Variables 位置，单击右侧按钮并展开，就可以看到增加变量的按钮了。单击 Add variable 按钮，如图 7-4 所示。

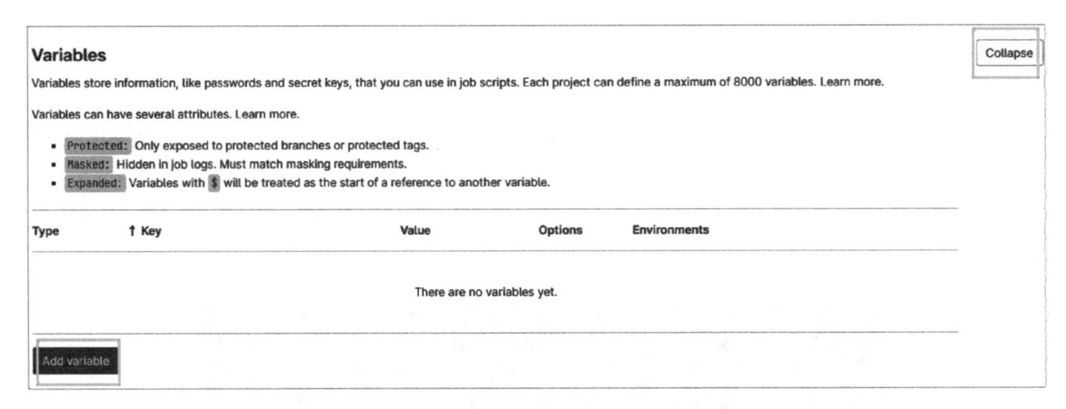


图 7-4　新增变量

在 Add variable 界面中设置变量，这里设置 USERNAME 变量的值为 redrose2100，取消勾选 Protect variable 和 Mask variable 复选框，如图 7-5 所示。即 USERNAME 可以应用所有分支和 tag，并且打印的时候明文显示。

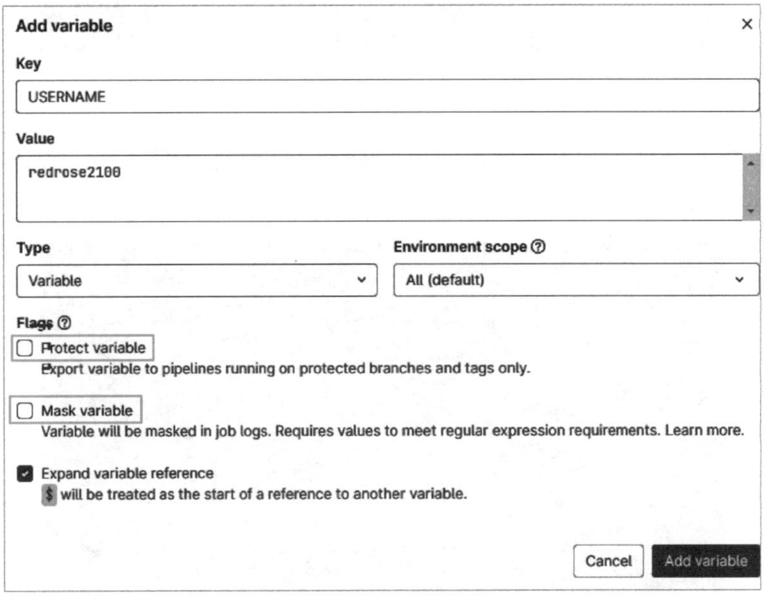

图 7-5　设置变量

在 Add variable 界面中再增加一个 PASSWORD 的变量，这里勾选 Mask variable 复选框，如图 7-6 所示。

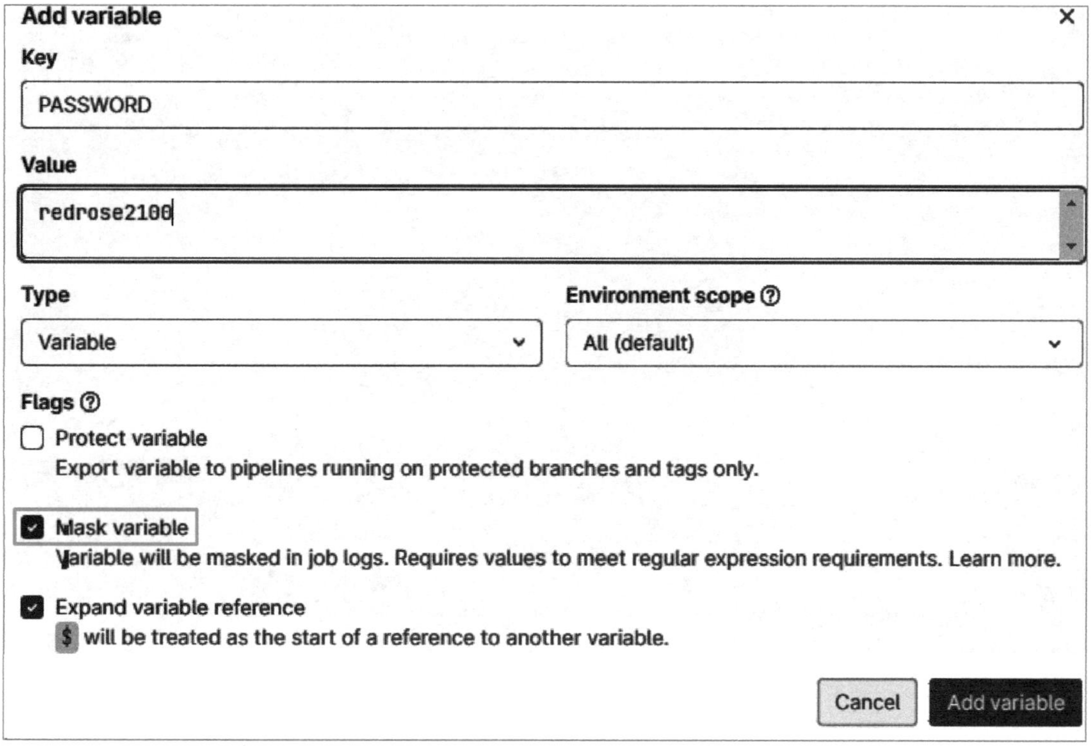

Add variable ×
Key
PASSWORD
Value
redrose2100
Type
Variable
Environment scope
All (default)
Flags
Protect variable
Export variable to pipelines running on protected branches and tags only.
Mask variable
Variable will be masked in job logs. Requires values to meet regular expression requirements. Learn more.
Expand variable reference
$ will be treated as the start of a reference to another variable.
Cancel　Add variable

图 7-6　设置 PASSWORD 变量

下面用一个简单的 Job 去验证一下，即编写如下.gitlab-ci.yml，试图打印 GitLab WEB 界面设置的变量 USERNAME 和 PASSWORD。

```
stages:
  - compile

variables:
  IP: "192.168.1.10"

compile:
  variables:
    PORT: 22
  stage: compile
  script:
    - echo $IP
    - echo $PORT
    - echo $USERNAME
    - echo $PASSWORD
  tags:
    - shell_GitLab
```

提交后，执行结果如图 7-7 所示。虽然这里试图打印 GitLab 的 WEB 界面上设置的变量，但是仍然都给屏蔽了。

```
1  Running with gitlab-runner 16.0.1 (79704081)
2    on shell_gitlab gpTx-SoC, system ID: s_f482f4b0ba8c
3  Preparing the "shell" executor
4  Using Shell (bash) executor...
6  Preparing environment
7  Running on mugenrunner01...
9  Getting source from Git repository
10 Fetching changes with git depth set to 20...
11 Reinitialized existing Git repository in /home/gitlab-runner/builds/gpTx-SoC/0/honghua/app/.git/
12 Checking out c81f8902 as detached HEAD (ref is main)...
13 Skipping Git submodules setup
15 Executing "step_script" stage of the job script
16 $ echo $IP
17 192.168.1.10
18 $ echo $PORT
19 22
20 $ echo $USERNAME
21 [MASKED]
22 $ echo $PASSWORD
23 [MASKED]
25 Cleaning up project directory and file based variables
27 Job succeeded
```

图 7-7　显示环境变量

这就是在 GitLab 的 UI 上自定义变量的用处，即用于保存一些账号、密码等敏感数据。此外，如果在 GitLab 上项目和组规划划分得合理，还可以在组层级设置变量，这样组内的所有项目就都可以使用了，而不需要在每个项目上单独设置。当然，这个要根据具体情况进行操作，如果划分的组不是很明确，在项目层级设置变量则更清晰，否则容易出现项目与项目之间变量的混乱。

# 第8章 GitLab CI/CD 流水线的触发方式

GitLab CI/CD 流水线的触发方式非常灵活，最简单的就是通过对分支提交代码直接触发，此外还可以提交 MR 触发、打 tag 触发、手动单击按钮触发、定时任务触发，以及设置 trigger 触发等。本章将详细介绍 GitLab CI/CD 中流水线的各种触发方式以及使用场景。

## 8.1 通过指定分支名触发

指定分支名触发是最简单也是最常用的方式。流水线并不是配置得越复杂或者使用的功能越高级越好，而是适合自己的需求才好。所以，通过指定分支名的方式基本可以满足大部分用户需求了。

通过指定分支名的方式触发主要通过 only 和 except 两个关键字实现。在如下配置中，在 only 关键字中指定 branches，表示当前 Job 会在所有的分支执行。一般应用于通用的任务，比如代码规范检查。

```
stages:
  - compile

compile:
  stage: compile
  only:
    - branches
  script:
    - echo "do compile work"
  tags:
    - shell_GitLab
```

而在一些场景下，如果希望流水线的 Job 只在某几个分支执行，例如只在 main 和 dev 分支执行，其他分支不会执行，如下所示。

```
stages:
  - compile

compile:
  stage: compile
  only:
    - main
    - dev
  script:
```

```
    - echo "do compile work"
  tags:
    - shell_GitLab
```

当然也存在有许多个分支，只有某几个分支不执行，其他分支包括以后新建的分支都执行的场景，此时就可以同时使用 only 和 except 两个关键字了。在如下配置中，only 说明所有分支都执行，except 指明了 main 分支除外（即除了 main 分支以外）的所有分支都执行。

```
stages:
  - compile

compile:
  stage: compile
  only:
    - branches
  except:
    - main
  script:
    - echo "do compile work"
  tags:
    - shell_GitLab
```

此外，rules 主要和预定义变量配置使用，通过 rules 关键字同样可以实现上述功能。在如下配置，rules 配置 if，判断如果预定义变量 CI_COMMIT_BRANCH 的值等于 main 即执行。

```
stages:
  - compile

compile:
  stage: compile
  rules:
    - if: $CI_COMMIT_BRANCH=="main"
  script:
    - echo "do compile work"
  tags:
    - shell_GitLab
```

同理，当存在多个 if 条件时，从上到下，只要有一个成立就执行，这就做到了可以指定多个分支执行，具体配置如下。

```
stages:
  - compile

compile:
  stage: compile
  rules:
    - if: $CI_COMMIT_BRANCH=="main"
    - if: $CI_COMMIT_BRANCH=="dev"
  script:
    - echo "do compile work"
```

```
  tags:
    - shell_GitLab
```

而如下配置，实现了类似 except 关键字的作用，即提交代码的分支名只要不是 main 就执行。

```
stages:
  - compile

compile:
  stage: compile
  rules:
    - if: $CI_COMMIT_BRANCH != "main"
  script:
    - echo "do compile work"
  tags:
    - shell_GitLab
```

提到预定义变量，only 和 except 关键字也是可以使用预定义变量的。在如下配置中，only 关键字后面再指定一层 variables，然后就可以对预定义变量进行判断了，这里同样表示如果是 main 分支就执行。

```
stages:
  - compile

compile:
  stage: compile
  only:
    variables:
      - $CI_COMMIT_BRANCH == "main"
  script:
    - echo "do compile work"
  tags:
    - shell_GitLab
```

同理，如下配置则相当于使用 only 关键字实现了 except 关键字的效果，即只要分支不是 main 就执行。

```
stages:
  - compile

compile:
  stage: compile
  only:
    variables:
      - $CI_COMMIT_BRANCH != "main"
  script:
    - echo "do compile work"
  tags:
    - shell_GitLab
```

通过上面的对比可以发现，如果需要通过指定分支名来触发流水线，很显然，直接使用 only 或者 except 关键字会更简单。当然 rules 关键字在非常复杂的场景下也是很有用的。

## 8.2 通过 MergeRequest 触发

通过 MergeRequest 触发流水线的 Job 的事件是 merge_request，我们可以通过 only 关键字实现，即在 only:refs 指定 merge_request 即可，如下所示。

```
stages:
  - compile

compile:
  stage: compile
  only:
    refs:
      - merge_requests
  script:
    - echo "do compile work"
  tags:
    - shell_GitLab
```

在使用 only 和 except 关键字的时候，使用 refs 和不使用 refs 的效果是一样的，即直接使用如下方式显得更简洁一些。

```
stages:
  - compile

compile:
  stage: compile
  only:
  - merge_requests
  script:
    - echo "do compile work"
  tags:
    - shell_GitLab
```

此外，还可以使用 rules 关键字，通过指定预定义变量 CI_PIPELINE_SOURCE 的值来触发，如下所示。

```
stages:
  - compile

compile:
  stage: compile
  rules:
    - if: $CI_PIPELINE_SOURCE == "merge_request_event"
  script:
    - echo "do compile work"
```

```
  tags:
    - shell_GitLab
```

对于使用预定义变量，使用 only 关键字同样可以做到，如下所示。

```
stages:
  - compile

compile:
  stage: compile
  only:
    variables:
      - $CI_PIPELINE_SOURCE == "merge_request_event"
  script:
    - echo "do compile work"
  tags:
    - shell_GitLab
```

从上面的介绍可以看出，实现 MergeRequest 触发的方式有很多，用户可根据具体的业务场景进行选择。排除其他条件来说，推荐的还是 only 直接使用的方案，即本节介绍的第二种方案，这种方案简洁易懂。当然，如果在和其他条件组合使用时，可以体现出 rules 关键字灵活且功能强大的特点，相对使用起来要复杂一些。

## 8.3 通过打 tag 触发

在代码研发过程中，一个周期的结束或者一个功能的完成，通常会通过打 tag 的方式对代码做备份快照。在 GitLab 上打 tag 时，一般同时希望能触发流水线。

通过 only 关键字，可以直接指定 tags，如下所示。这里指定了只有打 tags 才触发，此外在 script 中打印了“test tags...”。

```
stages:
  - compile

compile:
  stage: compile
  only:
    - tags
  script:
    - echo "do compile work"
    - echo "test tags..."
  tags:
    - shell_GitLab
```

提交代码后可以发现，此时并未触发流水线。接下来在 Repository 的 Tags 界面中单击 New tag 按钮，如图 8-1 所示。

设置 tag 标签为 0.0.1，并从 main 分支打 tag，最后单击 Create tag 按钮，如图 8-2 所示。

最后，可以看到打的 tag 已经触发流水线执行了，如图 8-3 所示。

打 tag 一般在发布或者封版等时操作，因此 tag 触发流水线也是非常常用和重要的。

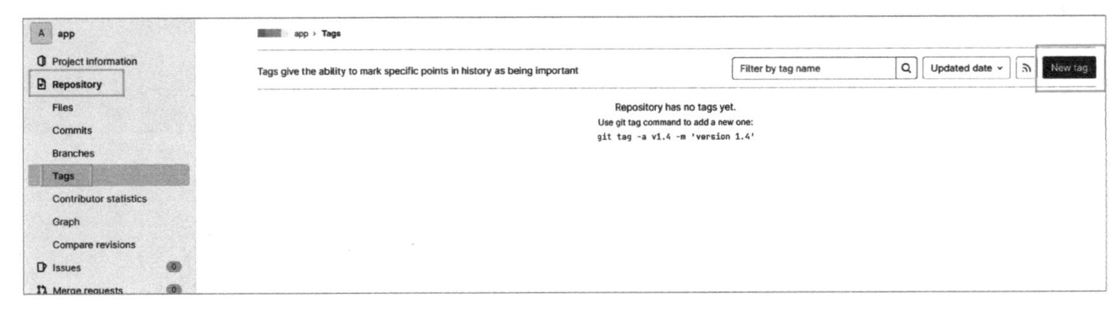


图 8-1　进入 Tags 界面

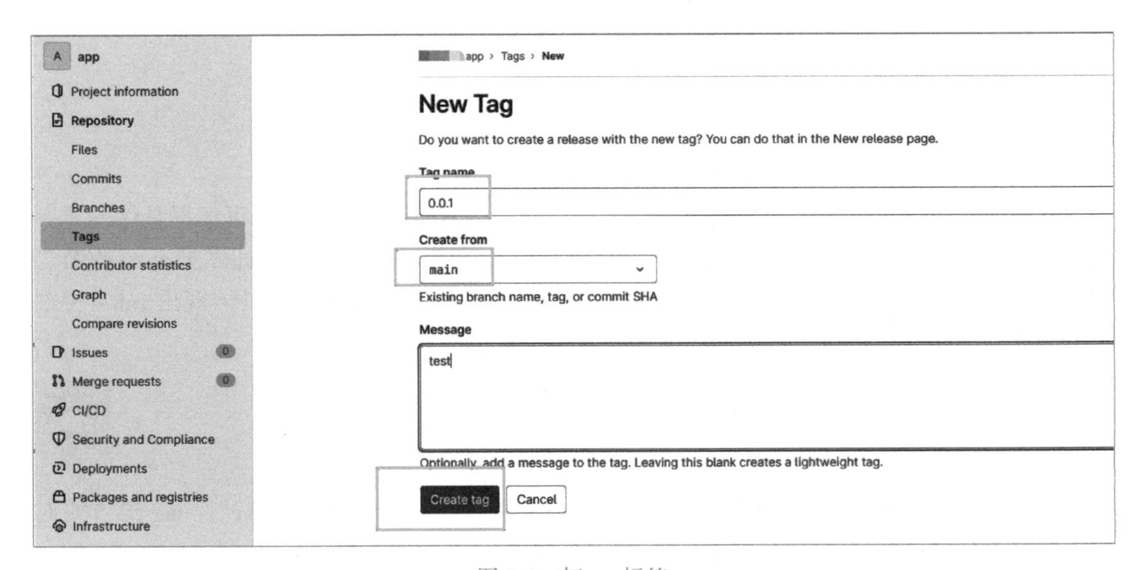


图 8-2　打 tag 标签

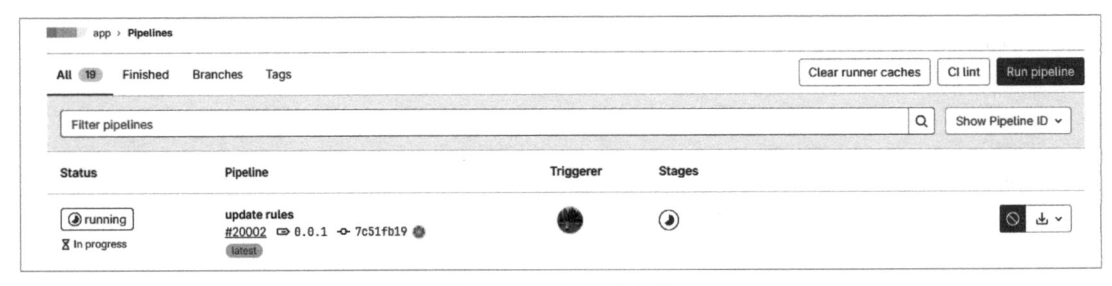


图 8-3　tag 触发流水线

## 8.4　手动按钮触发

在实际研发过程中，常常有一些环节需要非常慎重，比如更新数据库、部署测试环境的版本，或者升级线上的环境。对于自动化流程来说，无法百分百地保证稳定或者不出问题，因此对于这些非常重要的环节需要慎之又慎，此时需要人工去做各种确认工作，然后手工单击再执行流水线任务。

手动触发需要使用 when 关键字，将其设置为 manual 即可。手动触发通常来说需要和其他触发条件配合使用，在如下配置中，通过 only 关键字控制当前 Job 在 main 分支和打 tag 的时候触发，同时又通过 when 关键字指定 manual 设置为手动触发。此时 Job 的执行方式是首先满足 only 设置的触发条件，即只有在 main 分支或者打 tag 的时候，流水线会出现在 GitLab 界面上，然后设置为手动单击触发，此时 GitLab 界面上显示的流水线并不会自动执行，而是出现一个可以单击的按钮，待手动单击该按钮后流水线才会真正执行。

```
stages:
  - compile

compile:
  stage: compile
  when: manual
  only:
    - main
    - tags
  script:
    - echo "do compile work"
    - echo "test tags..."
  tags:
    - shell_GitLab
```

提交代码后，在 GitLab 上可以看到图 8-4 的界面。此时显示流水线（Pipeline）选项卡，并且该选项卡上有一个可单击的三角形按钮。如果不单击该按钮，那么此流水线将一直停留在此状态。

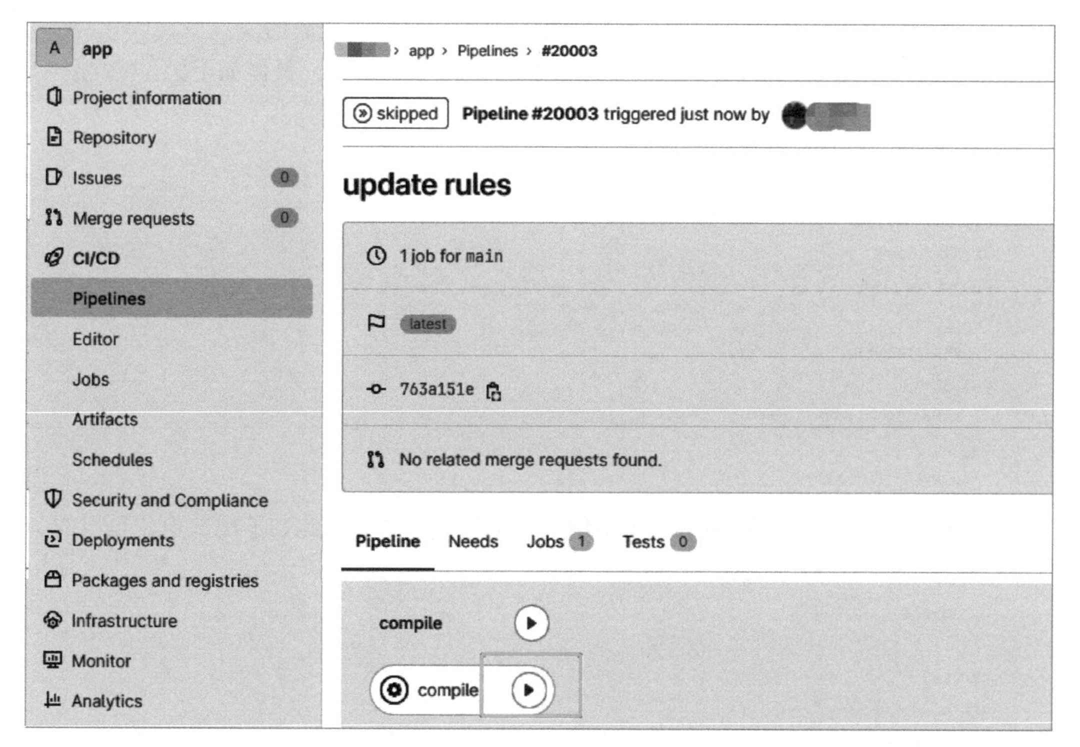


图 8-4　需要手动触发的流水线

单击该按钮后，开始执行流水线了，如图 8-5 所示。

图 8-5　单击按钮触发流水线

## 8.5　定时任务触发

在产品研发过程中，对于一些需要定时或者周期性的操作，比如数据采集、数据分析以及数据库更新等，常常需要设置定时任务来执行。GitLab CI./CD 对定时任务的支持是通过在.gitlab-ci.yml 文件和 GitLab 的 WEB 界面中相配合进行设置来完成的。

在.gitlab-ci.yml 文件中，通过 only 关键字指定 schedules 即可，具体如下。

```
stages:
  - compile

compile:
  stage: compile
  when: manual
  only:
    - schedules
  script:
    - echo "do compile work"
  tags:
    - shell_GitLab
```

前面介绍过，在使用 only 时 refs 用不用效果都是一样的，因此如下配置也是可以的。

```
stages:
  - compile

compile:
  stage: compile
  when: manual
```

```
  only:
    refs:
      - schedules
  script:
    - echo "do compile work"
  tags:
    - shell_GitLab
```

同样，通过 rules 关键字判断预定义变量 CI_PIPELINE_SOURCE 是否等于 schedule 也是可以的，如下所示。

```
stages:
  - compile

compile:
  stage: compile
  when: manual
  rules:
    - if: $CI_PIPELINE_SOURCE == "schedule"
  script:
    - echo "do compile work"
  tags:
    - shell_GitLab
```

此外，在使用预定义变量的时候，only 也是可以做到的，如下所示。当然，前面已经介绍过一种 only 更简单的使用方法，这里就不推荐使用了，仅仅作为技术知识演示一下。

```
stages:
  - compile

compile:
  stage: compile
  when: manual
  only:
    variables:
      - $CI_PIPELINE_SOURCE == "schedule"
  script:
    - echo "do compile work"
  tags:
    - shell_GitLab
```

.gitlab-ci.yml 文件配置完成后提交至代码仓，可以发现此时 GitLab 的 WEB 界面上并未触发流水线。此时需要在 GitLab 的界面上配置定时任务。在 CI/CD 的 Schedules 界面中单击 New schedule 按钮，如图 8-6 所示。

在定时任务界面中设置定时任务的描述，接着设置最核心的定时任务时间，这里一般选择自定义时间设置，如图 8-7 所示。

定时时间的设置规则如下所示。即使用 5 个字段设置，第 1 个字段表示分钟，第 2 个字段表示小时，第 3 个字段表示一个月的某一天，第 4 个字段表示某个月，第 5 个字段则表示一个星期内的某一天。

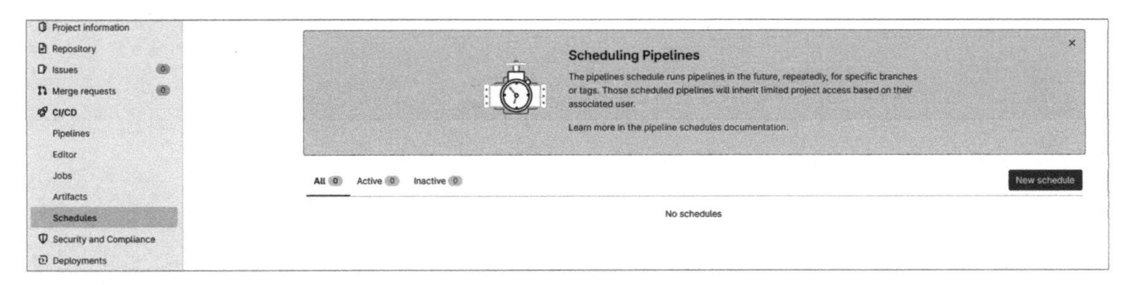


图 8-6 设置定时任务界面

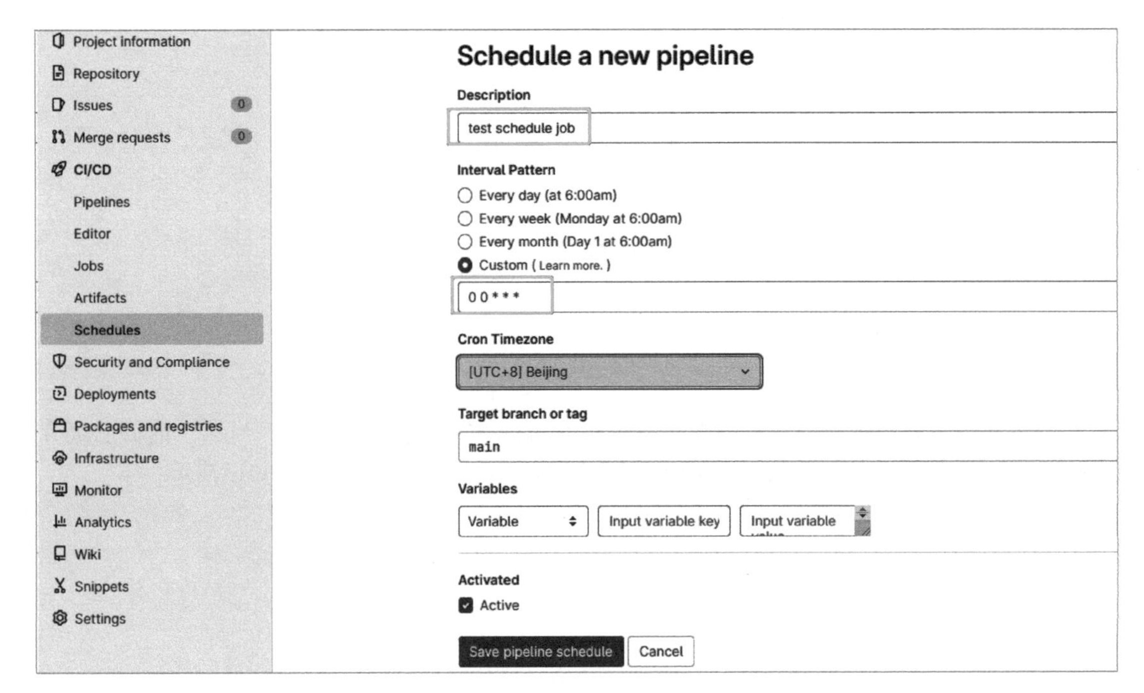


图 8-7 设置定时任务

```
# ┌───────────── minute (0 - 59)
# │ ┌───────────── hour (0 - 23)
# │ │ ┌───────────── day of the month (1 - 31)
# │ │ │ ┌───────────── month (1 - 12)
# │ │ │ │ ┌───────────── day of the week (0 - 6) (Sunday to Saturday)
# │ │ │ │ │
# │ │ │ │ │
# │ │ │ │ │
# * * * * * <command to execute>
```

设置好时间后，在定时任务列表中会出现刚刚设置的定时任务，这里会有一个下次执行的时间点，将鼠标放在上面，会弹出下次执行的具体时刻。通过这里可以确认下次执行的时刻是否正确，如图 8-8 所示。

至此，定时任务就设置完成了，待时间一到，流水线会被触发执行。

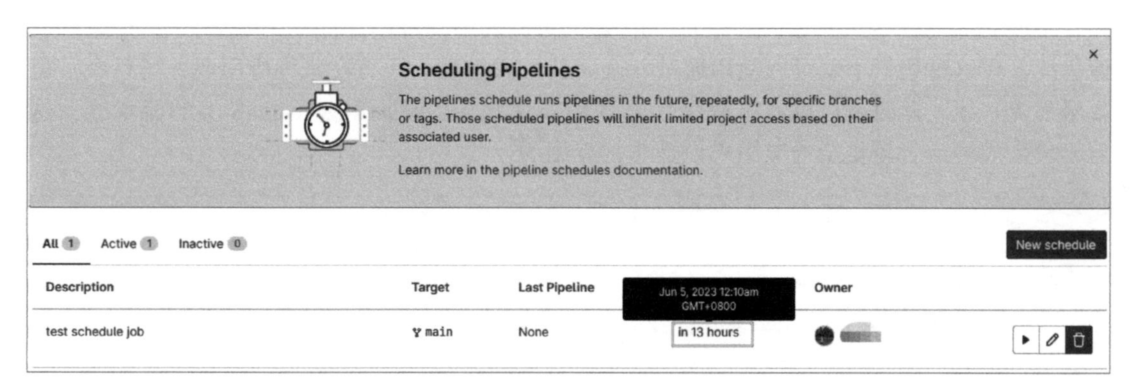


图 8-8　查看定时任务执行时刻

## 8.6　通过 trigger 触发

本书 6.5 节介绍多项目类型流水线的时候，在上游项目中曾经也使用了 trigger 关键字。需要注意的是，本节介绍的时限制只能通过 trigger 触发，这里并不是指 6.5 节中上游 trigger 的使用方式。6.5 节介绍的 trigger 其实是直接触发本仓库其他位置的 yml 文件定义的流水线，或者是直接触发某个代码仓的指定分支的流水线。换言之，6.5 节中介绍的 trigger 触发的下游项目需要指定某个分支触发，这里的 trigger 其实是为了提供一种程序代码触发方式。比如我们定义如下配置的.gitlab-ci.yml 文件，提交代码后可以发现流水线并未执行。在这种定义下，需要在 GitLab 的 WEB 界面配置 trigger，接着在其他位置通过程序代码调用 api 的方式触发 trigger，然后这里的.gitlab-ci.yml 定义的流水线才会被触发。

```
stages:
  - test

test:
  stage: test
  only:
    - triggers
  script:
    - echo "run test script"
  tags:
    - shell_GitLab
```

定义了上面的 yaml 配置文件后，还需要切换到 GitLab 的 Settings 的 CI/CD 界面，在 Pipeline triggers 选项区中单击右边的 Expand 按钮，如图 8-9 所示。

然后设置 description，单击 Add trigger 按钮就创建好 trigger 了。下面提供了三种触发方式，一种是使用 curl 命令，第二种是直接在其他项目的流水线中通过.gitlab-ci.yml 配置，还有一种是通过 webhook 的方式触发，如图 8-10 所示。

介绍到这里，读者可以发现在 6.5 节中介绍的 trigger 触发本项目其他目录下的.gitlab-ci.yml 或者下游项目的流水线，都必须要求是同一个 GitLab 平台的项目。而本节介绍的通过

trigger 触发的方式，很明显可以跨 GitLab 平台，或者是在代码中触发。比如当公司规模较大，不同的部门有不同的 GitLab 平台，但是后期发现不同部门之间的 GitLab 需要打通触发流水线，在这种场景下就可以使用通过 trigger 的方式触发。还有在某种应用业务场景中，需要触发流水线，此时就可以通过程序代码调用 curl 命令，从而触发 GitLab 上的流水线，这对于较大规模或者较复杂的应用来说是非常有用的。

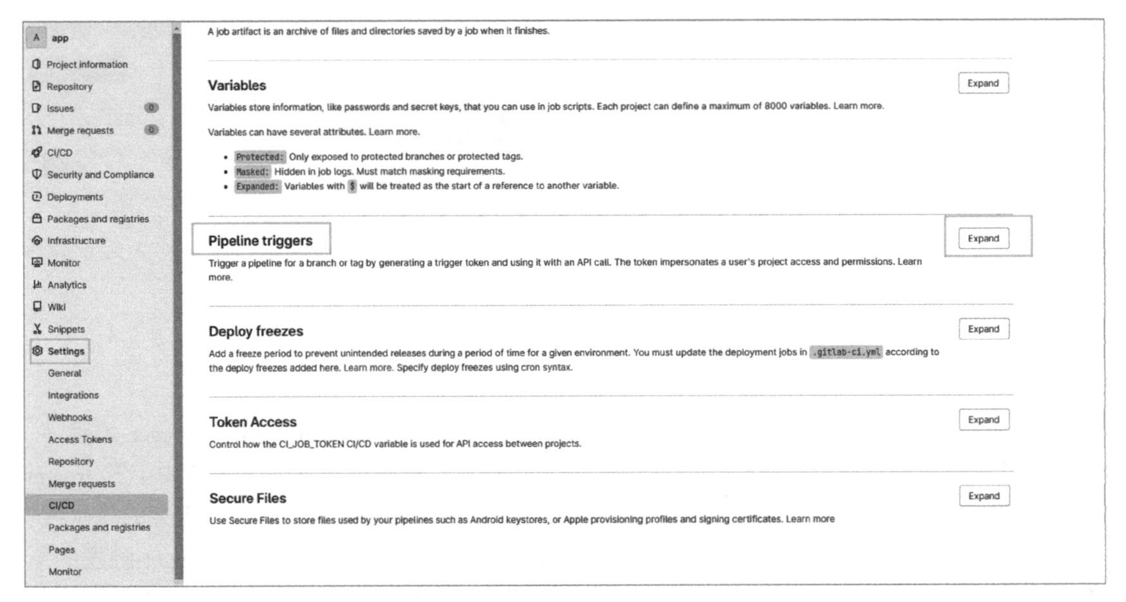

图 8-9　GitLab 的 Pipeline triggers 配置界面

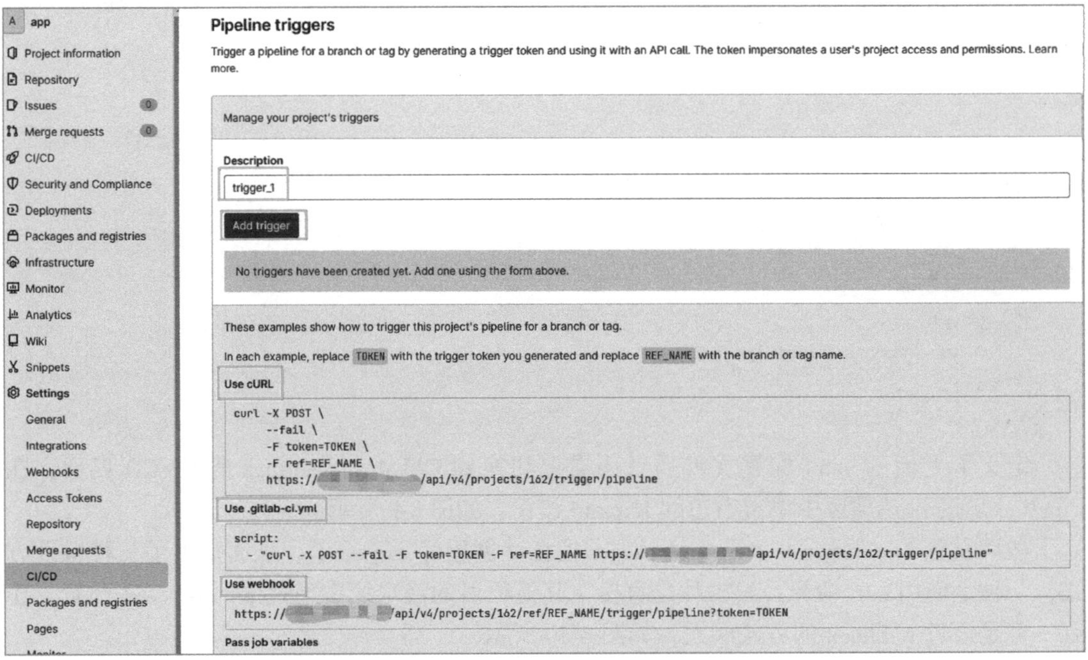

图 8-10　GitLab 界面配置 trigger

## 8.7 通过检测指定目录文件修改触发

随着微服务的广泛应用，一个应用程序往往需要多个微服务项目。当然，当微服务数量不是很多的时候，可以每个服务配一个代码仓，在这种场景下使用多项目流水线触发即可。但是在更多的情况下，代码研发人员更乐意将一个项目的多个微服务放在一个代码仓。这么做的优点是维护成本低，但是带来一个问题，如果一个微服务代码发生了变更，那么同一个代码仓的其他微服务的流水线如何处理呢？如果都重新编译部署，浪费时间不说，在部署上线的时候微服务应用程序也会受到影响。GitLab CI/CD 针对这种场景，提供了 changes 关键字，即通过检测指定目录或者指定文件是否发生变更而触发流水线。比如最简单的情况下，同一个代码仓中，有前端项目目录，有后端项目目录，当后端项目目录中的代码发生了变更，只需要将后端应用对应的流水线触发即可。前端项目的流水线则不用执行，这样就达到了谁发生了改变，谁重新编译部署，提高了效率，也提高了稳定性。当微服务的数量越多时，效果越明显。

比如编译前后端的 Job 拆分为独立的两个，分别检测。如果 web 目录下的文件发生了变化，则编译前端项目；如果 back 目录下的文件发生了变化，则编译后端项目。因此我们编写.gitlab-ci.yml 配置文件具体如下。这里注意在设置检测目录的时候，如果希望检测目录以及所有子目录下的文件，则需要使用类似 web/**/*的形式。

```
stages:
  - compile

compile_back:
  stage: compile
  only:
    changes:
      - back/**/*

  script:
    - echo "do compile back"
  tags:
    - shell_GitLab

compile_web:
  stage: compile
  only:
    changes:
      - web/**/*

  script:
    - echo "do compile back"
  tags:
    - shell_GitLab
```

然后可以在 back 目录下创建一个文件来验证流水线是否只执行后端编译的 Job。提交代码后的 GitLab 界面如图 8-11 所示。可以看到，只有后端项目的编译任务执行了。

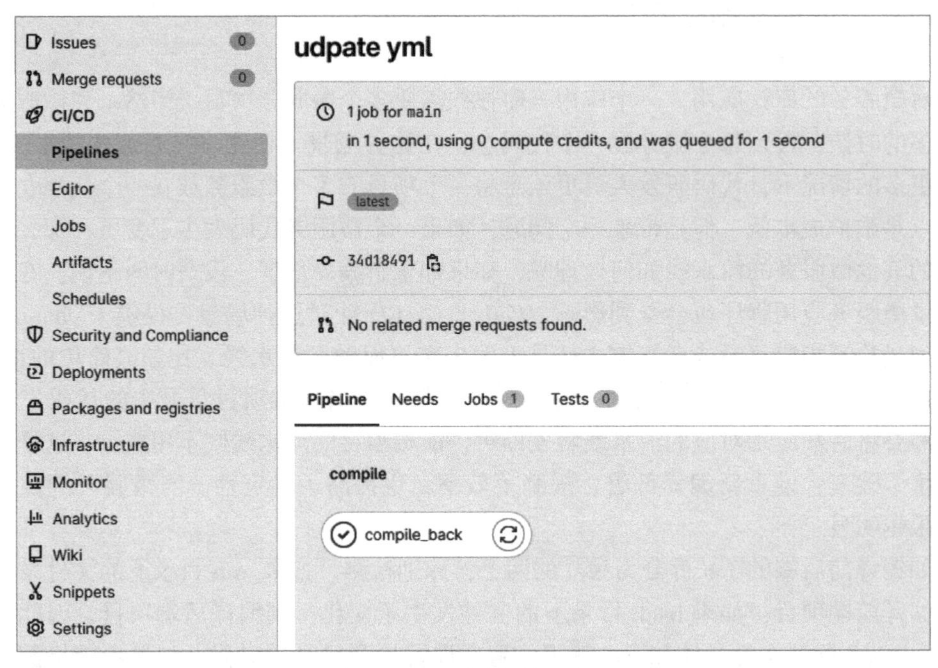


图 8-11　只编译后端项目

当然，在设置通过检查指定目录中的文件是否发生变化的同时，还可以设置分支等，具体配置如下。

```
stages:
  - compile

compile_back:
  stage: compile
  only:
    refs:
      - main
      - dev
    changes:
      - back/* * /*

  script:
    - echo "do compile back"
  tags:
    - shell_GitLab

compile_web:
  stage: compile
  only:
    refs:
      - main
```

```
      - dev
    changes:
      - web/* * /*
  script:
    - echo "do compile back"
  tags:
    - shell_GitLab
```

除了使用 only 关键字外，还可以使用 except 关键字。如下配置中，表示 main 分支、dev 之分，或者 back 目录下的文件发生了变化都不会执行流水线。

```
stages:
  - compile

compile_back:
  stage: compile
  except:
    refs:
      - main
      - dev
    changes:
      - back/* * /*

  script:
    - echo "do compile back"
  tags:
    - shell_GitLab
```

当然也可以使用 rules 关键字，具体配置如下。表示 main 分支或者 back 目录下的文件发生了变化，都会执行流水线。

```
stages:
  - compile

compile_back:
  stage: compile
  rules:
    - if: $CI_CIMMIT_BRANCH=="main"
    - changes:
        - back/* * /*

  script:
    - echo "do compile back"
  tags:
    - shell_GitLab
```

掌握了根据指定目录中的文件是否发生变化触发流水线，设计自动化流水线的时候就可以灵活运用多种方法了，尤其在一个项目中存在多个微服务应用并且都存在在一个代码仓的时候。

## 8.8 通过正则匹配方式触发

通过正则表达式的方式触发流水线就更灵活了，一般来说都会用到预定义变量，即通过对预定义变量进行正则匹配，当满足一定匹配条件的时候就执行。使用 only 和 rules 关键字都是可以的，使用 only 关键字的时候，需要配合 variables 一起使用；使用 rules 关键字的时候，需要配合 if 语句一起使用。在通常情况下，不用正则一般也能达到预期的效果。但是有一些场景下，比如存在许多分支，但是有一类分支名是以 dev 结尾的，此时就可以通过对预定义变量 CI_COMMIT_BRANCH 进行正则匹配。使用 only 关键字时的配置如下所示。

```
stages:
  - compile

compile_back:
  stage: compile
  only:
    variables:
      - $CI_COMMIT_BRANCH =~ /.* dev $/
  script:
    - echo "do compile back"
  tags:
    - shell_GitLab
```

如果使用 rules 关键字，则编写配置如下。

```
stages:
  - compile

compile_back:
  stage: compile
  rules:
      - if: $CI_COMMIT_BRANCH =~ /.* dev $/
  script:
    - echo "do compile back"
  tags:
    - shell_GitLab
```

有了正则表达式，流水线的触发方式将变得异常灵活，比如通过对预定义变量 CI_COMMIT_MESSAGE 进行正则匹配，在团队中约定好 commit 信息按照几种固定的格式，然后对不同类型的 commit 信息执行不同的流水线，将使流水线变得非常灵活。

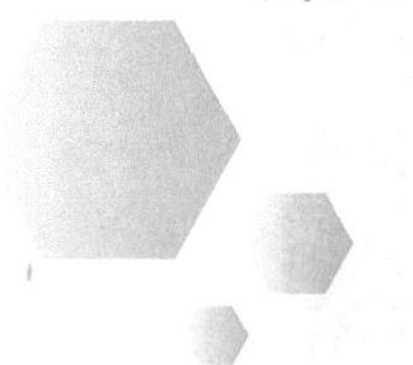

# 第9章 GitLab CI/CD 中的缓存与附件

本章将对 GitLab CI/CD 流水线中的缓存和附件技术进行详细介绍，包括如何在多个 Job 之间实现数据的共享如何将 Job 产生的结果上传至 GitLab 的 WEB 界面等。

## 9.1 相同分支不同 Job 之间实现数据共享

首先在 back/demo.txt 文件中写入 hello world，然后编写如下.gitlab-ci.yml 配置文件。即有编译和构建两个阶段，在编译阶段，首先查看 back/demo.txt 文件的内容，接着向 back/demo.txt 文件中追加一行 do compile back，然后再次查看。在构建阶段直接查看 back/demo.txt 文件的内容。

```
stages:
  - compile
  - build

compile_back:
  stage: compile
  only:
    - main
  script:
    - cat back/demo.txt
    - echo "do compile back" >> back/demo.txt
    - cat back/demo.txt
  tags:
    - shell_GitLab

build_back:
  stage: build
  only:
    - main
  script:
    - cat back/demo.txt
  tags:
    - shell_GitLab
```

提交代码仓后，查看编译阶段的 Job 执行如图 9-1 所示。可以发现编译阶段的 Job 执行完成后 back/demo.txt 文件中已经有两行字符串了。

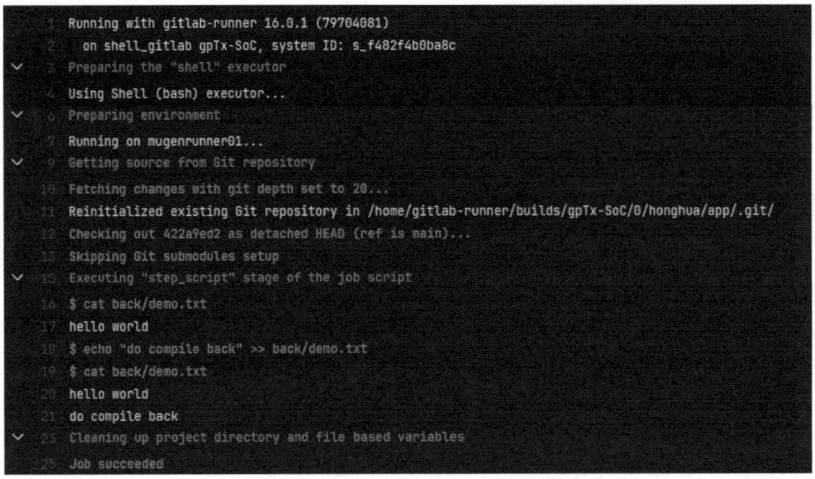

```
Running with gitlab-runner 16.0.1 (79704081)
  on shell_gitlab gpTx-SoC, system ID: s_f482f4b0ba8c
Preparing the "shell" executor
Using Shell (bash) executor...
Preparing environment
Running on mugenrunner01...
Getting source from Git repository
Fetching changes with git depth set to 20...
Reinitialized existing Git repository in /home/gitlab-runner/builds/gpTx-SoC/0/honghua/app/.git/
Checking out 422a9ed2 as detached HEAD (ref is main)...
Skipping Git submodules setup
Executing "step_script" stage of the job script
$ cat back/demo.txt
hello world
$ echo "do compile back" >> back/demo.txt
$ cat back/demo.txt
hello world
do compile back
Cleaning up project directory and file based variables
Job succeeded
```

图 9-1　编译阶段的 Job 执行结果

然后再查看构建阶段的 Job 执行结果，如图 9-2 所示。可以发现在构建阶段 back/demo.txt 文件内容又恢复到了原始的 hello world 的内容，也就是编译阶段对该文件的修改并未传递到构建阶段。在实际流水线中，是存在这样的需求的，即在后一个阶段的 Job 中需要使用到前一个阶段对文件的修改或者产生的新的文件。当我们需要在流水线中不同的 Job 之间实现数据的共享时，就需要使用到缓存技术。在 GitLab CI/CD 中，缓存技术可以通过关键字 cache 实现。这里特别需要注意的是，使用 cache 时，在不同的 Job 中，需要通过 tags 关键字指定同一个 runner 来执行 Job。这一点很好理解，因为只有在同一个 runner 中，才可以使用缓存技术。

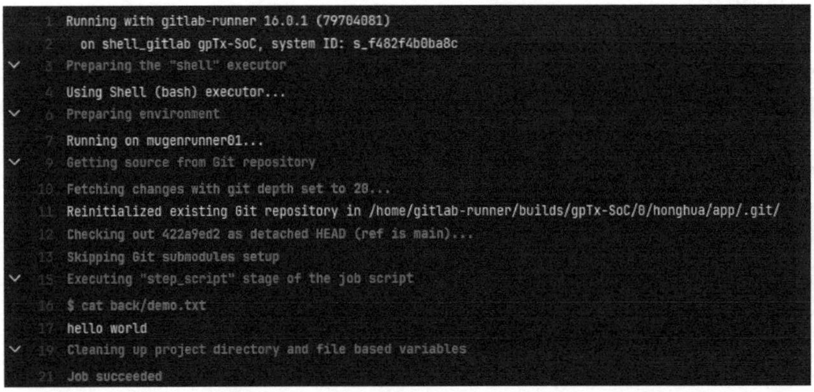

```
Running with gitlab-runner 16.0.1 (79704081)
  on shell_gitlab gpTx-SoC, system ID: s_f482f4b0ba8c
Preparing the "shell" executor
Using Shell (bash) executor...
Preparing environment
Running on mugenrunner01...
Getting source from Git repository
Fetching changes with git depth set to 20...
Reinitialized existing Git repository in /home/gitlab-runner/builds/gpTx-SoC/0/honghua/app/.git/
Checking out 422a9ed2 as detached HEAD (ref is main)...
Skipping Git submodules setup
Executing "step_script" stage of the job script
$ cat back/demo.txt
hello world
Cleaning up project directory and file based variables
Job succeeded
```

图 9-2　构建阶段 Job 的执行结果

Cache 使用方法如下。这里在编译和构建两个 Job 中都使用 cache 关键字，这两个 Job 之所以能共享数据，关键就是 cache 中的 key 关键字。key 关键字通过指定一个预定义的变量，即 CI_COMMIT_REF_SLUG。在同一个分支中，CI_COMMIT_REF_SLUG 变量是相同的。

```
stages:
  - compile
```

```
  - build

compile_back:
  stage: compile
  only:
    - main
  cache:
    key: $CI_COMMIT_REF_SLUG
    paths:
      - back/
  script:
    - cat back/demo.txt
    - echo "do compile back" >> back/demo.txt
    - cat back/demo.txt
  tags:
    - shell_GitLab

build_back:
  stage: build
  only:
    - main
  cache:
    key: $CI_COMMIT_REF_SLUG
    paths:
      - back/
  script:
    - cat back/demo.txt
  tags:
    - shell_GitLab
```

提交代码后，在 GitLab 中流水线界面可以看到编译阶段的执行结果，如图 9-3 所示。即在编译阶段执行完成后，back/demo.txt 文件中有两行字符串。

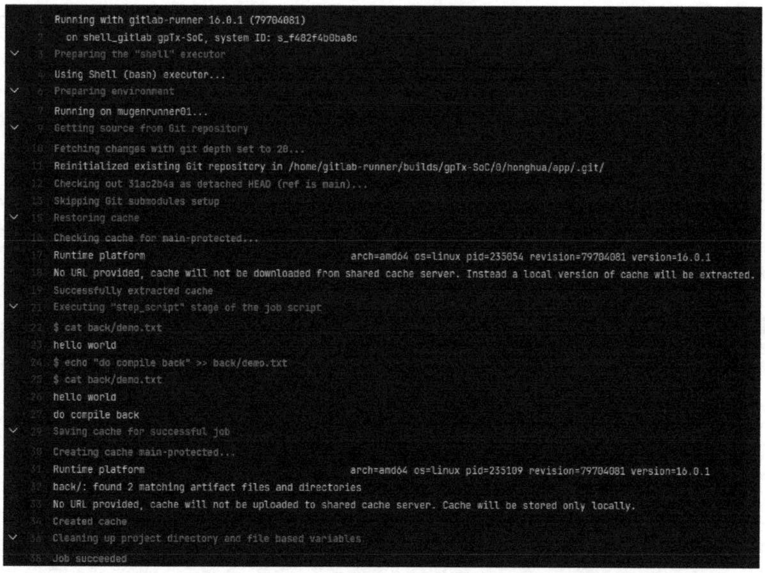

```
1  Running with gitlab-runner 16.0.1 (79704081)
2    on shell_gitlab gpTx-SoC, system ID: s_f482f4b0ba8c
3  Preparing the "shell" executor
4  Using Shell (bash) executor...
6  Preparing environment
7  Running on mugenrunner01...
9  Getting source from Git repository
10 Fetching changes with git depth set to 20...
11 Reinitialized existing Git repository in /home/gitlab-runner/builds/gpTx-SoC/0/nonghua/app/.git/
12 Checking out 31ac2b4a as detached HEAD (ref is main)...
13 Skipping Git submodules setup
15 Restoring cache
16 Checking cache for main-protected...
17 Runtime platform                                    arch=amd64 os=linux pid=235054 revision=79704081 version=16.0.1
18 No URL provided, cache will not be downloaded from shared cache server. Instead a local version of cache will be extracted.
19 Successfully extracted cache
21 Executing "step_script" stage of the job script
22 $ cat back/demo.txt
23 hello world
24 $ echo "do compile back" >> back/demo.txt
25 $ cat back/demo.txt
26 hello world
27 do compile back
29 Saving cache for successful job
30 Creating cache main-protected...
31 Runtime platform                                    arch=amd64 os=linux pid=235109 revision=79704081 version=16.0.1
32 back/: found 2 matching artifact files and directories
33 No URL provided, cache will not be uploaded to shared cache server. Cache will be stored only locally.
34 Created cache
36 Cleaning up project directory and file based variables
38 Job succeeded
```

图 9-3　使用 cache 后编译阶段的执行结果

此时的构建 Job 执行结果如图 9-4 所示。可以发现，此时 back/demo.txt 文件中的内容完全一致了，即编译阶段对 back/demo.txt 文件的修改在构建阶段生效了。换言之，编译阶段和构建阶段 back/demo.txt 文件实现了数据共享。

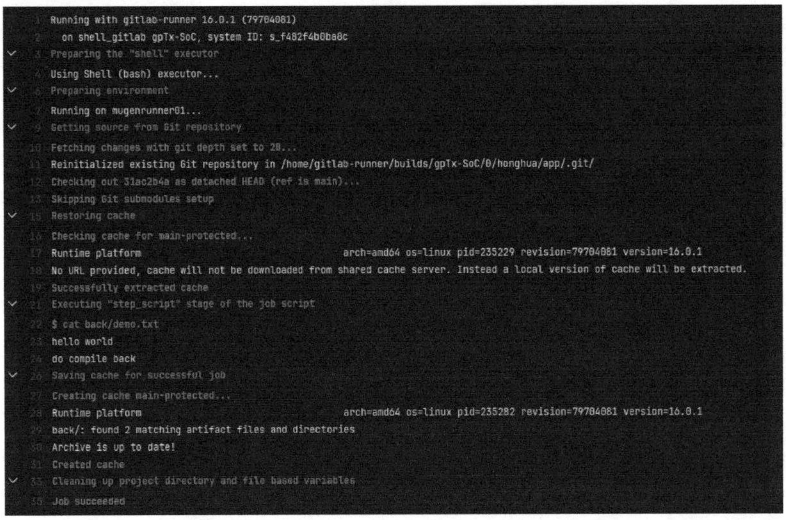

```
1  Running with gitlab-runner 16.0.1 (79704081)
2    on shell_gitlab gpTx-SoC, system ID: s_f482f4b0ba8c
3  Preparing the "shell" executor
4  Using Shell (bash) executor...
6  Preparing environment
7  Running on mugenrunner01...
9  Getting source from Git repository
10 Fetching changes with git depth set to 20...
11 Reinitialized existing Git repository in /home/gitlab-runner/builds/gpTx-SoC/0/honghua/app/.git/
12 Checking out 31ac2b4a as detached HEAD (ref is main)...
13 Skipping Git submodules setup
15 Restoring cache
16 Checking cache for main-protected...
17 Runtime platform                                    arch=amd64 os=linux pid=235229 revision=79704081 version=16.0.1
18 No URL provided, cache will not be downloaded from shared cache server. Instead a local version of cache will be extracted.
19 Successfully extracted cache
21 Executing "step_script" stage of the job script
22 $ cat back/demo.txt
23 hello world
24 do compile back
26 Saving cache for successful job
27 Creating cache main-protected...
28 Runtime platform                                    arch=amd64 os=linux pid=235282 revision=79704081 version=16.0.1
29 back/: found 2 matching artifact files and directories
30 Archive is up to date!
31 Created cache
33 Cleaning up project directory and file based variables
35 Job succeeded
```

图 9-4　使用 cache 后构建阶段的 Job 执行结果

相同分支不同 Job 之间的数据共享是应用最多的情况，下面介绍一个典型的应用场景。例如一个 Java 项目，在编译阶段需要对 Java 源代码进行编译，编译阶段会生成 Jar 包文件。而在构建阶段，则需要使用编译阶段生成的 Jar 包文件，然后根据 Dockerfile 文件生成 docker 镜像。在云原生技术广泛应用的今天，这种使用场景非常广泛。

## 9.2　不同分支相同 Job 之间实现数据共享

通过上一节对 cache 的使用，可以发现，区分缓存时共享数据的核心就是 cache 中 key 关键字对应的内容。换言之，使用相同 key 的 Job 之间是数据共享的。这就是 GitLab CI/CD 中缓存实现数据共享的核心原理。

在一些特殊场景中，我们希望不同的分支相同的 Job 之间实现数据共享，比如 main 分支的编译阶段和 dev 分支的编译阶段实现数据共享，而 main 分支的构建阶段和 dev 分支的构建阶段实现数据共享。此时只需要保证 key 值在不同的分支相同的 Job 中保持一致即可，而相同的分支不同的 Job 之间 key 需要保持不同，因此只需要将 key 设置为预定义变量 CI_JOB_NAME 即可。

如下为.gitlab-ci.yml 配置文件的内容及配置了 key 的值为预定义变量 CI_JOB_NAME，因为在不同的分支中对于指定的 Job 的预定义变量 CI_JOB_NAME 的值是固定的，如此便可实现不同分支下相同 Job 之间的数据共享。

```
stages:
  - compile
  - build
```

```
compile_back:
  stage: compile
  only:
    - main
    - dev
  cache:
    key: $CI_JOB_NAME
    paths:
      - back/
  script:
    - cat back/demo.txt
    - echo "do compile back" >> back/demo.txt
    - cat back/demo.txt
  tags:
    - shell_GitLab

build_back:
  stage: build
  only:
    - main
    - dev
  cache:
    key: $CI_JOB_NAME
    paths:
      - back/
  script:
    - cat back/demo.txt
  tags:
    - shell_GitLab
```

## 9.3　不同分支不同 Job 之间实现数据共享

对于不同分支不同 Job 之间实现数据共享的场景（即在所有情况下所有 Job 中都实现数据共享），根据 cache 实现数据共享的原理可知，此时只需要将 cache 的 key 设置为一个固定的值，即 key 的值不会随着分支的变化而变化，也不会随着 Job 名称的变化而变化。此时就实现了所有分支、所有 Job 之间的数据共享。

在如下的.gitlab-ci.yml 配置文件中，不论分支如何变化，在任何一个 Job 中的 cache 的值都是 all_in_one，即实现了所有分支、所有 Job 之间的数据共享。

```
stages:
  - compile
  - build

compile_back:
  stage: compile
```

```
  only:
    - main
    - dev
  cache:
    key: all_in_one
    paths:
      - back/
  script:
    - cat back/demo.txt
    - echo "do compile back" >> back/demo.txt
    - cat back/demo.txt
  tags:
    - shell_GitLab

build_back:
  stage: build
  only:
    - main
    - dev
  cache:
    key: all_in_one
    paths:
      - back/
  script:
    - cat back/demo.txt
  tags:
    - shell_GitLab
```

## 9.4 将文件/文件夹保存为附件

GitLab CI/CD 流水线可以通过 artifacts 关键字，将文件或者文件夹以附件的形式上传到 GitLab 来保存附件。如下的.gitlab-ci.yml 配置，就是通过 artifacts 关键字将 back 目录打包上传至 GitLab。

```
stages:
  - compile

compile_back:
  stage: compile
  only:
    - main
    - dev
  script:
    - cat back/demo.txt
    - echo "do compile back" >> back/demo.txt
    - cat back/demo.txt
  artifacts:
```

```
    paths:
      - back
  tags:
    - shell_GitLab
```

提交代码仓执行流水线后，可以在 GitLab 的流水线界面下载附件，如图 9-5 所示。在流水线的右边单击下载下拉框，然后就可以看到附件了，单击即可下载。下载后解压，即可看到正式代码仓中 back 目录的内容。

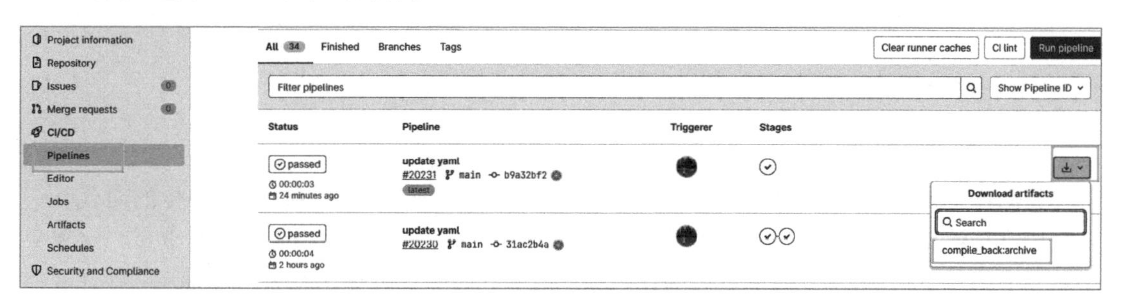


图 9-5　下载附件

此外还可以为附件定义名字，将附件定义为 back 的配置如下。当然，这里也可以使用预定义变量进行命名。

```
stages:
  - compile

compile_back:
  stage: compile
  only:
    - main
    - dev
  script:
    - cat back/demo.txt
    - echo "do compile back" >> back/demo.txt
    - cat back/demo.txt
  artifacts:
    name: back
    paths:
      - back
  tags:
    - shell_GitLab
```

附件如果上传太多，GitLab 负载压力会增加。为了解决这个问题，artifacts 还支持设置超时时间，过了超时时间自动删除。设置保留附件为 30 天的配置如下。

```
stages:
  - compile

compile_back:
  stage: compile
  only:
```

```
    - main
    - dev
  script:
    - cat back/demo.txt
    - echo "do compile back" >> back/demo.txt
    - cat back/demo.txt
  artifacts:
    name: back
    paths:
      - back
    expire_in: 30 days
  tags:
    - shell_GitLab
```

将附件上传到 GitLab，可以保存 Jar 包或者上传一些测试报告等。在云原生的时代，一般很少直接使用编译的 Jar 包等，因此通过 artifacts 上传 Jar 包的使用需求不是很多，这里只是简单介绍一下。artifacts 一个更大的作用是和 dependencies 关键字结合，实现后一个 Job 使用前一个 Job 的结果。在前面介绍 cache 缓存的时候曾经介绍过不同 Job 之间的数据共享，当时特别强调了使用 cache 进行数据共享的时候需要保证 runner 为同一个 runner。而当执行 Job 的 runner 不是同一个时，cache 就无法进行跨 Job 的数据共享了。此时需要使用 artifacts，下一节将详细展开。

## 9.5 基于 artifacts 在不同的 Job 和 runner 之间实现数据共享

在前一个 Job 中，通过 artifacts 保存为附件的文件或者目录；在后一个 Job 中，通过 dependencies 指定依赖的前一个 Job 名称后，就可以直接使用了。在如下配置中，compile_back 在 back 目录下创建了 3 个文件，分别是 demo1.txt、demo2.txt、demo3.txt。在 build_back 中，通过 dependencies 关键字指定了依赖 compile_back，然后在 build_back 中查看 back 的目录。

```
stages:
  - compile
  - build

compile_back:
  stage: compile
  only:
    - main
    - dev
  script:
  - mkdir -p back
    - echo "do compile back" >> back/demo1.txt
    - echo "do compile back" >> back/demo2.txt
    - echo "do compile back" >> back/demo3.txt
  artifacts:
    name: back
    paths:
```

```
      - back
  tags:
    - shell_GitLab

build_back:
  stage:build
dependencies:
    - compile_back
  only:
    - main
    - dev
  script:
    - ls back/
  tags:
    - shell_GitLab
```

提交 GitLab 代码仓后，流水线触发执行，构建阶段的 Job 执行结果如图 9-6 所示。很明显，这里的 back 目录中的内容正是编译阶段创建的 3 个文件的结果。

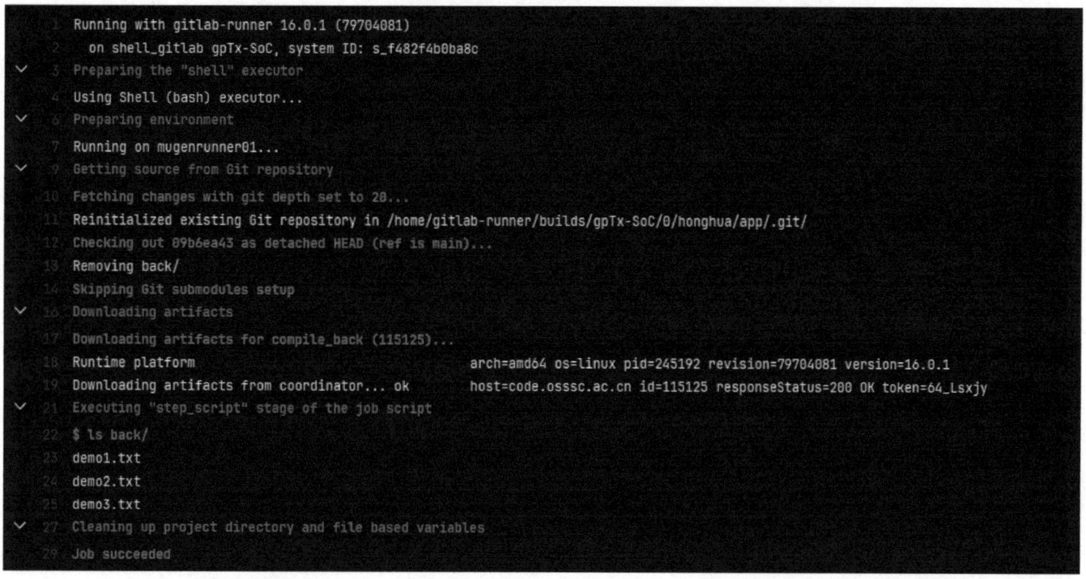

```
1  Running with gitlab-runner 16.0.1 (79704081)
2    on shell_gitlab gpTx-SoC, system ID: s_f482f4b0ba8c
3  Preparing the "shell" executor
4  Using Shell (bash) executor...
6  Preparing environment
7  Running on mugenrunner01...
9  Getting source from Git repository
10 Fetching changes with git depth set to 20...
11 Reinitialized existing Git repository in /home/gitlab-runner/builds/gpTx-SoC/0/honghua/app/.git/
12 Checking out 09b6ea43 as detached HEAD (ref is main)...
13 Removing back/
14 Skipping Git submodules setup
16 Downloading artifacts
17 Downloading artifacts for compile_back (115125)...
18 Runtime platform                                    arch=amd64 os=linux pid=245192 revision=79704081 version=16.0.1
19 Downloading artifacts from coordinator... ok        host=code.osssc.ac.cn id=115125 responseStatus=200 OK token=64_Lsxjy
21 Executing "step_script" stage of the job script
22 $ ls back/
23 demo1.txt
24 demo2.txt
25 demo3.txt
27 Cleaning up project directory and file based variables
29 Job succeeded
```

图 9-6　构建 Job 的执行结果

GitLab CI/CD 中的缓存与附件功能在数据共享、提升流水线执行效率等方面发挥着重要的作用。

# 第3篇 企业级 DevOps 实战

在前面两篇中，已经介绍了 DevOps 的基础技术以及 Gitlab CI/CD 流水线技术基础。在接下来的篇章中，我们将从企业级实战的角度出发，以典型的前后端分离的项目 VUE+SpringBoot 为例，设计涵盖静态代码检查、编译、构建、部署、测试、发布等流程的 DevOps 流水线，详细演示企业级 DevOps 应用实战的流程。

# 第10章 环境准备

本章主要为后续 DevOps 流水线实战准备环境。通常情况下，产品至少包含前端项目和后端项目，本章将介绍如何创建一个 SpringBoot 项目作为后端项目、一个 Vue 项目作为前端目以及一个基于 Pytest 自动化框架的自动化测试代码仓，为后续介绍流水线的实践做环境准备。

## 10.1 基于 SpringBoot 创建后端项目

为了实战 DevOps，需要准备好代码环境。首先在 GitLab 上创建一个代码仓，比如 api_service，然后将其 clone（克隆）到本地。这里需要新建一个 SpringBoot 项目，具体操作步骤如下。需要说明的是，从事 DevOps 方向的工程师技术范围必须要广，要对各种技术都有所了解。

1）打开 Java 代码的编辑工具 JetBrain Idea，选择 New Project 选项新建项目。在当前界面设置项目名称、项目存放位置，并选择 Java 的版本，然后单击 Next 按钮，如图 10-1 所示。

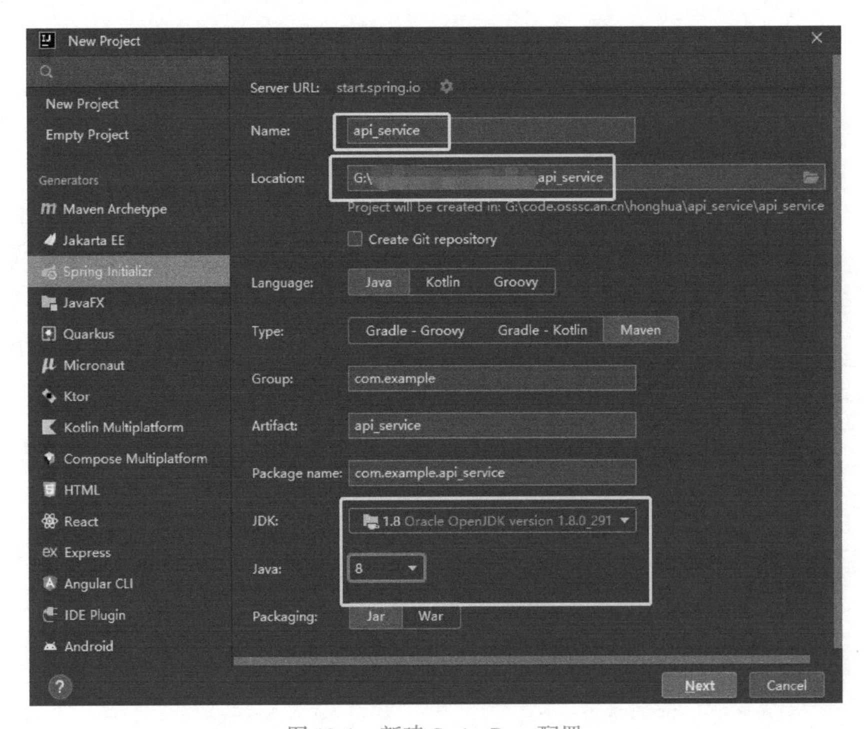


图 10-1 新建 SpringBoot 配置

2）参照图 10-2 进行选项设置，之后单击 Create 按钮。

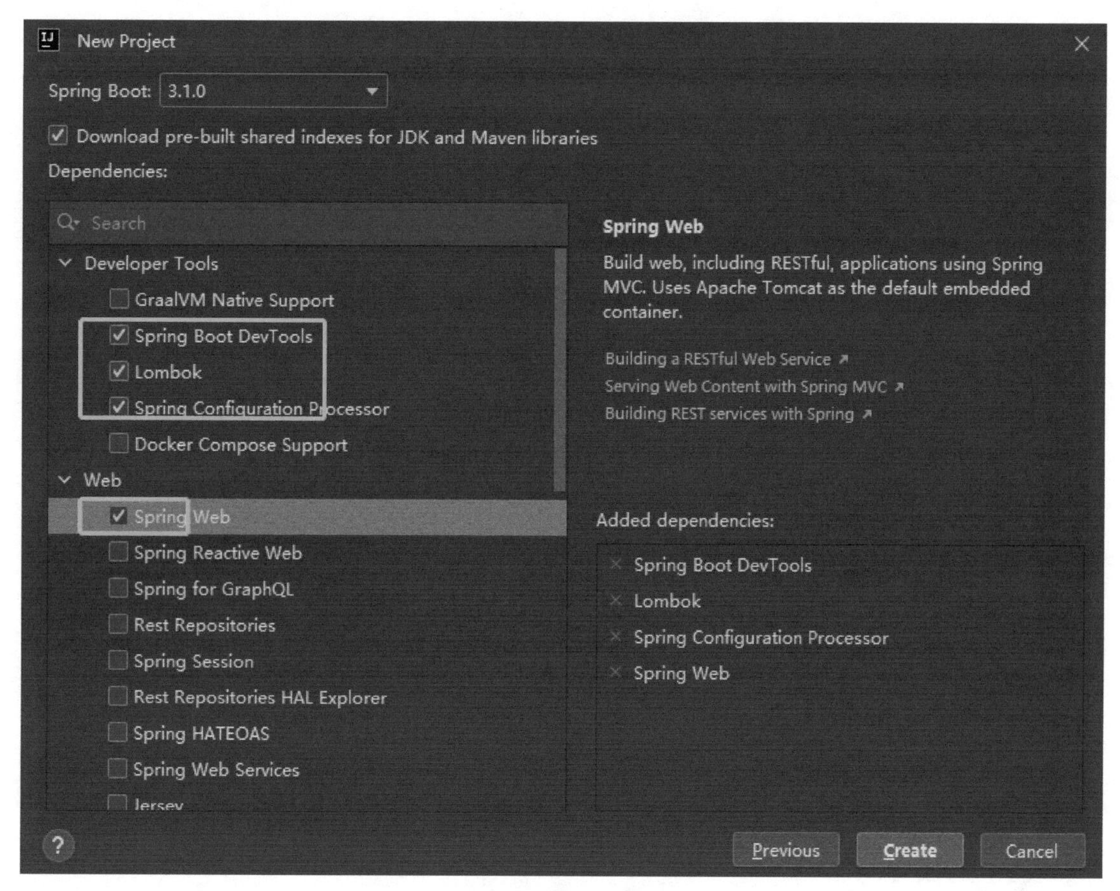


图 10-2　单击 Create 按钮

3）创建完成后，在 application.properties 文件中增加一行端口配置代码，即设置服务的端口为 8080，如图 10-3 所示。

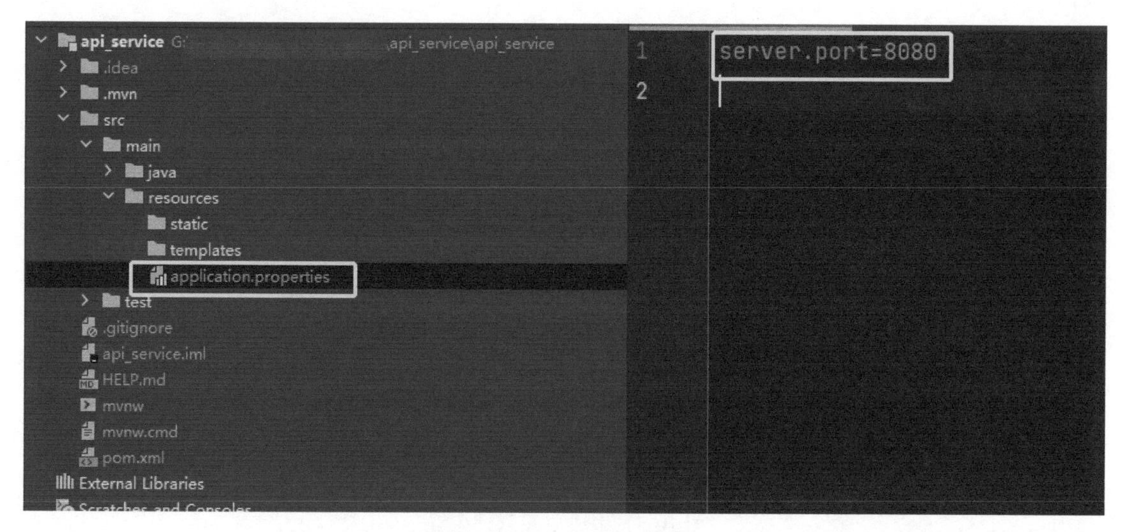


图 10-3　设置服务端口

4）新建一个 HelloWorld 的类，代码如下。

```
package com.example.api_service.controller;
import org.springframework.web.bind.annotation.RequestMapping;
import org.springframework.web.bind.annotation.RestController;
@RestController
@RequestMapping("/demo")
public classHelloWorld {
    @RequestMapping("/hello")
    public String hello(){
        return "Hello World!";
    }
}
```

5）代码结构如图 10-4 所示。然后单击右上角的运行按钮，即开始运行。

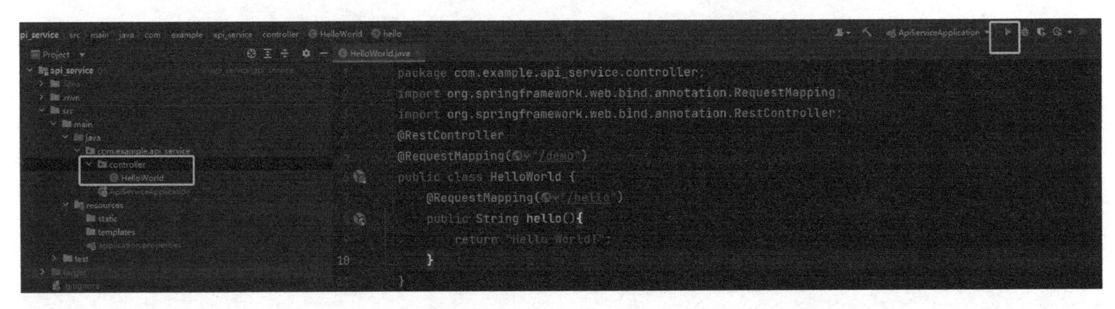

图 10-4　HelloWorld 类

6）在浏览器中，打开 http://127.0.0.1：8080/demo/hello 后，将看到 Hello World 字符串，表示执行成功。

7）为了后续章节部署单元测试环节的流水线，接下来将继续为后端项目写一个单元测试。在刚刚编写的 HelloWorld 类中单击鼠标右键，在弹出的快捷菜单中选择 Generate 的 Test 命令，然后在图 10-5 的 Create Test 界面中勾选 hello：( ) String 函数复选框，最后单击 OK 按钮。

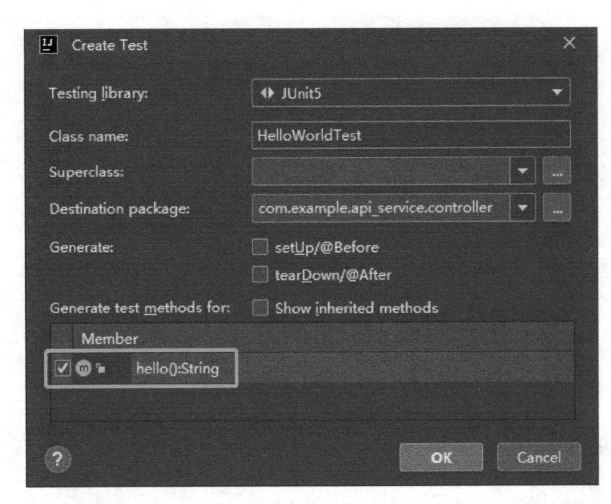


图 10-5　生成单元测试配置

8）此时在 src/test 目录下，将会生成如图 10-6 所示的测试类文件以及测试框架代码。

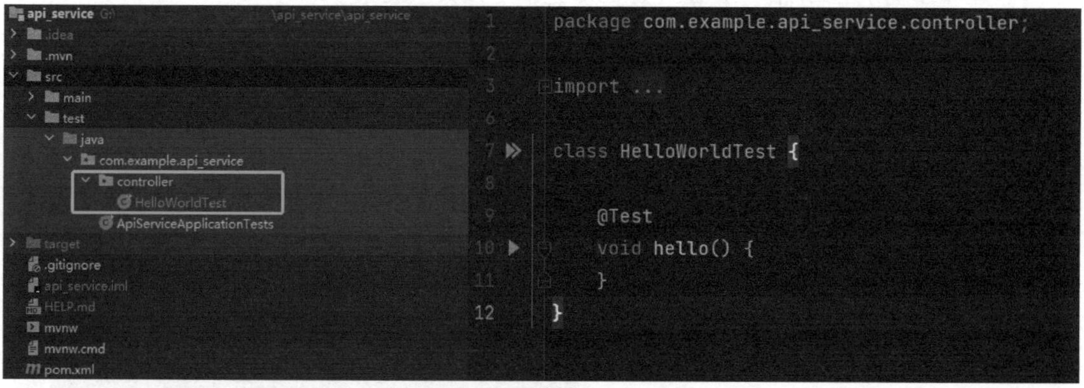

```
api_service
  .idea
  .mvn
  src
    main
    test
      java
        com.example.api_service
          controller
            HelloWorldTest
          ApiServiceApplicationTests
  target
  .gitignore
  api_service.iml
  HELP.md
  mvnw
  mvnw.cmd
  pom.xml
```

```java
package com.example.api_service.controller;

import ...

class HelloWorldTest {

    @Test
    void hello() {
    }
}
```

图 10-6　单元测试类文件

9）要对 HelloWorld 类编写一个单元测试脚本，则首先添加 SpringBootTest 注解，然后初始化一个 HelloWorld 的实例，调用其 hello 的方法，判断是否为“Hello World！”，如图 10-7 所示。

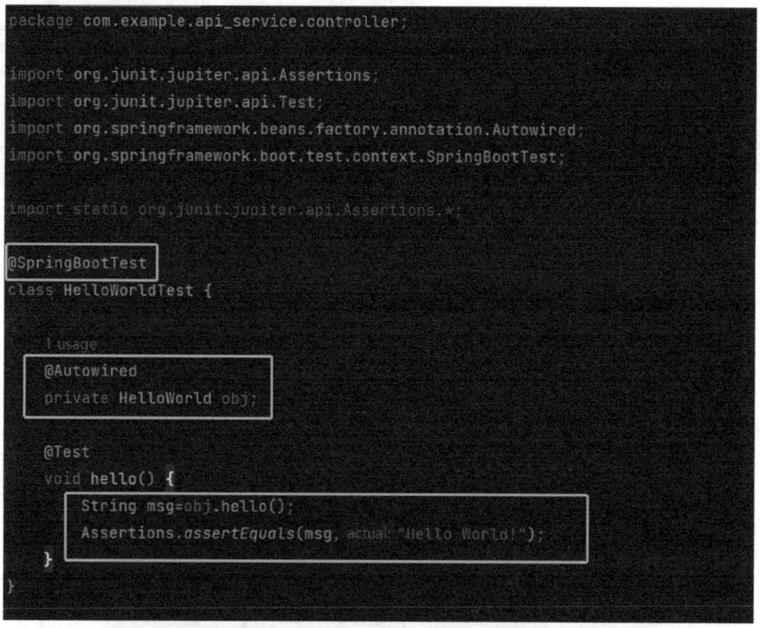

```java
package com.example.api_service.controller;

import org.junit.jupiter.api.Assertions;
import org.junit.jupiter.api.Test;
import org.springframework.beans.factory.annotation.Autowired;
import org.springframework.boot.test.context.SpringBootTest;

import static org.junit.jupiter.api.Assertions.*;

@SpringBootTest
class HelloWorldTest {

    1 usage
    @Autowired
    private HelloWorld obj;

    @Test
    void hello() {
        String msg=obj.hello();
        Assertions.assertEquals(msg, actual: "Hello World!");
    }
}
```

图 10-7　HelloWorld 类的单元测试脚本

10）编写完成后，直接执行并观察执行结果。

## 10.2　基于 Vue 创建前端项目

本节通过创建一个 Vue 项目为后续章节提供一个前端环境，具体操作步骤如下。同样，这里也是为了后续的章节做环境准备。因为实际应用都是前端开发负责的，所以这里只需要了解即可。

1）首先需要安装好 Node 环境，然后执行如下命令安装 Vue。

```
npm install -g @vue/cli
```

2）从 cmd 命令行窗口进入存放目录后，执行如下命令创建前端项目。

```
vue create web_ui
```

3）出现选择 Vue 版本的窗口，选择 Vue 3 后按<Enter>键，如图 10-8 所示。

4）待出现如图 10-9 所示的提示，表示 Vue 项目已经创建成功。

```
选择npm
Vue CLI v5.0.8
? Please pick a preset: (Use arrow keys)
> Default ([Vue 3] babel, eslint)
  Default ([Vue 2] babel, eslint)
  Manually select features
```

图 10-8　选择 Vue 版本

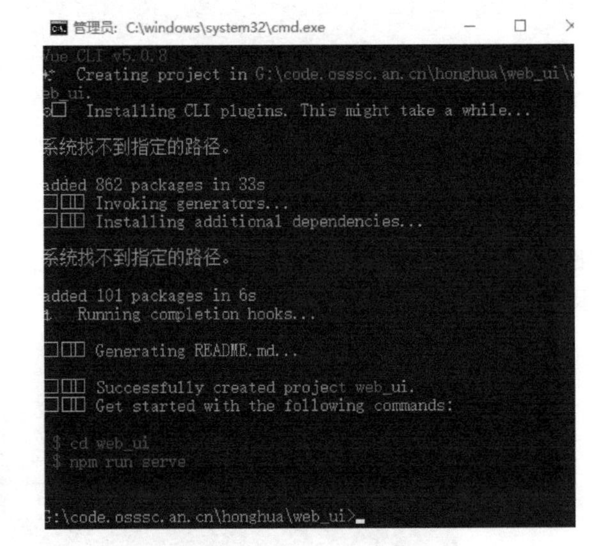


图 10-9　Vue 项目创建完成

5）Vue 项目创建成功后，给出了提示，此时执行如下命令启动项目。

```
$cd web_ui
$npm run serve
```

6）当出现如图 10-10 所示的提示信息时，表示 Vue 项目已经启动成功。

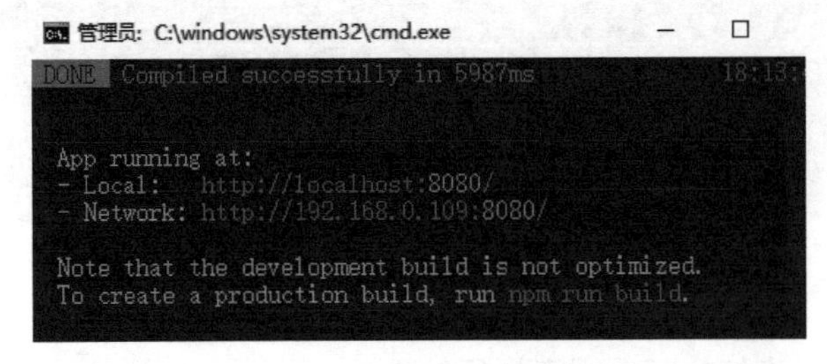


图 10-10　Vue 项目启动成功

7）此时可以按照提示打开 http://127.0.0.1:8080/链接，查看 Vue 项目的网页，如图 10-11 所示。

在上一节中，SpringBoot 项目设置了 8080 端口，因此这里注意需要先将 SpringBoot 项目停止，或者将 SprintBoot 项目换个端口启动。当然，在部署的时候即使都是 8080 端口，因为部署会用到 Kubernetes，所以也是不会发生冲突的。在本地调试时，是不能同时使用 8080 端口的。

图 10-11　Vue 项目的界面

至此，前端项目环境也准备好了。

## 10.3　基于 pytest 创建自动化测试

pytest 自动化测试框架是一款非常好用的开源且基于 Python 语言的自动化测试框架。本节将使用 pytest 创建一个自动化测试实例，用于演示自动化测试脚本在流水线中的位置，具体操作步骤如下。

1）新建一个 autotest 仓库，然后创建一个 tests 的包。在 Python 中所谓的包就是目录中有__init__.py 的文件，在 autotest 仓库根目录创建一个 requirements.txt 文件，用于指明当前自动化测试脚本需要安装的 Python 依赖包。这里暂时只需要 pytest 包，则直接在 requirements.txt 中写入 pytest 包即可。

2）在 tests 包中创建一个 py 文件，用于编写自动化脚本，整体目录如图 10-12 所示。

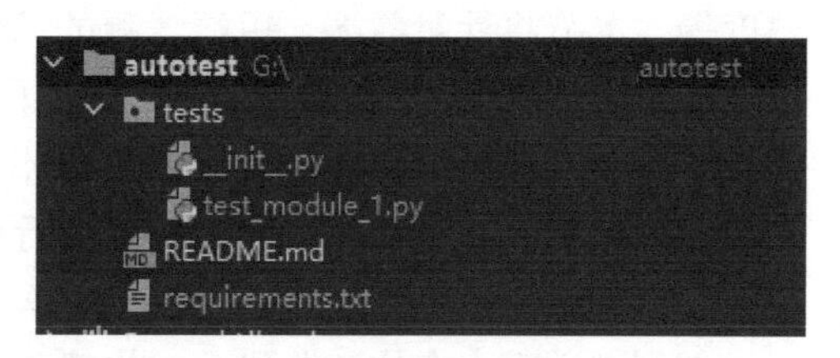


图 10-12　测试脚本目录结构

3）测试文件需要以 test_开头，测试函数也需要以 test_开头。在执行脚本之前，首先需要确保已经安装 pytest，若未安装，则此时可以通过 pip install -r requirements.txt 命令将 requirements.txt

文件中指定的依赖包全部安装。在 test_module_1.py 中编写如下两个测试用例，其中一个运行成功，一个运行失败。

```
def test_demo_1():
  assert 1==1

def test_demo_2():
  assert 1==2
```

4）通过命令 pytest -s tests 执行自动化测试脚本，执行结果如图 10-13 所示。可以看出这里有一个运行成功，一个运行失败。在后续部署流水线的章节中，同样也是按照这样的思路在流水线上部署执行。

```
PS G:\                    \autotest> pytest -s tests
======================================================================== test session starts ==================
platform win32 -- Python 3.9.13, pytest-7.2.2, pluggy-1.0.0
rootdir: G:\code.osssc.an.cn\honghua\autotest
plugins: allure-pytest-2.13.0
collected 2 items

tests\test_module_1.py .F

============================================================================== FAILURES =======================
_____________________________________________________________________________ test_demo_2 _____________________

    def test_demo_2():
>       assert 1==2
E       assert 1 == 2

tests\test_module_1.py:8: AssertionError
====================================================================== short test summary info ================
FAILED tests/test_module_1.py::test_demo_2 - assert 1 == 2
==================================================================== 1 failed, 1 passed in 0.21s ==============
PS G:\code.osssc.an.cn\honghua\autotest>
```

图 10-13　脚本执行结果

至此，环境准备工作已基本完成，涉及一个前端项目、一个后端项目和一个自动化项目。在企业级应用中，基本可以覆盖大多数场景，其他情况基本是数量的问题了，比如有 N 个后端服务，有 N 个前端服务，还有 N 个自动化测试代码仓。场景都是一样的。

## 10.4　DevOps 流水线设计

DevOps 流水线不是固定的，需要根据具体的情况进行考虑，包括团队规模、研发的成熟度等。本节将针对前端、后端、测试代码仓，分别设计流水线。

针对后端 Java 项目，这里主要设置了核心的步骤，如图 10-14 所示。当研发人员提交代码后，进入编译阶段。编译阶段最核心环节的就是将 Java 代码编译 Jar 包。如果团队已经在做单元测试了，在这个阶段同时可以进行单元测试。如果对代码规范等也有要求，也在此阶段进行。这里编译 Jar 包和单元测试、静态代码检查可以并行执行，而且当编译 Jar 包完成后，即可进入下一个构建阶段。在构建阶段，根据 Jar 包构建 docker 容器镜像，并将容器镜像发布到内部 dockerkub 上，当然一般在企业内部 dockerhub 是基于 Harbor 或者 nexus 搭建的。构建阶段完成后，就进入部署阶段。在部署阶段需要准备三套环境，即 CI 持续集成环境、测试环境和生产环境。在 CI 持续集成环境上是需要自动部署的，测试环境和生产环境需要设置为手工触发部署。当 CI 持续集成环境部署完成后，需要对 CI 持续集成环境执行自动化测试。待自动化测试通过后，说明此时的版本基本功能没有太大问题，可以交付测试了。此时在流水线上通过单击触发的方式部署到测试环境，然后就进入测试团队的测试。当然，在部署测试环境后，除了有手工测试，还可能有自动化测试，即测试团队的自动化测试了，这里没有列出。待测试环境测试完成，说明版本已经相对稳定了。然后可能需要经过一定的审批流程，就可以在流水线通过单击按钮的方式触发部署到生产环境了。

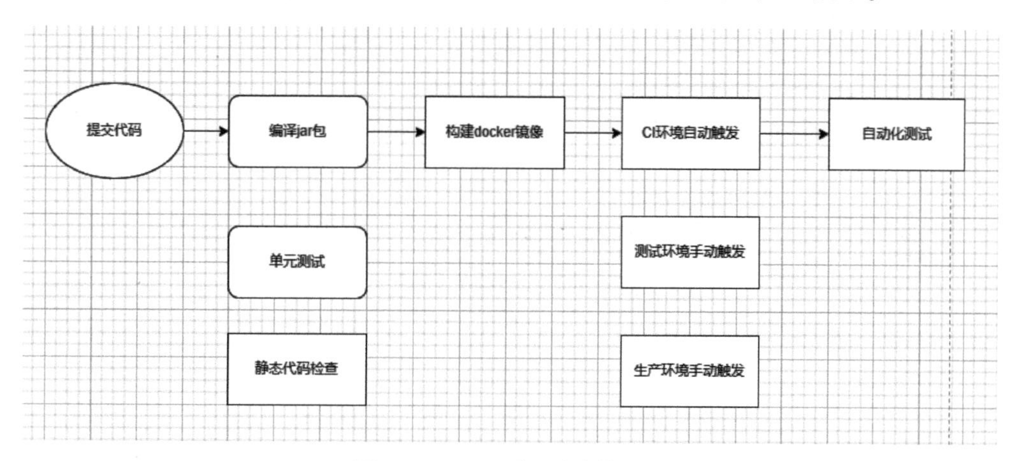


图 10-14　Java 项目流水线流程

对于前端项目，流水线相对简单一些，因为在绝大多数场景下，很少会对前端项目进行代码规范、单元测试等操作。因此直接进行编译构建 docker 镜像，部署环节和后端项目一样，即首先在 CI 持续集成环境自动触发部署，再触发自动化测试，然后根据自动化测试的结果决定是否触发部署到测试环境。同样，当测试环节完成后，再根据一定的流程决定是否部署到生产环境，整体流程如图 10-15 所示。

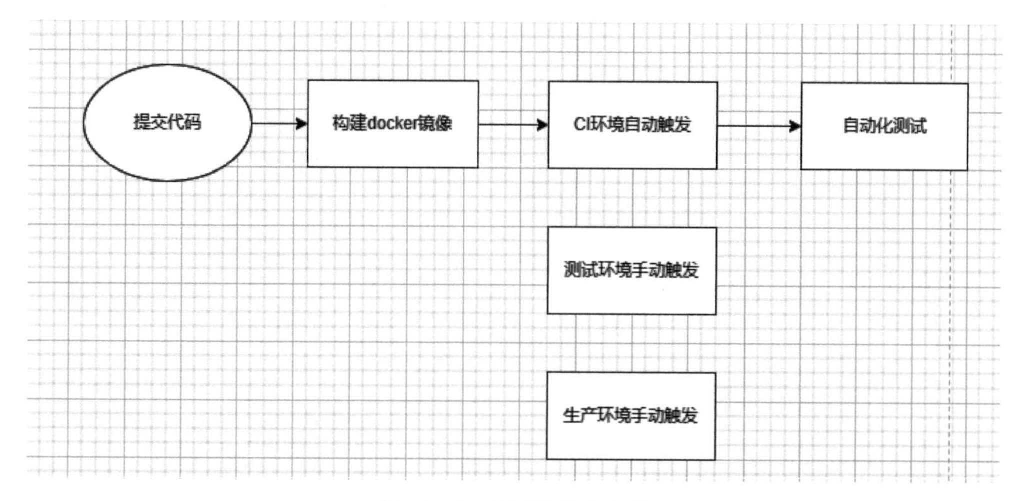


图 10-15　前端项目流水线

自动化测试代码仓的流水线就更简单了，如图 10-16 所示。即测试脚本开发人员提交代码后，自动触发执行自动化脚本。当自动化脚本全部通过后，则自动触发发布 docker 镜像，此镜像供前端项目和后端项目触发的自动化测试使用。前端项目和后端项目流水线中的自动化测试环节就是直接在这里的镜像中去执行，保证了前后端项目流水线中的自动化脚本是稳定的，特别是首先排除了脚本层名的问题。

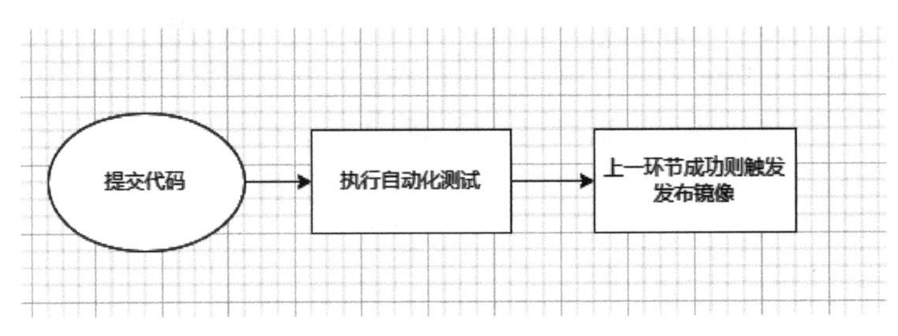


图 10-16　自动化测试流水线

# 第11章

# GitLab CI/CD 静态代码检查

从本章开始，我们将开始一步一步地为包含三个代码仓为例的项目进行 DevOps 流水线的部署。首先从静态代码检测阶段开始，针对后端 Java 的项目主要包含单元测试和静态代码检查。静态代码检查涉及的静态代码分析平台 SonarQube，本章也将一并详细展开。

## 11.1 后端 Java 项目的单元测试

进行单元测试，需要使用 maven 和 jdk 的环境，因此使用 docker 类型的 runner 最合适。

1）参照本书 5.4 节的内容，为当前项目配置一个 docker 类型的 runner，比如将其 tag 标签值设置为 docker_GitLab，然后就可以编写.gitlab-ci.yml 了。根据 10.4 节流水线的设计思路，这里首先设置一个 compile 阶段，然后将单元测试划入 compile 阶段。在 Unittest 中，大部分的关键字前面都已经介绍过了，只有 image 是用来指定 docker 容器的镜像，这里直接使用既有 maven 又有 jdk 的 maven 镜像。镜像的 tag 可以在 https://hub.docker.com/中的 maven 镜像仓的 tag 列表中查找到，可以看出这里执行单元测试实际上使用的命令就是 mvn verify。如果读者对该命令不了解也是没关系的，在实际企业工作中，可以向后端开发人员咨询。当然，只要部署过一次，也就知道了，这也是为什么前面提到 DevOps 工程师要对技术面涉猎广。artifacts 关键字中的报告的目录，按照这样的目录配置就可以了，具体如下。

```
stages:
  - compile

UnitTest:
  stage: compile
  image: maven:3.6.3-jdk-8
  script:
    - cdapi_service && mvn verify
  only:
    - main
artifacts:
    when: always
    reports:
    junit:
    -api_service/target/surefire-reports/TEST-* .xml
    -api_service/target/failsafe-reports/TEST-* .xml
  tags:
    - docker_GitLab
```

2）提交到代码仓后，api_sevice 后端代码仓就会自动执行流水线了。流水线结果界面能看到 Tests 的数量为 2，表示单元测试执行成功了，并且有两个单元测试通过了，如图 11-1 所示。

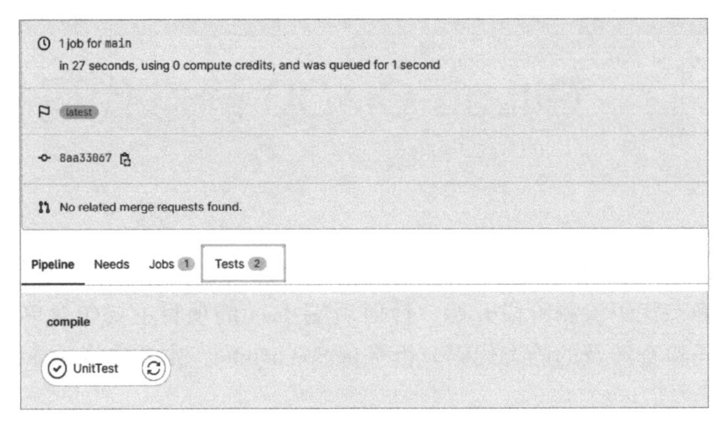


图 11-1　单元测试流水线的执行结果

3）切换到 Tests 标签，单击 UnitTest 选项，即可进入查看单元测试详情的界面，如图 11-2 所示。

1 job for main
in 27 seconds, using 0 compute credits, and was queued for 1 second
latest
8aa33067
No related merge requests found.

Pipeline　Needs　Jobs 1　Tests 2

**Summary**

2 tests　0 failures　0 errors　100% success rate

**Jobs**

| Job | Duration | Failed | Errors | Skipped | Passed |
| --- | --- | --- | --- | --- | --- |
| UnitTest | 142.00ms | 0 | 0 | 0 | 2 |

图 11-2　单元测试任务界面

4）单元测试详情如图 11-3 所示。如果单元测试失败了，则可以单击 View details 按钮进行查看。

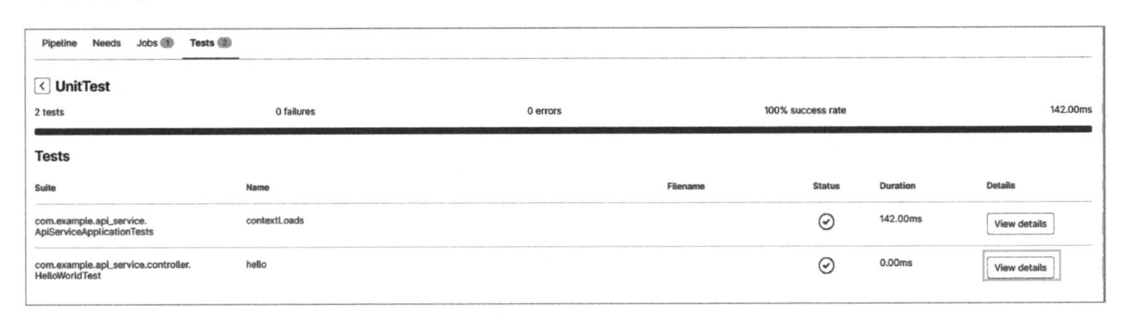


图 11-3　单元测试详情界面

## 11.2 部署 SonarQube 平台

SonarQube 平台是非常实用的代码静态检查工具，因此为了做静态代码检查，必须先部署一套 SonarQube 平台。这里简单说明一下，如果项目规模比较小，人力比较紧张，且项目进度比较紧张，则代码静态检查的步骤也可以先不做。先把流水线中核心的编译、部署、测试、上线等功能做好，待后续稍微轻松一些再做代码的静态检查。总之流水线一定要灵活，因时因地因团队而异，切勿教条搞形式主义，把握住流水线的核心功能，即服务于产品研发，是为产品研发助力而不是设置障碍。在现实中，流水线做不好的情况下又强行推出，很容易导致研发效率降低。从规范化、标准化的角度来说，代码的静态检查是必须要做的，因此本节就先介绍如何安装部署 SonarQube。

1）安装部署 SonarQube 需要使用到 docker-compose，因此需要事先安装好。若尚未安装，可参考本书 2.6 节的内容安装 docker-compose。然后编写 docker-compose.yml 文件，具体代码内容如下。需要修改或者可以修改的地方都在注释中说明了，稍加调整即可。

```
version:'3'
services:
  postgres:
    image:postgres:14.5
    restart: always
    container_name:postgres
    ports:
      - 30003:5432
    volumes:
      #本地目录需要提前创建并设置权限
      - /docker/sonar/postgres/postgresql:/var/lib/postgresql
      - /docker/sonar/postgres/data:/var/lib/postgresql/data
      - /etc/localtime:/etc/localtime:ro
    environment:
      TZ: Asia/Shanghai
      POSTGRES_USER: sonar
      POSTGRES_PASSWORD: sonar
      POSTGRES_DB: sonar
  sonar:
    image:sonarqube:9.5.0-community
    container_name: sonar
    depends_on:
      -postgres
    volumes:
      #本地目录需要提前创建并设置权限
      - /docker/sonar/sonarqube/extensions:/opt/sonarqube/extensions
      - /docker/sonar/sonarqube/logs:/opt/sonarqube/logs
      - /docker/sonar/sonarqube/data:/opt/sonarqube/data
      - /docker/sonar/sonarqube/conf:/opt/sonarqube/conf
      #设置与宿主机时间同步
      - /etc/localtime:/etc/localtime:ro
```

```
    ports:
      - 30004:9000    #对外映射开发的端口,这里的 30004 可以修改为自己的端口
    command:
      #内存设置
      - -Dsonar.ce.javaOpts=-Xmx2048m
      - -Dsonar.web.javaOpts=-Xmx2048m
      #设置服务代理路径
      - -Dsonar.web.context=/
      #此设置用于集成 GitLab 时回调地址设置
      - -Dsonar.core.serverBaseURL=http://xx.xx.xx.xx:30004          # 这里的 ip 地址即部署
SonarQube的服务器的 ip 地址,30004 端口与上面对外开放的端口保持一致
    environment:
      TZ: Asia/Shanghai
      SONARQUBE_JDBC_USERNAME: sonar
      SONARQUBE_JDBC_PASSWORD: sonar
      SONARQUBE_JDBC_URL:jdbc:postgresql://postgres:5432/sonar
```

2）执行如下命令进行部署。

```
docker-compose up -d
```

3）部署完成后，在浏览器中通过部署 SonarQube 服务器的 IP 地址和 30004（若修改了，则使用自己修改的端口）端口访问，将出现如图 11-4 所示的登录界面，默认的用户名和密码均为 admin。

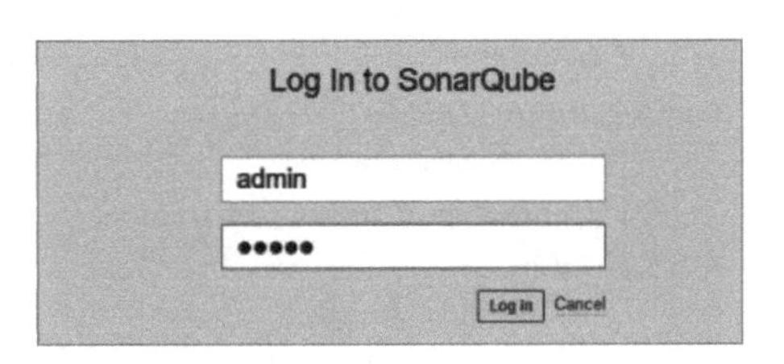

图 11-4　SonarQube 的登录界面

4）首次使用 admin 登录，会出现修改密码的提示，按照提示修改密码即可。修改密码后就进入 SonarQube 了，如图 11-5 所示。

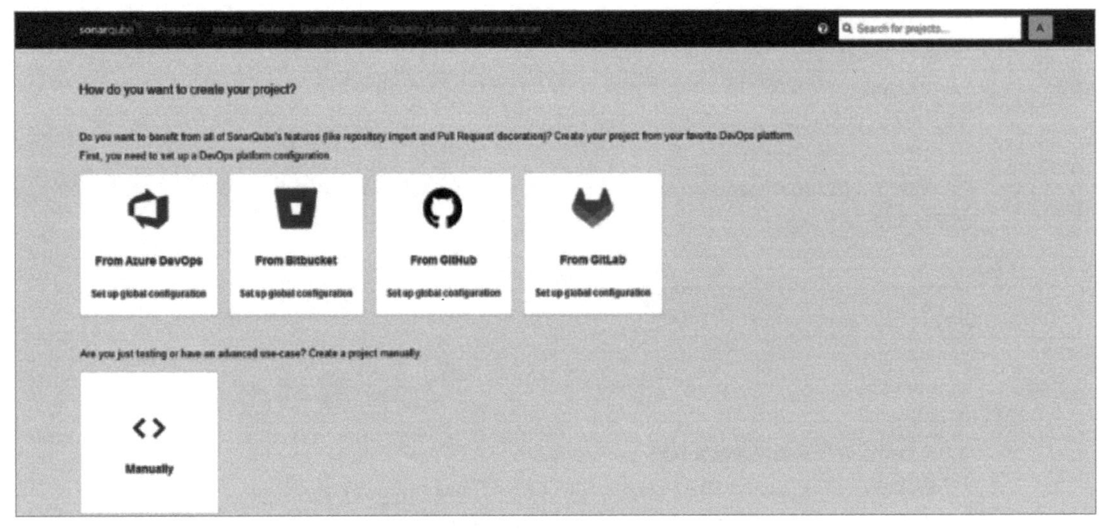

图 11-5　首次进入 SonarQube 平台

至此 SonarQube 平台就搭建部署完成了。

## 11.3　配置 SonarQube 集成 GitLab

SonarQube 平台搭建完成后，还需要和 GitLab 平台集成，这样才可以和 GitLab 上的代码仓产生联动。

1）首先需要在 GitLab 上生成一个 Token 供 SonarQube 使用，这里需要使用一个能访问 Gitab 上所有项目的账号，然后在 Preference-Access Tokens 界面中生成一个 Token。注意，要给足 Token 的权限，然后复制此 Token 用于备用。这里不设置时间期限表示不限期，如图 11-6 所示。

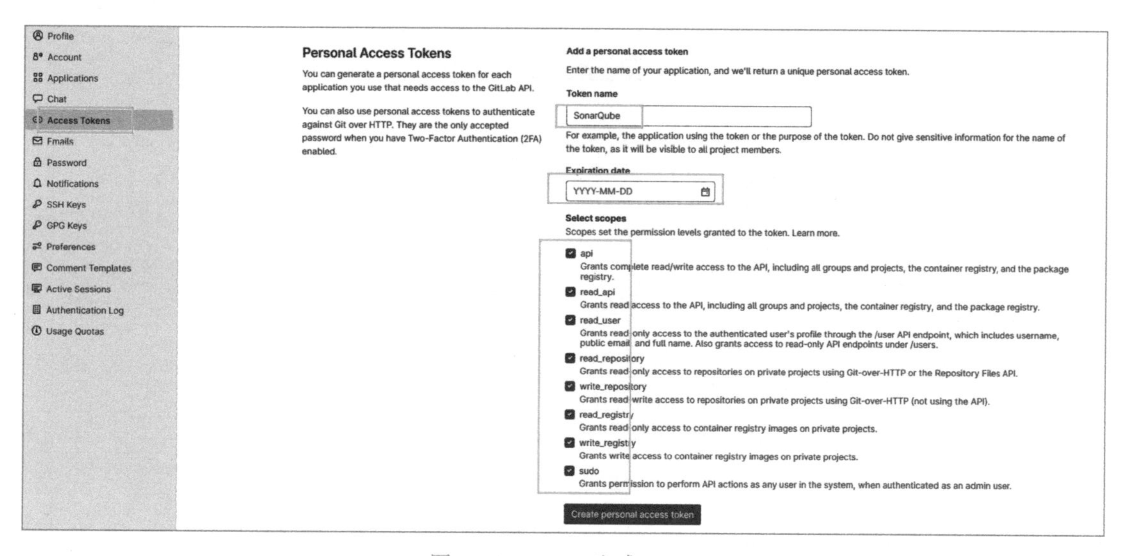


图 11-6　GitLab 生成 Token

2）使用 admin 用户名登录 SonarQube，然后在 Administration→Configuration→DevOps Platform Integrations→GitLab 选项卡中单击 Create configuration 按钮，如图 11-7 所示。

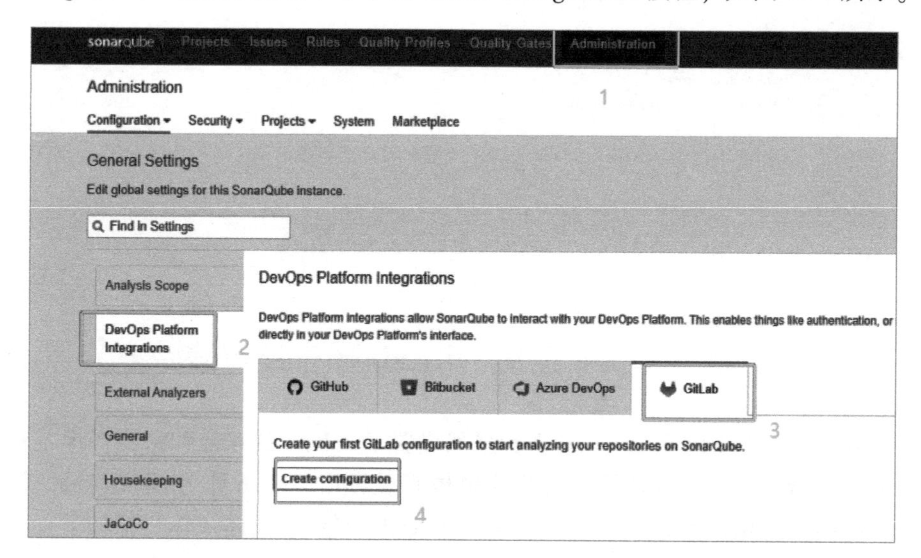


图 11-7　SonarQube 配置集成 GitLab

3）配置 GitLab 的名字、api 地址以及 Token。Name 可以直接配置 GitLab 的域名。api 则是 GitLab 的 api 接口，比如这里为 GitLab 的域名后加/api/v4。Token 则是前面复制好的 Token，如图 11-8 所示。

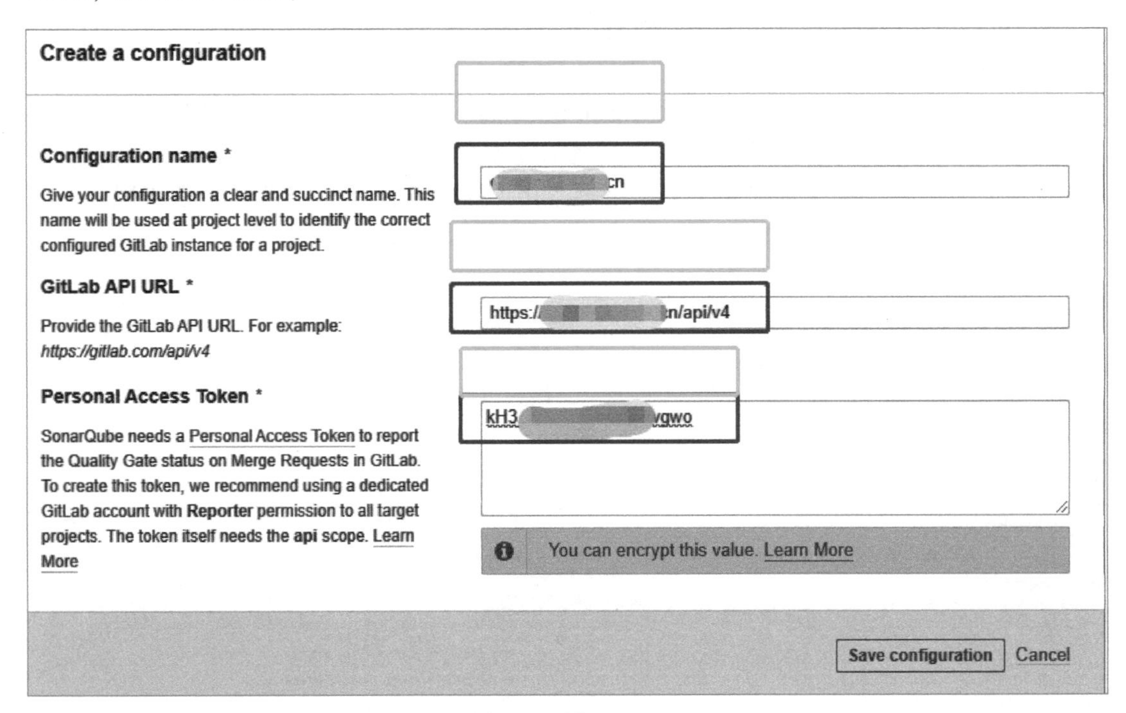


图 11-8　设置配置

4）出现如图 11-9 所示的界面，表示配置成功。

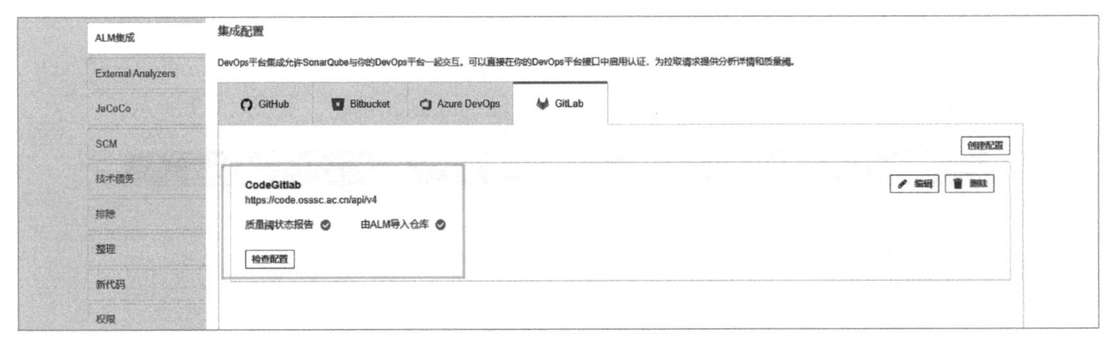


图 11-9　SonarQube 配置集成 GitLab 成功

## 11.4　配置 SonarQube 使用 GitLab 账号授权登录

在企业应用中，部署的 SonarQube 平台虽然设置了 Admin 的账号和密码，但是让每个人都使用 Admin 账号显然是不合理的。因此这里最好设置由 GitLab 账号授权登录，即研发人员直接使用他们在 GitLab 平台上的账号登录 SonarQube 平台，具体操作步骤如下。

1）使用 Admin 账号或者具有 Admin 权限的账号登录 GitLab，选择 Application 选项，在弹出的 Add new application（创建应用）界面中重定向 URL 的地址为 SonarQube 的域名后加 /oauth2/callback/gitlab，Name 则自定义即可，勾选作用范围的 api 复选框，如图 11-10 所示。

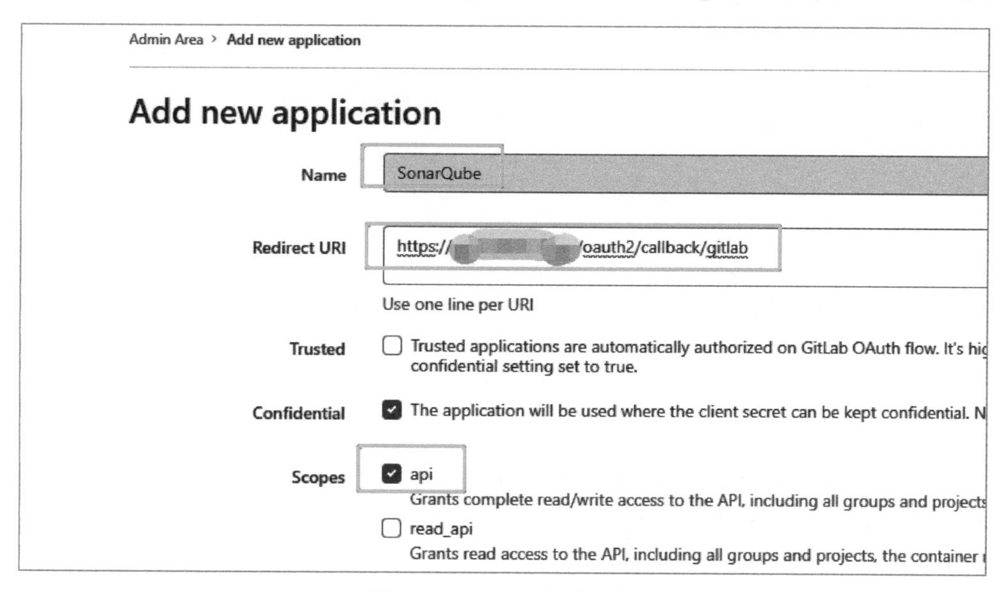


图 11-10　GitLab 创建应用

2）创建完成后，在弹出的 Application:SonarQube 界面中会显示应用 ID 和密钥，这里都复制下来备用，如图 11-11 所示。

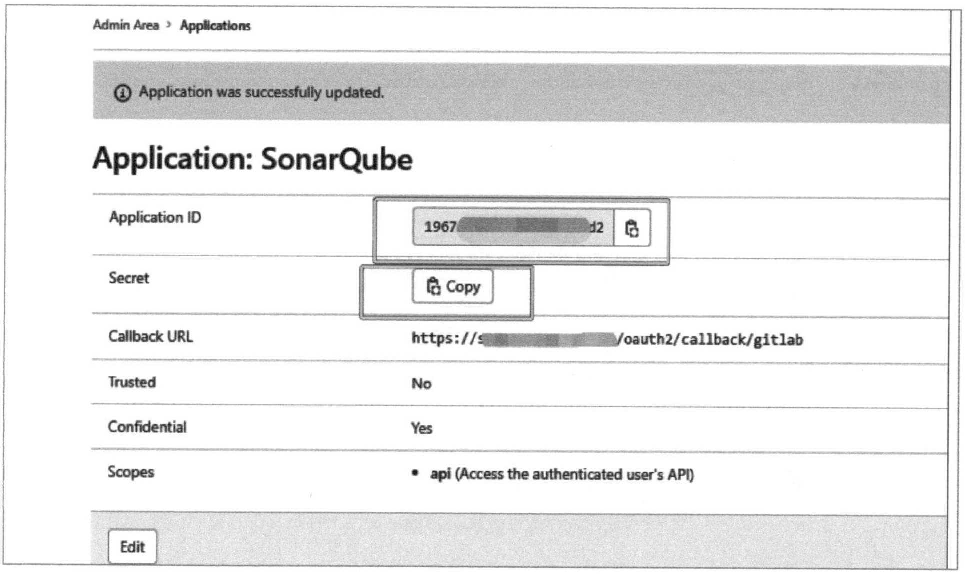

图 11-11　复制应用 ID 和密钥

3）使用 Admin 账号登录 SonarQube，切换到“ALM 集成”的 GitLab 选项卡界面，如图 11-12 所示。

图 11-12　配置 GitLab 界面

4）在当前界面中勾选 Enabled 复选框启动该功能，然后填写 GitLab 的 URL。接下来填写上面复制的应用 ID 和密钥，如图 11-13 所示。

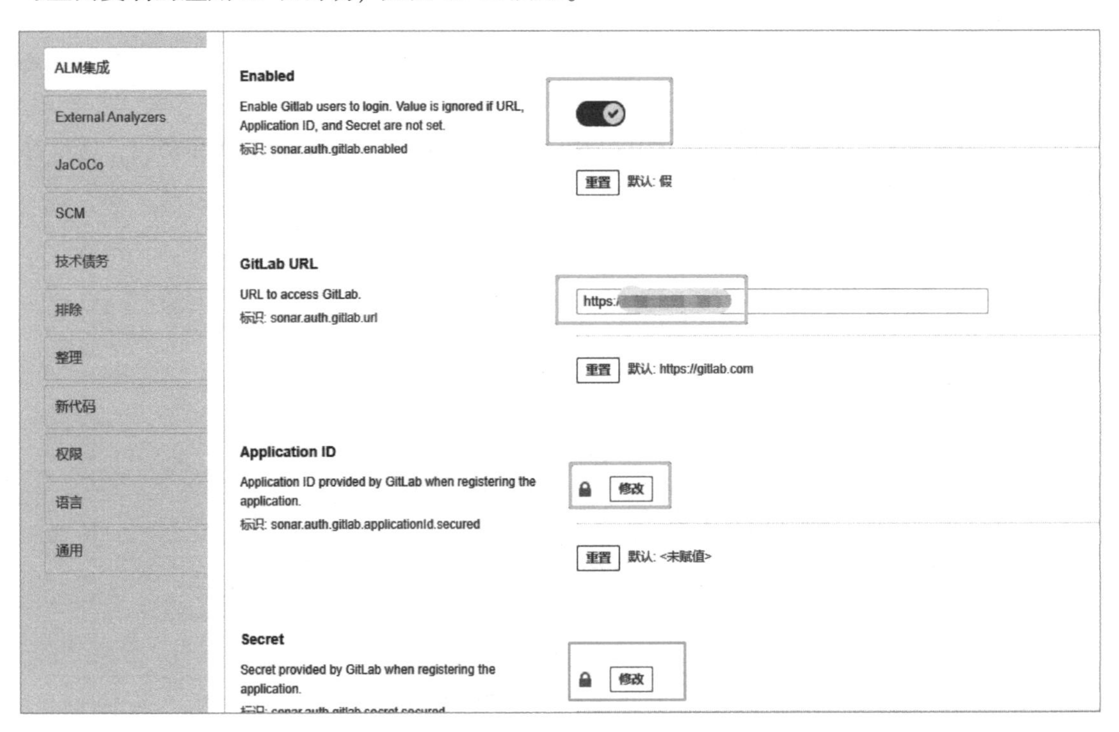

图 11-13　SonarQube 配置 GitLab 账号授权

5）配置完成后注销，然后就可以看到登录界面出现了通过 GitLab 账号登录的途径。此时如果 GitLab 已经登录了，就可以通过 GitLab 账号登录，根据提示单击授权即可，如图 11-14 所示。

至此，通过 GitLab 授权登录 SonarQube 的配置已经完成了。

图 11-14　通过 GitLab 登录

## 11.5　配置后端 Java 项目静态代码检查

SonarQube 平台配置完成后，接下来就可以对后端 Java 项目配置，然后进行静态代码检查，具体操作步骤如下。

1）打开并登录 SonarQube 平台，然后在“项目”选项卡的“新增项目”下拉列表中选择 GitLab 选项，如图 11-15 所示。

图 11-15　SonarQube 新增项目

2）在“配置哪个 GitLab 项目?”界面中搜索后端 Java 项目名，这里是 api_service，找到后单击“设置”按钮，如图 11-16 所示。

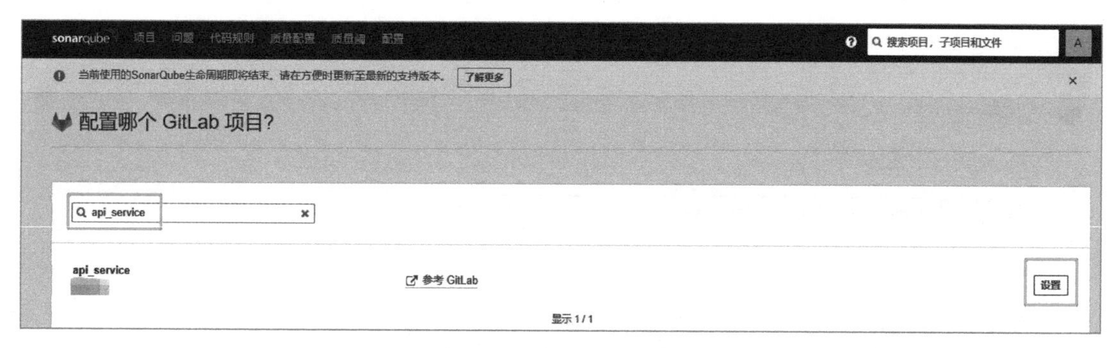


图 11-16　搜索后端项目名

3）在“期待如何分析仓库?”界面中单击“使用 GitLab CI”选项，如图 11-17 所示。

4）在“使用 GitLab CI 分析项目”界面中单击 Maven 选项，如图 11-18 所示。

5）在“设置项目编码”界面中单击“复制”按钮，将复制的内容写入后端项目的 pom.xml 文件，然后单击“继续”按钮，如图 11-19 所示。

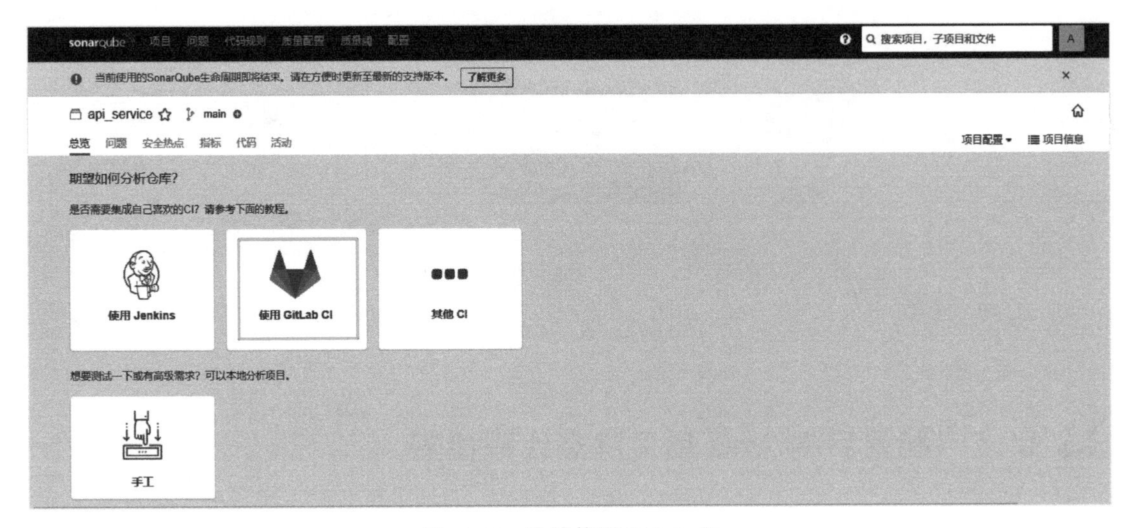


图 11-17　选择使用 GitLab CI

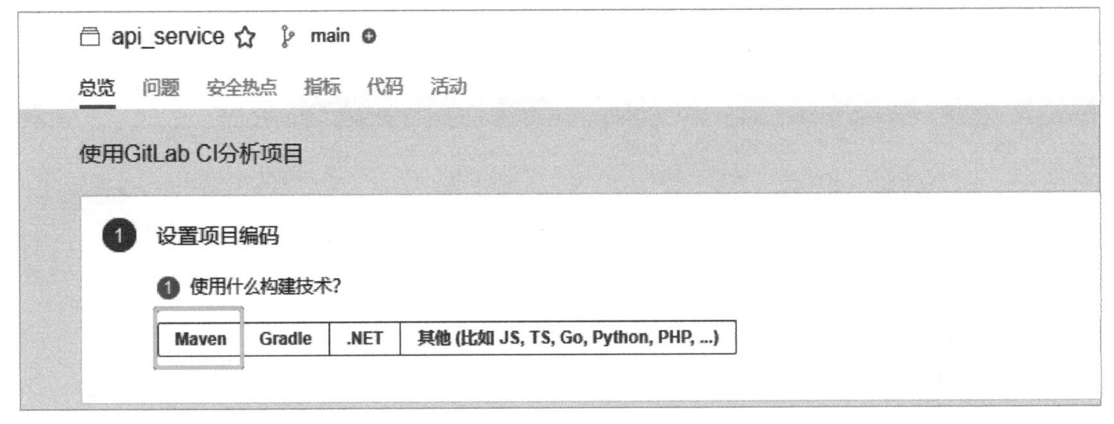


图 11-18　单击 Maven 选项

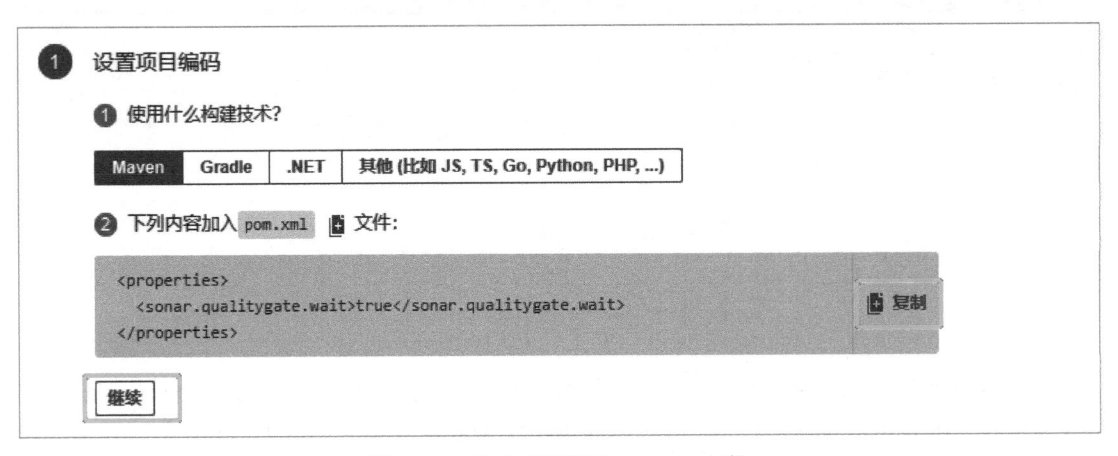


图 11-19　将内容复制到 pom.xml 文件

6）此时的“添加环境变量”界面中会出现如图 11-20 所示的配置方法提示，这里直接按照提示配置即可。

图 11-20　配置方法提示

7）在“创建或修改配置文件”界面中，配置文件提示的内容是用于放在代码仓根目录下的.gitlab-ci.yml 文件中的，也就是说.gitlab-ci.yml 中配置代码静态检查的步骤主要采用如下内容。当然可以做适当的修改，比如 only 允许执行的分支等，如图 11-21 所示。

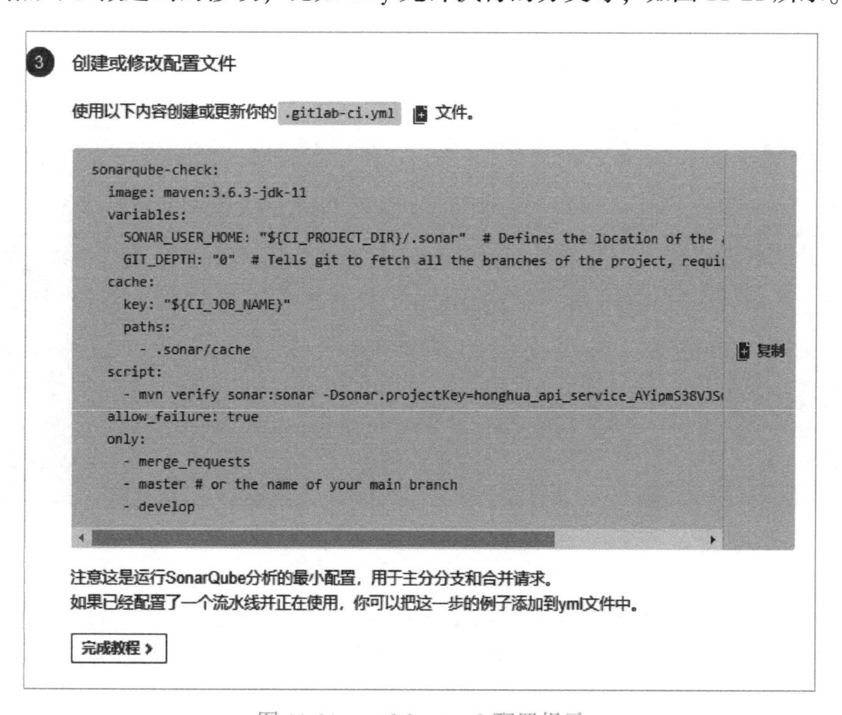


图 11-21　.gitlab-ci.yml 配置提示

8）修改后的内容如图 11-22 所示。即增加了一个 stage 关键字，用于指定代码静态检查在编译阶段执行。将 only 关键字指定的分支修改为 main 分支，tags 关键字指定它执行使用的 runner。此外，因为本代码的 pom.xml 文件不在根目录，而是在 api_service 目录下，因此需要先切换一下目录，其他位置不做修改。这里用到了一个新的关键字 allow_failure，通过字面也很容易理解，就是允许这个任务失败，因为毕竟是检查代码规范的，不应该作为硬性标准，只是一个建议性的指标。

```
sonarqube-check:
  image: maven:3.6.3-jdk-11
  stage: compile
  variables:
    SONAR_USER_HOME: "${CI_PROJECT_DIR}/.sonar"
    GIT_DEPTH: "0"
  cache:
    key: "${CI_JOB_NAME}"
    paths:
      - .sonar/cache
  script:
    - cd api_service && mvn verify sonar:sonar -Dsonar.projectKey=honghua_api_service_AYipmS38VJSCdQ3QSDos
  allow_failure: true
  only:
    - main
  tags:
    - docker_gitlab
```

图 11-22 修改后的 yml 内容

9）制造一些不规范的代码作为示例，比如增加一个变量 a，定义了但是并未使用，如图 11-23 所示。

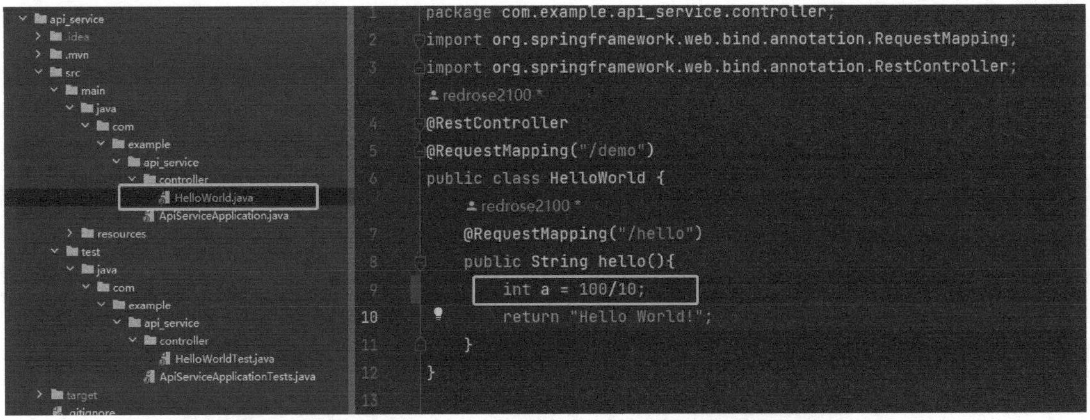

```
api_service
  .idea
  .mvn
  src
    main
      java
        com
          example
            api_service
              controller
                HelloWorld.java
              ApiServiceApplication.java
      resources
    test
      java
        com
          example
            api_service
              controller
                HelloWorldTest.java
              ApiServiceApplicationTests.java
  target
  .gitignore
```

```
1  package com.example.api_service.controller;
2  import org.springframework.web.bind.annotation.RequestMapping;
3  import org.springframework.web.bind.annotation.RestController;
   redrose2100 *
4  @RestController
5  @RequestMapping("/demo")
6  public class HelloWorld {
       redrose2100 *
7      @RequestMapping("/hello")
8      public String hello(){
9          int a = 100/10;
10         return "Hello World!";
11     }
12 }
13
```

图 11-23 代码中增加一些不规范作为示例

10）提交代码后可以看到“全部代码”选项卡中的总体概览，如图 11-24 所示。

11）切换到如图 11-25 所示的“问题”选项卡，可以看到之前写入的不规范代码被识别出来了。

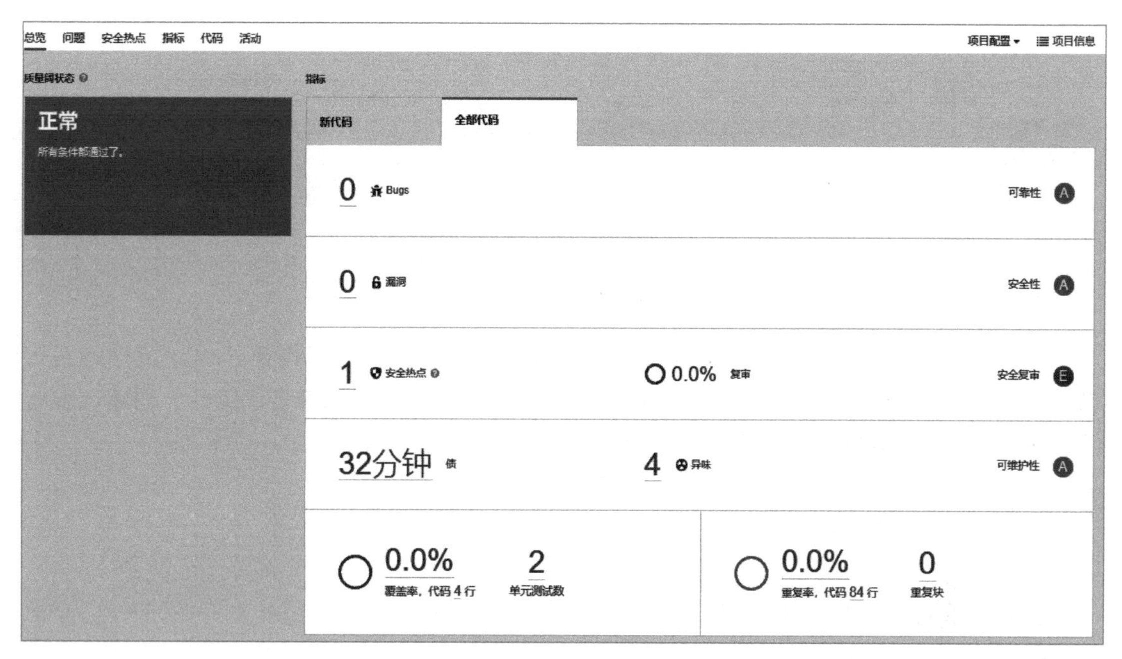


图 11-24　总体概览

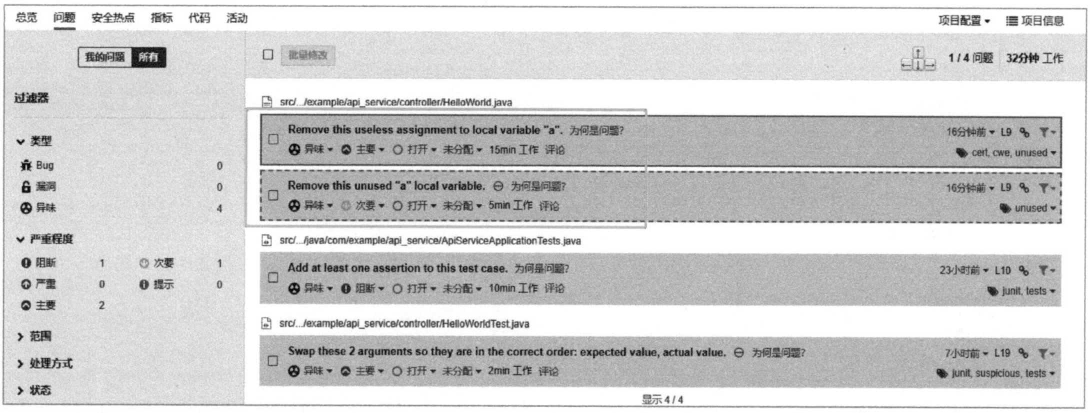

总览　问题　安全热点　指标　代码　活动　　项目配置　项目信息

我的问题　所有　　批量修改　　1 / 4 问题　32分钟 工作

过滤器

类型：Bug 0；漏洞 0；异味 4

严重程度：阻断 1；次要 1；严重 0；提示 0；主要 2

范围　处理方式　状态

src/.../example/api_service/controller/HelloWorld.java

Remove this useless assignment to local variable "a".　为何是问题?　16分钟前　L9　异味　主要　打开　未分配　15min 工作　评论　cert, cwe, unused

Remove this unused "a" local variable.　为何是问题?　16分钟前　L9　异味　次要　打开　未分配　5min 工作　评论　unused

src/.../java/com/example/api_service/ApiServiceApplicationTests.java

Add at least one assertion to this test case.　为何是问题?　23小时前　L10　异味　阻断　打开　未分配　10min 工作　评论　junit, tests

src/.../example/api_service/controller/HelloWorldTest.java

Swap these 2 arguments so they are in the correct order: expected value, actual value.　为何是问题?　7小时前　L19　异味　主要　打开　未分配　2min 工作　评论　junit, suspicious, tests

显示 4 / 4

图 11-25　代码问题

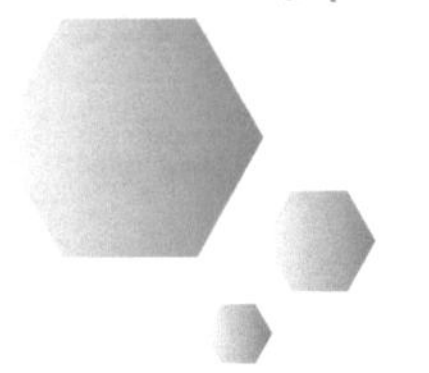

# 第12章 GitLab CI/CD 编译发布

GitLab CI/CD 流水线是如何对 Java 代码进行编译的？又是如何构建 docker 镜像的？构建的 docker 镜像最终存放到哪里？GitLab CI/CD 的流水线中是如何部署、编译、构建、发布任务的？本章将对这些问题详细展开介绍。

## 12.1 后端 Java 项目编译 Jar 包

直接编译 Jar 包的具体操作步骤如下。

1）在.gitlab-ci.yml 文件中增加如下编译的 Job，就可以编译出 Jar 包。

```
compile:
  stage: compile
  image: maven:3.6.3-jdk-8
  script:
    - cdapi_service
    -mvn clean
    -mvn compile
    -mvn package -Dmaven.test.skip=true
    - ls target
  only:
    - main
  tags:
    - docker_GitLab
```

2）将其提交到代码仓，执行流水线。从结果中可以看出，确实编译出了 Jar 包，如图 12-1 所示。

```
91  [INFO] Total time:  1.203 s
92  [INFO] Finished at: 2023-06-11T10:17:59Z
93  [INFO] ------------------------------------------------------------------------
94  $ ls target
95  api_service-0.0.1-SNAPSHOT.jar
96  api_service-0.0.1-SNAPSHOT.jar.original
97  classes
98  generated-sources
99  maven-archiver
100 maven-status
102 Cleaning up project directory and file based variables
104 Job succeeded
```

图 12-1　编译 Job 执行结果

3）考虑到这里编译出的 Jar 包需要提供给下一个阶段制作 docker 镜像使用。这里需要实现跨 Job 的数据共享，参考本书第 9 章的知识。实现跨 Job 数据共享有多种方式，其中最主要的是 cache 和 artifacts。cache 的特点是缓存速度快，但是不能跨 runner；artifacts 的特点是可以跨 runner，但是每次相当于重新下载，导致速度慢。这里因为只设置了一个 runner，因此可以选择使用 cache 缓存，这样可以获得更快的执行速度。

修改之后的配置内容如下。

```
compile:
  stage: compile
  image: maven:3.6.3-jdk-8
  cache:
    key: $CI_COMMIT_REF_SLUG
    paths:
      -api_service/target/api_service-0.0.1-SNAPSHOT.jar
  script:
    - cdapi_service
    -mvn clean
    -mvn compile
    -mvn package -Dmaven.test.skip=true
    - ls target
  only:
    - main
  tags:
    - docker_GitLab
```

## 12.2　后端 Java 项目构建 docker 镜像

构建后端 Java 项目 docker 镜像的具体操作步骤如下。

1）需要编写 Dockerfile 文件。Dockerfile 语法比较简单，在本书的 2.5 节中详细介绍了如何编写 Dockerfile 文件，也详细介绍每一句的作用，如下所示。为了避免和前端的 8080 端口重复，这里将后端服务的端口修改为 8181。

```
FROM maven:3.6.3-jdk-8

#维护人邮箱
MAINTAINER hitredrose@163.com

#同步宿主机市区(东八区)到容器
RUN cp /usr/share/zoneinfo/Asia/Shanghai /etc/localtime && echo "Asia/shanghai" > /
etc/timezone

EXPOSE 8181

#设置工作目录
WORKDIR /opt/api_service/
```

```
#将 jar 包拷贝至容器
COPYapi_service/target/api_service-0.0.1-SNAPSHOT.jar ./

#启动服务命令
ENTRYPOINT ["java","-jar","/opt/api_service/api_service-0.0.1-SNAPSHOT.jar"]
```

2）可以继续在.gitlab-ci.yml 配置文件中增加构建镜像的步骤，具体配置如下。这里需要说明几点，首先因为后面将会部署到 K8s 的环境，我们知道 K8s 的环境是有好几个节点的，因此在部署之前就需要将构建的镜像提前上传到 dockerhub 上。在企业内部的研发项目往往是需要保密的，因此就需要在企业内部搭建私有化的 dockerhub。可以参考本书的 2.7 节的内容，提前搭建好私有化的 dockerhub，即 Harbor 服务器。下面配置中的 xx.xx.xx.xx 需要替换为搭建的私有化 harbbor 服务器的 IP 地址，这样一来当把镜像上传到私有化的 Harbor 上后，在后面 K8s 环境中的各个节点中部署应用的时候，就可以通过指定内部 Harbor 的地址来动态下载镜像去部署应用了。在如下配置中，cache 关键配置的缓存主要用于使用编译阶段产生的 Jar 包文件。这个就是跨 Job 之间的数据共享，如果读音还不太理解，可以参考本书 9.1 节内容。此外，配置中还有一个关于 IMAGE_TAG 的设置，这里就是简单的 shell 语法，用途是根据代码仓 commit 的时间戳处理计算后得到一个跟时间戳有关的数据，进而作为 docker 镜像的 tag 值。因为在产品研发的过程中，代码提交有时候会非常频繁，此时 docker 镜像的 tag 值使用时间戳相关的数值则更为合理。除此以外，这里还设置如果是打 tag 的流程，此时镜像的 tag 值就会是在 GitLab 上打的 tag 值，这一流程会在后续的章节继续演示，这里先了解即可。这些虽说都是细节，但是在企业级应用实战中尤为重要。

```
build:
  stage: build
  needs:
    - compile
  cache:
    key: $CI_COMMIT_REF_SLUG
    paths:
     -api_service/target/api_service-0.0.1-SNAPSHOT.jar
  script:
    - IMAGE_TAG='echo ${CI_COMMIT_TIMESTAMP//T/_}'
    - IMAGE_TAG='echo ${IMAGE_TAG//-/}'
    - IMAGE_TAG='echo ${IMAGE_TAG//:/}'
    - IMAGE_TAG='echo ${IMAGE_TAG:0:15}'
    - IMAGE_TAG_TO_INSTALL=${CI_COMMIT_TAG:-$IMAGE_TAG}
    - docker build -f Dockerfile -t xx.xx.xx.xx:10010/GitLab/api_service:$IMAGE_TAG_TO_INSTALL .
    - docker tagxx.xx.xx.xx:10010/GitLab/api_service:$IMAGE_TAG_TO_INSTALL xx.xx.xx.xx:
10010/GitLab/api_service:latest
    - docker login --username=adminxx.xx.xx.xx:10010 --password=XXXXX
    - docker pushxx.xx.xx.xx:10010/GitLab/api_service:$IMAGE_TAG_TO_INSTALL
    - docker pushxx.xx.xx.xx:10010/GitLab/api_service:latest
  only:
    - main
    - tags
```

```
  tags:
    - docker_GitLab
```

3）将上述配置提交代码仓后，流水线就会执行（即编译 docker 镜像），并将镜像上传至私有化的 dockerhub 仓库上。然后打开私有化的 dockerhub，此时已经有多个 tag 值了，这里可以看出 tag 正式的时间戳格式，这样就很容易区分了，如图 12-2 所示。

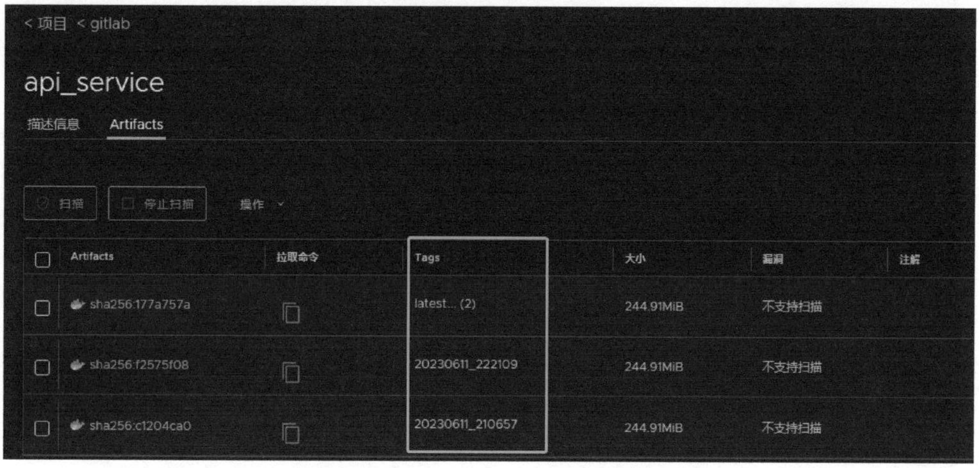

图 12-2　私有化 dockerhub 上镜像

至此，后端 Java 项目的 docker 镜像构建环节就完成了。

## 12.3　前端 Web 项目构建 docker 镜像

前端 Web 项目可以直接构建 docker 镜像，具体操作步骤如下。

1）编写 Dockerfile 文件，内容如下。当然这里也仅仅是以 Vue 项目作为示例，在企业实际应用中，Dockerfile 中的内容需要参考前端开发人员提供的安装部署指导进行编写。

```
FROM node:16.18.1

#维护人邮箱
MAINTAINER hitredrose@163.com

#安装基础工具
RUNnpm install -g @vue/cli

WORKDIR /opt/web_ui/

#拷贝文件
COPY web_ui ./

RUNnpm install

ENTRYPOINT ["npm","run","serve"]
```

2）在.git.ab-ci.yml 配置文件中编写构建的配置文件，如下所示。同样，这里的 xx.xx.xx.xx 需要替换为企业内部搭建的私有化 Harbor 服务器的 IP 地址。

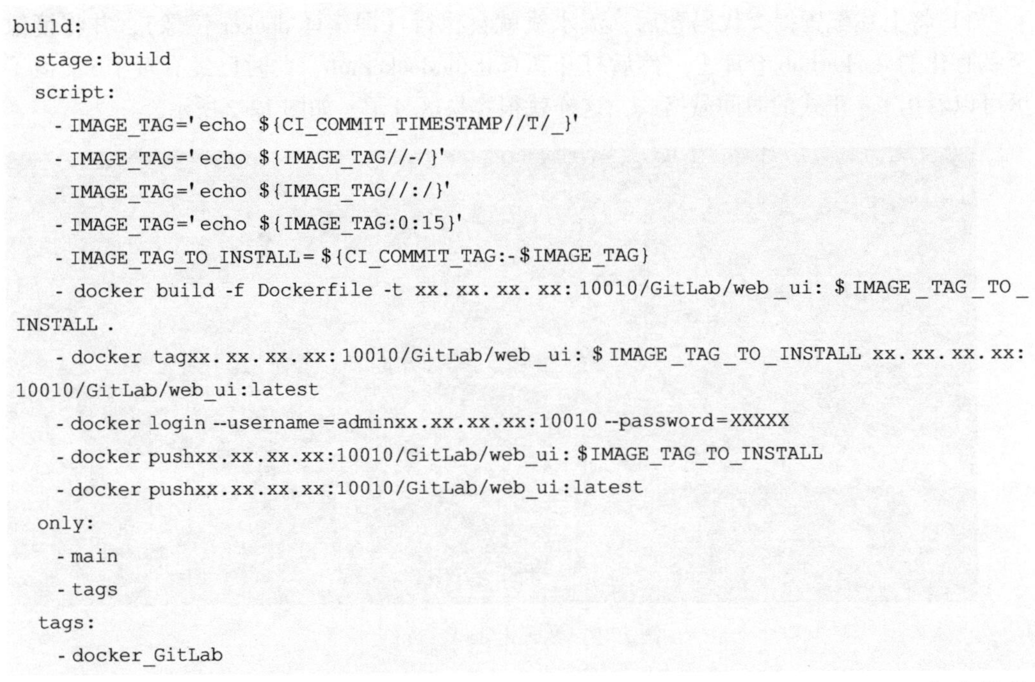

```
build:
  stage: build
  script:
    - IMAGE_TAG='echo ${CI_COMMIT_TIMESTAMP//T/_}'
    - IMAGE_TAG='echo ${IMAGE_TAG//-/}'
    - IMAGE_TAG='echo ${IMAGE_TAG//:/}'
    - IMAGE_TAG='echo ${IMAGE_TAG:0:15}'
    - IMAGE_TAG_TO_INSTALL=${CI_COMMIT_TAG:-$IMAGE_TAG}
    - docker build -f Dockerfile -t xx.xx.xx.xx:10010/GitLab/web_ui:$IMAGE_TAG_TO_
INSTALL .
    - docker tagxx.xx.xx.xx:10010/GitLab/web_ui:$IMAGE_TAG_TO_INSTALL xx.xx.xx.xx:
10010/GitLab/web_ui:latest
    - docker login --username=adminxx.xx.xx.xx:10010 --password=XXXXX
    - docker pushxx.xx.xx.xx:10010/GitLab/web_ui:$IMAGE_TAG_TO_INSTALL
    - docker pushxx.xx.xx.xx:10010/GitLab/web_ui:latest
  only:
    - main
    - tags
  tags:
    - docker_GitLab
```

3）提交代码仓之后，流水线就会执行。然后打开私有化的 Harbor，这里已经存在镜像了，并且 tag 值也是按照时间戳的格式。注意，这里的 tag 的格式处理时间戳的格式，实际上当在 GitLab 上打 tag 时，配置文件就会使用 GitLab 上的 tag，如图 12-3 所示。

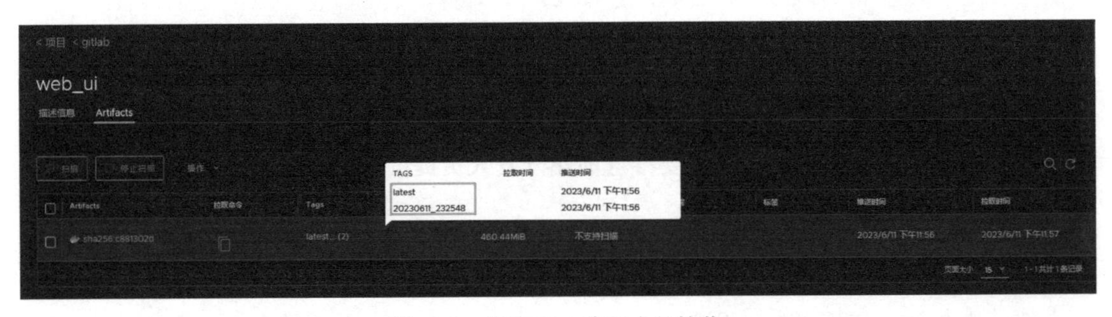


图 12-3　前端 Web 代码仓的镜像

至此，前端 Web 项目的 docker 镜像也已经制作完成。

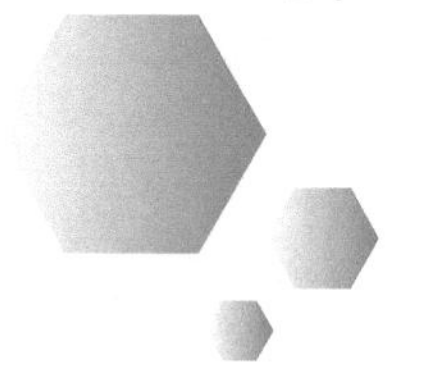

# 第13章 GitLab CI/CD 部署应用

本章将融合云原生技术基础级 Kubernetes 技术、GitLab CI/CD 流水线中的部署与上线，将对前后端服务在 Kubernetes 平台部署，实现应用的可弹性扩缩容部署与上线。同时通过 CI、测试、生产三套环境的流水线设计，展示 DevOps 流水线的强大与灵活。

## 13.1 后端 Java 项目部署

后端 Java 项目至少需要部署三套，即一套 CI 持续集成环境、一套测试环境、一套生产环境。在云原生的时代，这些环境的部署一般在 Kubernetes 平台上，这里也不例外，这也是为什么本书在第 3 章花那么多篇幅介绍 Kubernetes 的原因。

这里将每一套环境放在不同的 namespace（命名空间）中，比如 CI 环境，就放在 GitLab-ci 的命名空间中。而测试环境，放在 GitLab-test 的命名空间中。同理，生产环境就放在 GitLab-prod 的命名空间中。因此，对后端项目这里有 3 个部署配置文件，CI 环境的部署配置文件为 deploy_ci.yml，内容如下。如果对 Kubernetes 的内容不是很熟悉，可以翻开本书第 3 章进行回顾。

```
apiVersion: v1
kind: Namespace
metadata:
  name:GitLab-ci

---

apiVersion: apps/v1
kind: Deployment
metadata:
  name: deploy-api-service-ci
  namespace:GitLab-ci
spec:
  replicas: 5
  revisionHistoryLimit: 5
  strategy:
    type:RollingUpdate
    rollingUpdate:
      maxUnavailable: 25%
      maxSurge: 25%
  selector:
```

```
    matchLabels:
      app:api-service-ci
  template:
    metadata:
      labels:
        app:api-service-ci
    spec:
      containers:
        - name:api-service-ci
          image: __pod_container_image__
          imagePullPolicy: Always
          ports:
            - containerPort: 8181
          readinessProbe:
            httpGet:
              path: /demo/hello
              port: 8181
            livenessProbe:
              httpGet:
              path: /demo/hello
              port: 8181
              scheme: HTTP
---

apiVersion: v1
kind: Service
metadata:
  name: service-api-service-ci
  namespace:GitLab-ci
spec:
  ports:
    - port: 8181
      protocol: TCP
      targetPort: 8181
      nodePort: 32101
  selector:
    app:api-service-ci
  type:NodePort
  sessionAffinity: ClientIP
```

测试环境的配置文件存放在 deploy_test.yml 中，具体如下。

```
apiVersion: v1
kind: Namespace
metadata:
  name:GitLab-test

---
```

```
apiVersion: apps/v1
kind: Deployment
metadata:
  name: deploy-api-service-test
  namespace:GitLab-test
spec:
  replicas: 5
  revisionHistoryLimit: 5
  strategy:
    type:RollingUpdate
    rollingUpdate:
      maxUnavailable: 25%
      maxSurge: 25%
  selector:
    matchLabels:
      app:api-service-test
  template:
    metadata:
      labels:
        app:api-service-test
    spec:
      containers:
        - name:api-service-test
          image: __pod_container_image__
          imagePullPolicy: Always
          ports:
            - containerPort: 8181
          readinessProbe:
            httpGet:
              path: /demo/hello
              port: 8181
          livenessProbe:
            httpGet:
              path: /demo/hello
              port: 8181
              scheme: HTTP
---

apiVersion: v1
kind: Service
metadata:
  name: service-api-service-test
  namespace:GitLab-test
spec:
  ports:
    - port: 8181
      protocol: TCP
      targetPort: 8181
      nodePort: 32102
```

```
  selector:
    app:api-service-test
  type:NodePort
  sessionAffinity: ClientIP
```

生产环境的配置文件存放在 deploy_prod.yml 中，具体如下。

```
apiVersion: v1
kind: Namespace
metadata:
  name:GitLab-prod

---

apiVersion: apps/v1
kind: Deployment
metadata:
  name: deploy-api-service-prod
  namespace:GitLab-prod
spec:
  replicas: 5
  revisionHistoryLimit: 5
  strategy:
    type:RollingUpdate
    rollingUpdate:
      maxUnavailable: 25%
      maxSurge: 25%
  selector:
    matchLabels:
      app:api-service-prod
  template:
    metadata:
      labels:
        app:api-service-prod
    spec:
      containers:
        - name:api-service-prod
          image: __pod_container_image__
          imagePullPolicy: Always
          ports:
            - containerPort: 8181
          readinessProbe:
            httpGet:
              path: /demo/hello
              port: 8181
          livenessProbe:
            httpGet:
              path: /demo/hello
              port: 8181
```

```
            scheme: HTTP
---

apiVersion: v1
kind: Service
metadata:
  name: service-api-service-prod
  namespace:GitLab-prod
spec:
  ports:
    - port: 8181
      protocol: TCP
      targetPort: 8181
      nodePort: 32103
  selector:
    app:api-service-prod
  type:NodePort
  sessionAffinity: ClientIP
```

在开始部署之前，首先需要拥有一套 Kubernetes 环境。如果没有 Kubernetes 环境，可以参考本书 3.2 节动手搭建一套。然后再参考本书 5.3 节将 Kubernetes 的 master 节点注册为 GitLab 的 shell 类型的 runner，这样就可以通过执行 kubectl 命令来操作 Kubernetes 了。比如将 Kubernetes 的 master 节点注册到 GitLab 的 runner，tag 值为 K8s_GitLab，然后在 GitLab-ci.yml 配置文件中编写部署的配置文件，内容如下。注意将 xx.xx.xx.xx 更换为私有 Harbor 服务的 IP 地址。

```
deploy_ci:
  stage: deploy
  script:
    - IMAGE_TAG='echo ${CI_COMMIT_TIMESTAMP//T/_}'
    - IMAGE_TAG='echo ${IMAGE_TAG//-/}'
    - IMAGE_TAG='echo ${IMAGE_TAG//:/}'
    - IMAGE_TAG='echo ${IMAGE_TAG:0:15}'
    - IMAGE_TAG_TO_INSTALL=${CI_COMMIT_TAG:-$IMAGE_TAG}
    - docker login --username=adminxx.xx.xx.xx:10010 --password=admin123
    - sed -i
      "s#__pod_container_image__#xx.xx.xx.xx:10010/GitLab/api_service:$IMAGE_TAG_TO_
INSTALL#g"
      deploy_ci.yaml
    -kubectl apply -f deploy_ci.yaml
  only:
    - main
  tags:
    - k8s_GitLab


deploy_test:
  stage: deploy
  when: manual
```

```
  script:
    - IMAGE_TAG='echo ${CI_COMMIT_TIMESTAMP//T/_}'
    - IMAGE_TAG='echo ${IMAGE_TAG//-/}'
    - IMAGE_TAG='echo ${IMAGE_TAG//:/}'
    - IMAGE_TAG='echo ${IMAGE_TAG:0:15}'
    - IMAGE_TAG_TO_INSTALL=${CI_COMMIT_TAG:-$IMAGE_TAG}
    - docker login --username=adminxx.xx.xx.xx:10010 --password=admin123
    - sed -i "s#__pod_container_image__#xx.xx.xx.xx:10010/GitLab/api_service:$IMAGE_TAG_
TO_INSTALL#g" deploy_test.yaml
    -kubectl apply -f deploy_test.yaml
  only:
    - main
    - tags
  tags:
    - k8s_GitLab

deploy_prod:
  stage: deploy
  when: manual
  script:
    - IMAGE_TAG='echo ${CI_COMMIT_TIMESTAMP//T/_}'
    - IMAGE_TAG='echo ${IMAGE_TAG//-/}'
    - IMAGE_TAG='echo ${IMAGE_TAG//:/}'
    - IMAGE_TAG='echo ${IMAGE_TAG:0:15}'
    - IMAGE_TAG_TO_INSTALL=${CI_COMMIT_TAG:-$IMAGE_TAG}
    - docker login --username=adminxx.xx.xx.xx:10010 --password=admin123
    - sed -i "s#__pod_container_image__#xx.xx.xx.xx:10010/GitLab/api_service:$IMAGE_TAG_
TO_INSTALL#g" deploy_prod.yaml
    -kubectl apply -f deploy_prod.yaml
  only:
    - tags
  tags:
    - k8s_GitLab
```

此外，这里还增加了一个 check 阶段，用于部署完成后自动检查 Kubernetes 中 Pod 的状态是否已经正常，配置内容如下。

```
pod_status_check_ci:
  stage: check
  timeout: 120 seconds
  when: delayed
  start_in: "5"
  script:
    - while true;dokubectl get pod -n GitLab-ci |grep api-service-ci |grep 0/1  || break; sleep
5;done;
  only:
    - main
  needs:
    - deploy_ci
```

```
  tags:
    - k8s_GitLab

pod_status_check_test:
  stage: check
  timeout: 120 seconds
  when: delayed
  start_in: "5"
  script:
    - while true;dokubectl get pod -n GitLab-test |grep api-service-test |grep 0/1  || break;
sleep 5;done;
  only:
    - main
    - tags
  needs:
    - deploy_test
  tags:
    - k8s_GitLab

pod_status_check_prod:
  stage: check
  timeout: 120 seconds
  when: delayed
  start_in: "5"
  script:
    - while true;dokubectl get pod -n GitLab-prod |grep api-service-prod |grep 0/1  || break;
sleep 5;done;
  only:
    - tags
  needs:
    - deploy_prod
  tags:
    - k8s_GitLab
```

提交代码后，流水线执行结果如图 13-1 所示。

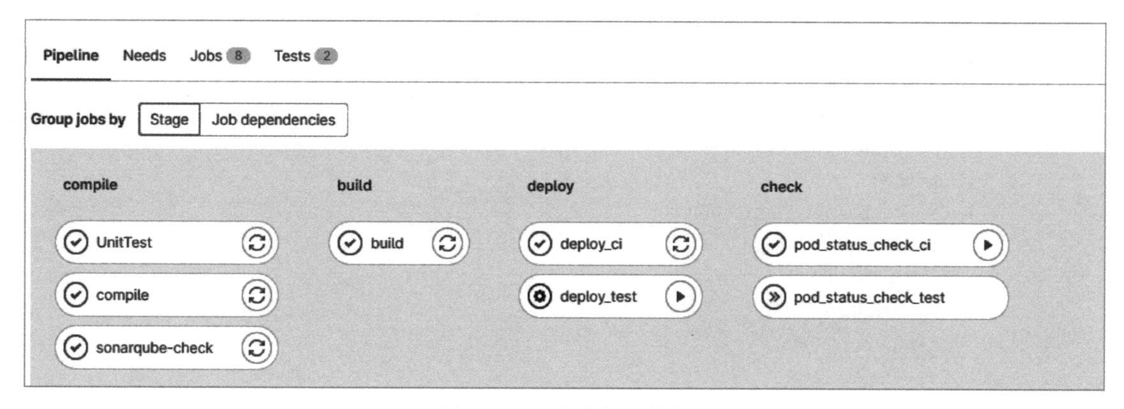


图 13-1　流水线执行结果

## 13.2 前端 Web 项目部署

因为前端和后端是对应的，所以前端 Web 项目的部署思路和后端 Java 项目的思路完全一致，也是分为 CI 环境、测试环境和生产环境，CI 环境的配置保存在 deploy_ci.yml，具体如下。

```
apiVersion: v1
kind: Namespace
metadata:
  name:GitLab-ci

---

apiVersion: apps/v1
kind: Deployment
metadata:
  name: deploy-web-ui-ci
  namespace:GitLab-ci
spec:
  replicas: 5
  revisionHistoryLimit: 5
  strategy:
    type:RollingUpdate
    rollingUpdate:
      maxUnavailable: 25%
      maxSurge: 25%
  selector:
    matchLabels:
      app: web-ui-ci
  template:
    metadata:
      labels:
        app: web-ui-ci
    spec:
      containers:
        - name: web-ui-ci
          image: __pod_container_image__
          imagePullPolicy: Always
          ports:
            - containerPort: 8080
          readinessProbe:
            httpGet:
              path: /
              port: 8080
          livenessProbe:
            httpGet:
              path: /
```

```
            port: 8080
            scheme: HTTP
---

apiVersion: v1
kind: Service
metadata:
  name: service-web-ui-ci
  namespace:GitLab-ci
spec:
  ports:
    - port: 8080
      protocol: TCP
      targetPort: 8080
      nodePort: 32104
  selector:
    app: web-ui-ci
  type:NodePort
  sessionAffinity: ClientIP
```

测试环境的配置保存在 deploy_test.yml 中，具体如下。

```
apiVersion: v1
kind: Namespace
metadata:
  name:GitLab-test

---

apiVersion: apps/v1
kind: Deployment
metadata:
  name: deploy-web-ui-test
  namespace:GitLab-test
spec:
  replicas: 5
  revisionHistoryLimit: 5
  strategy:
    type:RollingUpdate
    rollingUpdate:
      maxUnavailable: 25%
      maxSurge: 25%
  selector:
    matchLabels:
      app: web-ui-test
  template:
    metadata:
      labels:
        app: web-ui-test
```

```
    spec:
      containers:
        - name: web-ui-test
          image: __pod_container_image__
          imagePullPolicy: Always
          ports:
            - containerPort: 8080
          readinessProbe:
            httpGet:
              path: /
              port: 8080
          livenessProbe:
            httpGet:
              path: /
              port: 8080
              scheme: HTTP
---

apiVersion: v1
kind: Service
metadata:
  name: service-web-ui-test
  namespace:GitLab-test
spec:
  ports:
    - port: 8080
      protocol: TCP
      targetPort: 8080
      nodePort: 32105
  selector:
    app: web-ui-test
  type:NodePort
  sessionAffinity: ClientIP
```

生产环境的配置保存在 deploy_prod.yml 中，具体如下。

```
apiVersion: v1
kind: Namespace
metadata:
  name:GitLab-prod

---

apiVersion: apps/v1
kind: Deployment
metadata:
  name: deploy-web-ui-prod
  namespace:GitLab-prod
spec:
```

```
  replicas: 5
  revisionHistoryLimit: 5
  strategy:
    type:RollingUpdate
    rollingUpdate:
      maxUnavailable: 25%
      maxSurge: 25%
  selector:
    matchLabels:
      app: web-ui-prod
  template:
    metadata:
      labels:
        app: web-ui-prod
    spec:
      containers:
        - name: web-ui-prod
          image: __pod_container_image__
          imagePullPolicy: Always
          ports:
            - containerPort: 8080
          readinessProbe:
            httpGet:
              path: /
              port: 8080
          livenessProbe:
            httpGet:
              path: /
              port: 8080
              scheme: HTTP
---

apiVersion: v1
kind: Service
metadata:
  name: service-web-ui-prod
  namespace:GitLab-prod
spec:
  ports:
    - port: 8080
      protocol: TCP
      targetPort: 8080
      nodePort: 32106
  selector:
    app: web-ui-prod
  type:NodePort
  sessionAffinity: ClientIP
```

在.gitlab-ci.yml 配置文件中，前端 Web 项目除了部署操作外，同样也都增加了 check 阶段的内容，具体如下。

```
deploy_ci:
  stage: deploy
  script:
    - IMAGE_TAG='echo ${CI_COMMIT_TIMESTAMP//T/_}'
    - IMAGE_TAG='echo ${IMAGE_TAG//-/}'
    - IMAGE_TAG='echo ${IMAGE_TAG//:/}'
    - IMAGE_TAG='echo ${IMAGE_TAG:0:15}'
    - IMAGE_TAG_TO_INSTALL=${CI_COMMIT_TAG:-$IMAGE_TAG}
    - docker login --username=admin 192.168.16.40:10010 --password=admin123
    - sed -i
        "s#__pod_container_image__#192.168.16.40:10010/GitLab/web_ui:$IMAGE_TAG_TO_IN-
STALL#g"
        deploy_ci.yaml
    -kubectl apply -f deploy_ci.yaml
  only:
    - main
  tags:
    - k8s_GitLab

deploy_test:
  stage: deploy
  when: manual
  script:
    - IMAGE_TAG='echo ${CI_COMMIT_TIMESTAMP//T/_}'
    - IMAGE_TAG='echo ${IMAGE_TAG//-/}'
    - IMAGE_TAG='echo ${IMAGE_TAG//:/}'
    - IMAGE_TAG='echo ${IMAGE_TAG:0:15}'
    - IMAGE_TAG_TO_INSTALL=${CI_COMMIT_TAG:-$IMAGE_TAG}
    - docker login --username=admin 192.168.16.40:10010 --password=admin123
    - sed -i
"s#__pod_container_image__#192.168.16.40:10010/GitLab/web_ui:$IMAGE_TAG_TO_INSTALL#g" de-
ploy_test.yaml
    -kubectl apply -f deploy_test.yaml
  only:
    - main
    - tags
  tags:
    - k8s_GitLab

deploy_prod:
  stage: deploy
  when: manual
  script:
    - IMAGE_TAG='echo ${CI_COMMIT_TIMESTAMP//T/_}'
    - IMAGE_TAG='echo ${IMAGE_TAG//-/}'
    - IMAGE_TAG='echo ${IMAGE_TAG//:/}'
    - IMAGE_TAG='echo ${IMAGE_TAG:0:15}'
    - IMAGE_TAG_TO_INSTALL=${CI_COMMIT_TAG:-$IMAGE_TAG}
```

```
    - docker login --username=admin 192.168.16.40:10010 --password=admin123
    - sed -i
        "s#__pod_container_image__#192.168.16.40:10010/GitLab/web_ui: $IMAGE_TAG_TO_IN-
STALL#g"
        deploy_prod.yaml
    -kubectl apply -f deploy_prod.yaml
  only:
    - tags
  tags:
    - k8s_GitLab

pod_status_check_ci:
  stage: check
  timeout: 120 seconds
  when: delayed
  start_in: "5"
  script:
    - while true; dokubectl get pod -n GitLab-ci |grep web-ui-ci |grep 0/1  || break; sleep 5;
done;
  only:
    - main
  needs:
    - deploy_ci
  tags:
    - k8s_GitLab

pod_status_check_test:
  stage: check
  timeout: 120 seconds
  when: delayed
  start_in: "5"
  script:
    - while true; dokubectl get pod -n GitLab-test |grep web-ui-test |grep 0/1  || break; sleep 5;
done;
  only:
    - main
    - tags
  needs:
    - deploy_test
  tags:
    - k8s_GitLab

pod_status_check_prod:
  stage: check
  timeout: 120 seconds
  when: delayed
  start_in: "5"
  script:
```

```
    - while true;dokubectl get pod -n GitLab-prod |grep web-ui-prod |grep 0/1 ||break; sleep 5;
done;
  only:
    - tags
  needs:
    - deploy_prod
  tags:
    - k8s_GitLab
```

提交代码仓后，前端 Web 项目的流水线执行结果如图 13-2 所示。

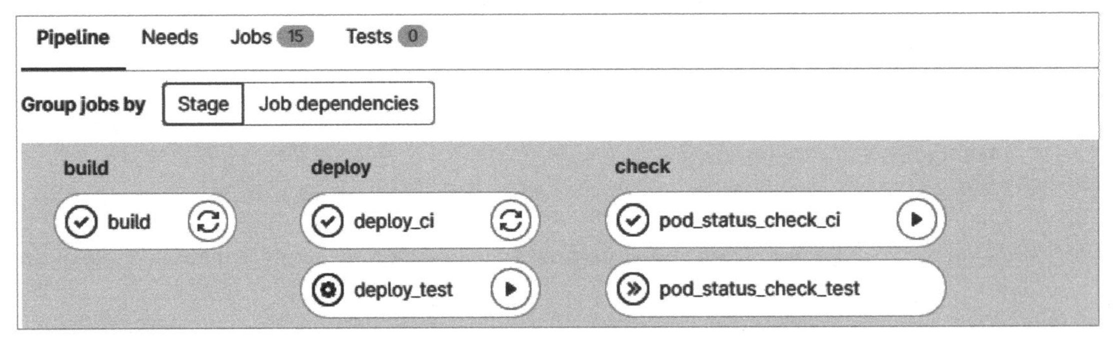


图 13-2　前端项目流水线执行结果

## 13.3　部署自动化测试

当对自动化脚本进行严格管理的时候，可以考虑使用镜像的方式交付发布。在项目起始阶段或者规模相对不是很大的情况下，自动化测试脚本可以不用使用镜像发布。这里就采用直接下载代码执行的方式，比如在后端 Java 代码仓的流水线中增加一个测试步骤，.gitlab-ci.yml 的配置文件如下所示。其中下载 git 链接需要替换为 GitLab 的 URL 链接。即直接从 main 分支拉取自动化测试脚本，然后执行自动化脚本了，反而更加简单。

```
stage: test
image: python:3.9.7
script:
  - rm -rfautotest ||cd .
  - git clone -b main https://xx.xx.xx.xx/GitLab/autotest.git
  - cdautotest
  - pip3 install -r requirements.txt
  - cd tests &&pytest -s --junitxml=reports/report.xml
only:
  - main
artifacts:
  reports:
    junit: autotest/tests/reports/report.xml
tags:
  - docker_GitLab
```

提交代码仓，然后就可以看到流水线中自动触发执行了，如图 13-3 所示。

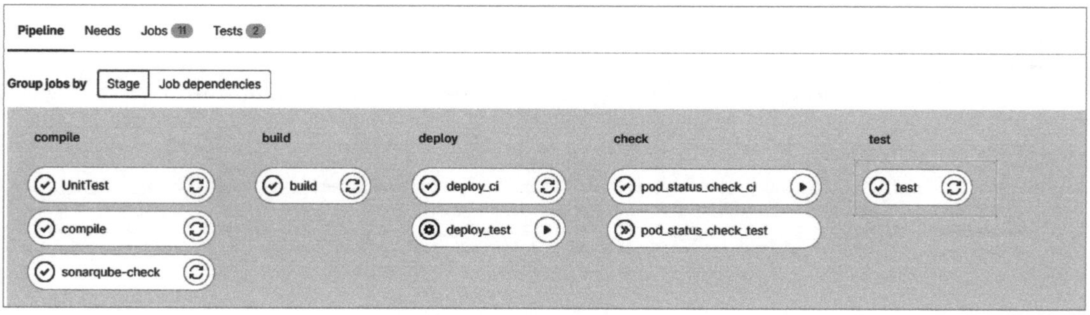

图 13-3　流水线中的测试步骤

前端代码也是同样配置。因为在前端发生改变后，理论上也是要执行自动化测试脚本的。

## 13.4　DevOps 流水线应用流程

至此，一个包含前后端项目的 DevOps 流水线就基本建立起来了。本节将整体演示已经建立起来的流水线是如何运作的，具体操作步骤如下。

1）当后端研发人员提交代码后，流水线会自动触发。首先执行 compile 阶段，其中 compile 阶段有 UnitTest、compile 和静态代码检查 3 个任务，这 3 个任务是并行执行的，而且只要 compile 任务执行完成，不论单元测试和静态代码检查是否执行完成，第二个阶段的 build 构建阶段的任务都将开始执行。当构建完成后，自动部署到 CI 环境，CI 环境部署完成后，开始检查 CI 环境中的 Pod 状态是否正常，如果正常，说明当前的代码基本功能没有太大问题，然后会自动执行自动化测试。当自动化测试执行完成后，根据自动化测试的结果以及其他需求考虑是否要部署到测试环境。若此时需要将新版本部署到测试环境供测试团队测试，则只需要在如图 13-4 所示的 deploy_test 右侧单击三角形按钮，即可开始部署。

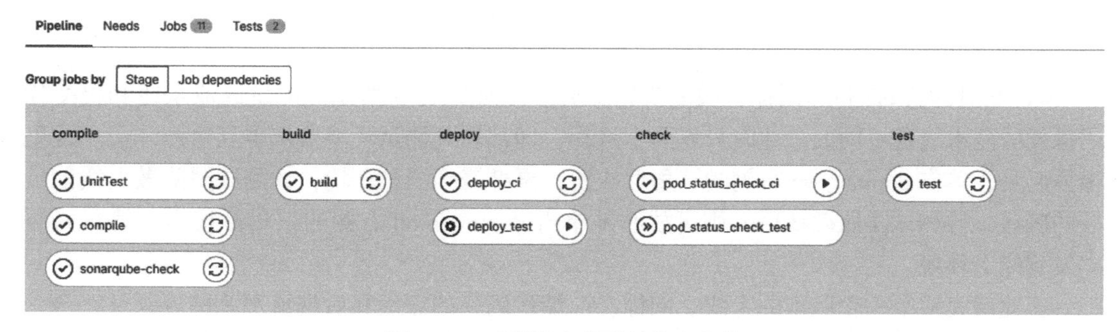


图 13-4　后端提交代码触发流水线

2）部署到测试环境后，流水线的执行状态如图 13-5 所示。此时可以看到流水线中的任务均已执行完成。然后，测试团队就可以开始测试了。

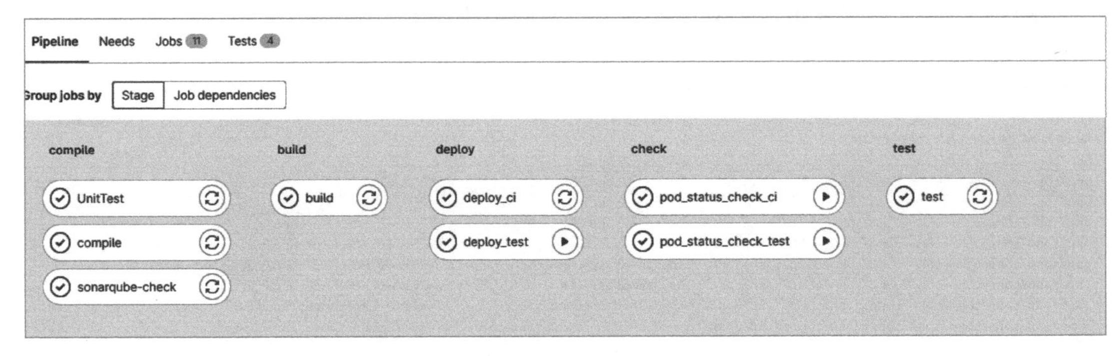


图 13-5　部署到测试环境后的流水线

3）在测试团队测试的过程中，上述过程会经过多次循环。因为测试一轮后，后端开发都会有 Bug 修复的过程，直到最终测试团队评估当前分支已经基本稳定，可以考虑准备发往线上环境了。注意，此时就只需要在 GitLab 对代码仓打 tag。比如打一个 tag 号为 v1.0 的 tag，如图 13-6 所示。

图 13-6　GitLab 界面打 tag

4）此时的打 tag 行为同样会触发新的流水线，如图 13-7 所示。触发的流水线和提交代码触发的流水线是不同的，此时只有两个选择，即部署到测试环境或部署到生产环境。这里谨慎起见，单击 deploy_test 右侧的三角形按钮，再部署到测试环境，让测试团队做上线前最后的确认。待测试团队确认后，则可放心地单击 deploy_prod 右侧的三角形按钮，然后将版本发到线上环境。

至此就完成了一轮版本的上线。同样，前端代码仓的流程和后端流水线的流程是完全一样的，这里就不再赘述了。通过前面含有前后端项目部署流水线，展示了如何为一个项目部署流水线。在企业应用中，DevOps 流水线建设整体的思路都是一致的，其他的无非是更多细节的完善或者更多代码仓的配置。

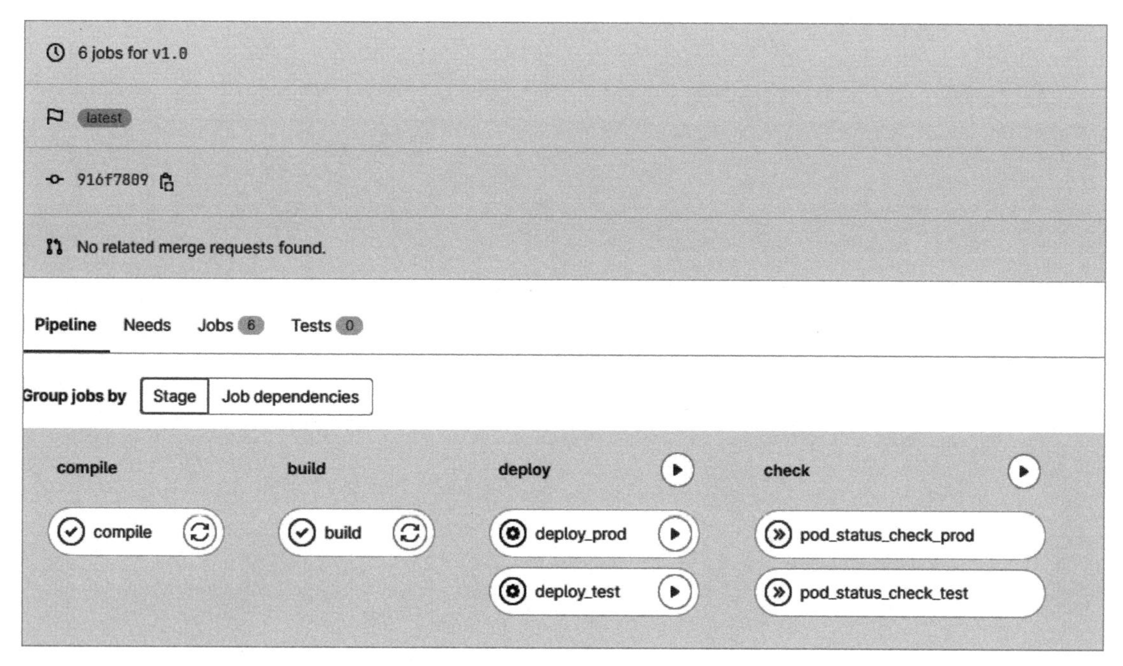


图 13-7　打 tag 触发的流水线